Kurt Baumann
Roman U. Sexl

Die Deutungen der Quantentheorie

Facetten der Physik

Physik hat viele
Facetten: historische, technische
soziale, kulturelle, philosophische und
amüsante. Sie können wesentliche und
bestimmende Motive für die Beschäftigung
mit den Naturwissenschaften sein. Viele
Lehrbücher lassen diese „Facetten der
Physik" nur erahnen. Daher soll
unsere Buchreihe ihnen
gewidmet sein.

Prof. Dr. Roman Sexl
Herausgeber

Eine Liste der erschienenen Bände
finden Sie auf Seite 234

Kurt Baumann
Roman U. Sexl

Dipl.-Ing. (FH) Hans Ringel
Eichenwald 11 - Tel. 09127/9122
D 8501 Roßtal / Nbg.

Die Deutungen der Quantentheorie

3., überarbeitete Auflage

Mit 14 Bildern

V

Friedr. Vieweg & Sohn   Braunschweig/Wiesbaden

CIP-Kurztitelaufnahme der Deutschen Bibliothek

Baumann, Kurt:
Die Deutungen der Quantentheorie / Kurt Baumann;
Roman U. Sexl. [Zeichn.: Rudolf Klein]. —
3., überarb. Aufl. — Braunschweig; Wiesbaden:
Vieweg, 1987.
    (Facetten der Physik; Bd. 11)
ISBN 3-528-28540-0

NE: Sexl, Roman:; GT

Zeichnungen und Umschlagbild: *Rudolf Klein*, Wien

Erstellung des Namen- und Sachwortverzeichnisses: *Martina Schettina*, Wien

1. Auflage 1984
2., überarbeitete Auflage 1986
3., überarbeitete Auflage 1987

Alle Rechte vorbehalten
© Friedr. Vieweg & Sohn Verlagsgesellschaft mbH, Braunschweig 1987

Das Werk einschließlich aller seiner Teile ist urheberrechtlich geschützt. Jede Verwertung außerhalb der engen Grenzen des Urheberrechtsgesetzes ist ohne Zustimmung des Verlags unzulässig und strafbar. Das gilt insbesondere für Vervielfältigungen, Übersetzungen, Mikroverfilmungen und die Einspeicherung und Verarbeitung in elektronischen Systemen.

Druck und buchbinderische Verarbeitung: Lengericher Handelsdruckerei, Lengerich
Printed in Germany

ISBN 3-528-28540-0

Vorwort

Drei Bände der Buchreihe „Facetten der Physik" sind Problemen der Quantentheorie gewidmet: „Die Deutungen der Quantentheorie" stellen anhand von Originalarbeiten die Versuche vor, die in den letzten 50 Jahren gemacht wurden, um den mathematischen Formalismus einer der bedeutendsten Theorien des 20. Jahrhunderts physikalisch zu deuten, also zu interpretieren. Denn nur ein interpretierter mathematischer Formalismus ist als physikalische Theorie zu verstehen.

Gerade an den Deutungen der Quantentheorie scheiden sich die Geister aber wie an nur wenigen anderen Problemen der Physikgeschichte. Zwar lernt jeder angehende Student bald, mit dem Apparat der Quantenphysik Zahlenwerte und Effekte zu berechnen. Doch die Interpretation der Wellenfunktion ist auch heute noch ein viel umstrittenes Problem. „Wozu soll man sich damit beschäftigen, wo doch jeder weiß, wie man quantenmechanische Rechnungen anstellt?" ist eine Frage, die gar mancher pragmatisch orientierte Physiker stellt. Versteht man die Quantenphysik als eine physikalische Theorie, die in vollendeter Form ein für alle Mal gegeben ist und keinerlei weitere Entwicklung im Sinne einer „Theoriedynamik" erfahren wird, mag diese Einstellung akzeptabel erscheinen. Wenn man aber die Quantenmechanik nur als unsere *heutige* Antwort auf das Problem der Struktur der Materie betrachtet, so stellt sich sofort die Frage nach dem tieferen Verständnis und der Interpretation der Theorie. Wenngleich auch die verschiedenen Interpretationen zu einer gegebenen Zeit zu den gleichen physikalischen Ergebnissen führen, so lassen sie doch ganz unterschiedliche Weiterentwicklungen und Forschungsrichtungen erwarten.

Ein klassisches Beispiel dafür liefert die Elektrodynamik. Faradays Einführung des Feldbegriffes bedeutete zunächst nur eine andere Deutung des Coulombschen Gesetzes. Doch lenkte diese Deutung die Forschung in eine völlig neue Richtung, die mit Hertz' Entdeckung elektromagnetischer Wellen einen Triumph feierte.

Auch die Quantenphysik fand in ihren Anfangsphasen durch Heisenberg und Schrödinger zwei verschiedene Formulierungen, die jedoch gänzlich unterschiedlichen Standpunkten und Fragestellungen entsprangen. Teilchen und Welle waren die Ausgangspunkte der Entwicklung, die im „Dualismus Teilchen-Welle" eine vieldiskutierte Deutung fand.

Bis heute ist „Die Debatte um die Quantentheorie" nicht abgeschlossen. Franco Selleri hat einen Band zu diesem Thema zur Reihe „Facetten der Physik" beigetragen. Er zeigt, wie ein Vertreter einer realistischen Haltung die historische Entwicklung und die heutige Problematik betrachtet. Selleri versucht dabei, die „Kopenhagener Interpretation" der Quantenmechanik zu überwinden. Diese von einer positivistischen Philosophie geprägte Deutung hat Einstein einmal als die „Bohr-Heisenbergsche Beruhigungsphilosophie" bezeichnet. Jahrzehntelang beherrschte sie die Lehrbücher und Vorlesungen fast unbestritten, nachdem das berühmte „Von Neumannsche Theorem" scheinbar ein für alle Mal die Unmöglichkeit der Einführung von verborgenen Parametern und damit einer kausalen Ergänzung der Quantentheorie bewiesen hatte. Nachdem aber Bohm die praktische Möglichkeit derartiger Theorien an einem Beispiel gezeigt hatte und Bell die zu engen Grundannahmen des Theorems aufgezeigt hatte, ist die Debatte heute wieder weit offen.

Selleris Buch gibt einen ausgezeichneten Überblick über den heutigen Stand dieser Diskussion. Dabei kommen die Hoffnungen und Erwartungen, die er für die weitere Entwicklung hegt, besonders deutlich in dem abschließenden Kapitel „Experimentelle Philosophie" zum Ausdruck.

Wenn Selleri in seinem Buch wiederholt betont, wie sehr physikalische Theorien in den gesellschaftlichen Zusammenhang ihrer Zeit gestellt werden müssen, wie sehr sie also „Kinder ihrer Zeit" sind, so hat Paul Forman dies in seinem bekannten und umstrittenen Artikel „Quantenmechanik und Weimarer Republik" im Detail ausgeführt. Das gleichnamige Buch wurde von Karl von Meyenn herausgegeben. Kernstück dieses Bandes ist der 1971 erschienene Artikel des amerikanischen Wissenschaftshistorikers Forman, in dem dieser ausführlich belegt, daß die geistige Atmosphäre in den Jahren nach dem Ersten Weltkrieg und in der Weimarer Republik wesentlich zur Entstehung der Quantenmechanik beigetragen hat. Der 1971 erschienene Artikel hat zahlreiche Reaktionen im englischen Sprachraum hervorgerufen. Karl von Meyenn hat einige der interessantesten Beiträge zu dieser Debatte ausgewählt und durch eine eigene Stellungnahme ergänzt, die den Standpunkt eines deutschen Physikers und Wissenschaftshistorikers zu den hier dargestellten Problemen darlegt. Als Mitherausgeber des wissenschaftlichen Briefwechsels Wolfgang Paulis ist Meyenn ein hervorragender Kenner der Entstehungsgeschichte der Quantentheorie und ihres Zusammenhangs mit dem allgemeinen Kulturleben ihrer Zeit.

Allen genannten Bänden ist gemeinsam, daß sie höchst kontroversielle und viel diskutierte Probleme der heutigen Physik aufgreifen. Eindeutige Entscheidungen und endgültige Antworten sind hier nicht zu erwarten. Gerade dadurch aber ist lebendige Wissenschaft, Wissenschaft „in statu nascendi" gekennzeichnet.

Bei der Vorbereitung dieses Bandes waren Gespräche mit unseren Kollegen John Bell, Bernulf Kanitscheider, Ursula Wegener und Abner Shimony überaus nützlich. Ihnen allen sei für ihre Hilfe und für die Ratschläge bei der Auswahl der Abhandlungen gedankt.

Frau Eva Klug besorgte die umfangreichen und komplizierten Schreibarbeiten mit gewohnter Sorgfalt. Unser Dank gilt auch den Autoren und den Verlagen der in diesen Band aufgenommenen Originalarbeiten für die großzügige Genehmigung zum Wiederabdruck der Artikel.

Graz und Wien, im Mai 1983

Kurt Baumann
Roman U. Sexl

Inhaltsverzeichnis

Vorwort V

Teil 1
Die Deutungen der Quantentheorie 1

I Der Weg nach Kopenhagen 4
   1 Der Dualismus Teilchen – Welle 4
   2 Die statistische Deutung der neuen Mechanik 8
   3 Die Unbestimmtheitsrelation 12
   4 Die Kopenhagener Deutung 16
   5 von Neumanns Bewußtsein verändert die Welt 19
   6 Das (vorläufige) Ende des Determinismus 22

II Paradoxien tauchen auf 24
   7 Gott würfelt nicht 24
   8 Schrödinger erfindet eine Katze 27

III Kritik und Weiterentwicklung der Deutung 29
   9 Quantenmechanik und Marxismus 29
  10 Rückblick auf Kopenhagen 32

IV Der neue Determinismus und die unteilbare Welt 34
  11 Rückkehr zum Determinismus? 34
  12 Die Wellenfunktion der Welt 39

Teil 2
Originalabhandlungen 47

   1 *Max Born* Zur Quantenmechanik der Stoßvorgänge (1926) 48
   2 *Werner Heisenberg* Über den anschaulichen Inhalt der
      quantenmechanischen Kinematik und Mechanik (1927) 53
   3 *Albert Einstein, Boris Podolsky und Nathan Rosen* Kann man die
      quantenmechanische Beschreibung der physikalischen Wirklichkeit
      als vollständig betrachten? (1935) 80

4 *Niels Bohr* Kann man die quantenmechanische Beschreibung der physikalischen Wirklichkeit als vollständig betrachten? (1935) . . 87

5 *Erwin Schrödinger* Die gegenwärtige Situation in der Quantenmechanik (1935) 98

6 *Wladimir Fock* Kritik der Anschauungen Bohrs über die Quantenmechanik (1952) 130

7 *Werner Heisenberg* Die Entwicklung der Deutung der Quantentheorie (1955) 140

8 *Niels Bohr* Über Erkenntnisfragen der Quantenphysik (1958) 156

9 *David Bohm* Vorschlag einer Deutung der Quantentheorie durch „verborgene" Variable (1952) 163

10 *John S. Bell* Über das Problem verborgener Variabler in der Quantentheorie (1966) 193

11 *Bryce DeWitt* Quantenmechanik und Realität (1970) 206

12 *John S. Bell* Everetts Theorie des Meßprozesses und de Broglies Führungswellen (1972) 222

Quellenverzeichnis 229

Namen- und Sachwortverzeichnis 230

Teil 1
Die Deutungen der Quantentheorie

Dieses Bild aus George Gamows Buch „Mister Tompkins wundersame Reise durch Kosmos und Mikrokosmos" zeigt die Schwierigkeiten einer realistischen Interpretation der Quantenmechanik auf.

Die Diskussion um die physikalische Deutung der Quantentheorie ist in den letzten Jahren wieder aufgeflammt. Die Entdeckung der *prinzipiellen* Möglichkeit von Theorien mit ,,verborgenen Parametern", die eine deterministische Beschreibung der Mikrophysik liefern könnten, war dabei ebenso entscheidend, wie die Aufstellung der ,,Bellschen Ungleichungen", die eine Entscheidung zwischen den Aussagen der Quantenmechanik und den Vorhersagen rein lokaler Theorien des mikrophysikalischen Geschehens ermöglichen.

Auf den ersten Blick mag es überraschend erscheinen, daß heute, fast sechzig Jahre nach der Aufstellung der Quantentheorie, die Diskussion über die Deutung der Quantenphysik noch immer nicht abgeschlossen ist. Wieso kann es in einer physikalischen Theorie, die in einer eindeutigen mathematischen Sprache formuliert ist, überhaupt zu Meinungsverschiedenheiten über Interpretationsprobleme kommen? Die Gleichungen einer Theorie, ihr zugrundeliegender mathematischer Formalismus, bilden eben noch keine physikalische Theorie. Denn zu einer physikalischen Theorie gehört auch, daß den mathematischen Symbolen eine physikalische Bedeutung unterlegt wird. Erst damit wird eine Zuordnung zwischen Symbolen und Meßergebnissen möglich, erst damit liegt eine Beschreibung der ,,Wirklichkeit" vor.

Die Quantenmechanik beschreibt die Ergebnisse aller Experimente, die bis heute durchgeführt wurden, in perfekter Weise. Wir kennen kein Phänomen, das nicht mit den Vorhersagen der Quantenmechanik in Einklang stünde, wobei manche Messungen — wie beispielsweise diejenigen der Quantenelektrodynamik — eine Genauigkeit von mehr als 1 : 1 Million aufweisen. Umso merkwürdiger ist, daß diese exakten Vorhersagen unter Verwendung einer provisorischen und unpräzisen Interpretation abgeleitet wurden. Dies ist dadurch möglich, daß die Atome und das Plancksche Wirkungsquantum so ungeheuer klein sind und deshalb große Bereiche der Natur existieren, in denen typische Quanteneffekte praktisch nicht existent sind, in denen also die klassische Physik uneingeschränkt angewendet werden kann. Man kann Wasserstoffmoleküle an einem Gitter beugen, aber mit Staubteilchen wird das gleiche vermutlich nie gelingen. Das Wirkungsquantum ist zu klein. Wäre es hingegen so groß, wie dies George Gamov in seinem bekannten Buch ,,Mister Tompkins' wundersame Reisen durch Kosmos und Mikrokosmos" [1] beschrieben hat, so würde dies nicht etwa zu den Effekten führen, die Gamov beschrieben hat. Vielmehr würde die Unzulänglichkeit der gegenwärtigen Interpretation der Quantenmechanik offenkundig werden. Denn auch Gamov vermag in seinem Buch nur eine Welt vorzustellen, in der das Wirkungsquantum für *einige* Objekte groß ist, während der Rest der Welt den gewohnten Gesetzen der klassischen Physik folgt.

Association F. Gonseth
INSTITUT DE LA METHODE

EPISTEMOLOGICAL LETTERS

LETTRES EPISTEMOLOGIQUES

EPISTEMOLOGISCHE BRIEFE

Hidden Variables and Quantum Uncertainty
(Written Symposium, 28th Issue)

Variables cachées et indéterminisme quantique
(Symposium écrit, 28ème livraison)

Verborgene Parameter und Quanten-Unbestimmtheit
(Schriftliches Symposium, 28. Heft)

November 1980 Novembre

Contents	Sommaire	Inhalt
57.0 J.-P. Vigier	– Une nouvelle étape du débat Bohr-Einstein	1
58.0 H. Guggenheimer	– Time Reversion in General Relativity	11
59.0 H.-P. Stapp	– Criticism of Certain Formulations of Bell Theorem	13
60.0 H.-P. Stapp	– Free-will, Many-Worlds, and Superluminal Transfer of Information	17
47.2 R. Mattuck	– EPR non-locality and relativistic covariance of state vector collapse	23
48.1 O. Costa de Beauregard	– Télégraphie supralumineuse via rétropsychocinese	27
48.2, 48.3	– Discussion avec F. Bonsack	30
51.2 W.M. de Muynck	– Comments on 51.0	33

Die Titelseite eines Heftes der „Epistemologischen Briefe" läßt die Spannweite der Themen erahnen, die heute in Zusammenhang mit den Deutungen der Quantenmechanik diskutiert werden.

I Der Weg nach Kopenhagen

Die Quanten sind doch eine hoffnungslose Schweinerei!
Max Born an Albert Einstein [1]

1 Der Dualismus Teilchen — Welle

Bei seiner Behandlung der Gesetze der Schwarzen Strahlung war Max Planck erstmals im Jahre 1900 auf die Quantisierung der Energie gestoßen. Um die Strahlung, die in einem spiegelnden Hohlraum eingeschlossen sein sollte, ins thermische Gleichgewicht zu bringen, bettete Planck Hertzsche Dipole in das Strahlungsfeld ein, die Licht sowohl emittieren als auch absorbieren konnten. Diese „Resonatoren" stellten einen einfachsten Ansatz eines Atommodelles dar. Da zu dieser Zeit noch keinerlei Informationen über den inneren Aufbau der Atome vorlagen, überraschte es Planck auch nicht allzu unangenehm, als er annehmen mußte, daß die Resonatoren nur bestimmte „Energiequanten" aufnehmen oder abgeben konnten. Diese Annahme war notwendig, um das theoretisch hergeleitete Strahlungsgesetz in Einklang mit den empirischen Ergebnissen zu bringen.

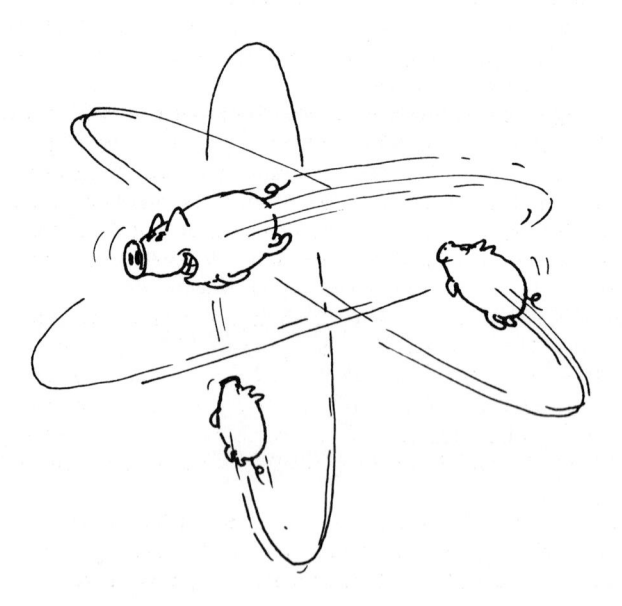

Die Quanten sind doch eine hoffnungslose Schweinerei

Von einem wesentlich anderen Gesichtspunkt aus analysierte Albert Einstein fünf Jahre später in seiner Nobelpreisarbeit „Über einen die Erzeugung und Verwandlung des Lichtes betreffenden heuristischen Gesichtspunkt" [2] die Plancksche Herleitung. Einstein ging dabei von folgender Überlegung aus:

„Zwischen den theoretischen Vorstellungen, welche sich die Physiker über die Gase und andere ponderable Körper gebildet haben, und der Maxwellschen Theorie der elektromagnetischen Prozesse im sogenannten leeren Raume besteht ein tiefgreifender formaler Unterschied. Während wir nämlich den Zustand eines Körpers durch die Lagen und Geschwindigkeiten einer zwar sehr großen, jedoch endlichen Anzahl von Atomen und Elektronen für vollkommen bestimmt ansehen, bedienen wir uns zur Bestimmung des elektromagnetischen Zustandes eines Raumes kontinuierlicher räumlicher Funktionen, so daß also eine endliche Anzahl von Größen nicht als genügend anzusehen ist zur vollständigen Festlegung des elektromagnetischen Zustandes eines Raumes."

Einstein meint dann, daß sich die optischen Beobachtungen — die zur Wellentheorie des Lichtes geführt hatten — „auf zeitliche Mittelwerte, nicht aber auf Momentanwerte beziehen", und formuliert eine neue Hypothese über die Natur des Lichtes: „Nach der hier ins Auge zu fassenden Annahme ist bei Ausbreitung eines von einem Punkte ausgehenden Lichtstrahls die Energie nicht kontinuierlich auf größer und größer werdende Räume verteilt, sondern es besteht dieselbe aus einer endlichen Zahl von in Raumpunkten lokalisierten Energiequanten, welche sich bewegen, ohne sich zu teilen und nur als ganze absorbiert oder erzeugt werden können."

Nicht die Energie der Resonatoren sollte also quantisiert sein, sondern die Energie des Strahlungsfeldes selbst! Um diese Hypothese zu belegen, berechnet Einstein dann die Entropie der Strahlung im Grenzfall großer Frequenzen und zeigt, „daß die Entropie einer monochromatischen Strahlung von genügend kleiner Dichte nach dem gleichen Gesetze mit dem Volumen variiert wie die Entropie eines idealen Gases oder die einer verdünnten Lösung." Er schließt:

„Wenn sich nun monochromatische Strahlung (von hinreichend kleiner Dichte) bezüglich der Abhängigkeit der Entropie vom Volumen wie ein diskontinuierliches Medium verhält, welches aus Energiequanten ... besteht, so liegt es nahe zu untersuchen, ob auch die Gesetze der Erzeugung und Verwandlung des Lichtes so beschaffen sind, wie wenn das Licht aus derartigen Energiequanten bestünde. Mit dieser Frage wollen wir uns im folgenden beschäftigen."

Außer der bekannten Erklärung des photoelektrischen Effektes zieht Einstein dann noch die Stokes'sche Regel und die Ionisierung von Gasen durch ultraviolettes Licht zur Überprüfung seiner Überlegungen heran.

War Einsteins Arbeit des Jahres 1905 die Geburtsstunde der Lichtquanten, so wurde sein Vortrag auf der Salzburger Naturforscher-Tagung „Über die Entwicklung unserer Anschauungen über das Wesen und die Konstitution der Strahlung" [3] im Jahre 1909 zur Begründung des *Dualismus Teilchen — Welle* für Licht. Einstein betrachtete nämlich in diesem Vortrag einen kleinen Spiegel, der in einem strahlungserfüllten Hohlraum frei drehbar aufgehängt ist. Aus dem Planckschen Strahlungsgesetz berechnet er dann die unregelmäßigen Schwankungen des Druckes, den die thermische Strahlung auf den Spiegel ausübt. Sein Ergebnis läßt sich am einfachsten als Ausdruck für die Energieschwankungen angeben, die in einem Teilvolumen des Hohlraumes auftreten:

$$\left(\frac{\Delta E}{E}\right)^2 = \frac{1}{z} + \frac{1}{q}.$$

Dabei ist E die in dem Teilvolumen enthaltene Energie, z die mittlere Anzahl der elektromagnetischen Eigenschwingungen und q die der Lichtquanten in dem Teilvolumen. Die Schwankung setzt sich also aus einem Term zusammen, der den Energieschwankungen in einem Gas entspricht, das aus unabhängigen Lichtteilchen besteht (dieser Term ist bei hohen Frequenzen von Bedeutung und war von Einstein bereits 1905 berechnet worden) und einem zweiten Term, der die Energieschwankungen in einem System klassischer Lichtwellen angibt. Einstein schreibt: [4]

„Außer den räumlichen Ungleichmäßigkeiten in der Verteilung der Bewegungsgröße der Strahlung, die aus der Undulationstheorie hervorgehen, sind noch andere Ungleichmäßigkeiten in der räumlichen Verteilung der Bewegungsgröße vorhanden, welche bei geringer Energiedichte der Strahlung die erstgenannten Ungleichmäßigkeiten an Einfluß weit überragen."

Elektromagnetische Strahlung muß nach Einsteins Resultaten also eine Doppelnatur aufweisen und sowohl aus Teilchen, wie auch aus Wellen bestehen. Dieser „Dualismus Teilchen — Welle" wurde zum bestimmenden Element der weiteren Entwicklung.

In der Diskussion zu dem Vortrag meldete sich zunächst Planck zu Wort, der mit vielem nicht einverstanden war: [5] „Nach den letzten Ausführungen von Herrn Einstein wäre es notwendig, die freie Strahlung im Vakuum, also die Lichtwellen selber, als atomistisch konstituiert anzunehmen, mithin die Maxwellschen Gleichungen aufzugeben. Das scheint mir ein Schritt, der in meiner Auffassung noch nicht als notwendig geboten ist."

Einsteins Überlegungen zeigen aber auch, wie überaus unzureichend ein einfacher „Modellstandpunkt" ist, wonach zur Beschreibung von Licht sich manchmal ein Teilchenmodell, manchmal dagegen ein Wellenmodell als zweckmäßig erweist. Das reine Nebeneinanderstehen von Modellen — manchmal als wissenschaftstheoretische Erklärung des Dualismus Teilchen — Welle angeboten — wäre keinesfalls in der Lage, eine zufriedenstellende Erklärung für das Auftreten beider Terme in der Schwankungsformel für Hohlraumstrahlung zu liefern.

Acht Jahre später war Einstein in der Lage, seine Hypothese der Lichtquanten — die noch keinesfalls von allen Zeitgenossen ernst genommen wurde — weiter zu stützen. In einer Untersuchung „Zur Quantentheorie der Strahlung" [6] (die unter anderem später zur Grundlage der Entwicklung des Lasers wurde), betrachtete er das Gleichgewicht zwischen elektromagnetischer Strahlung der Temperatur T und einem klassischen, idealen Gas. Damit die Geschwindigkeitsverteilung der Gasmoleküle durch die Emission und Absorption der Strahlung nicht beeinflußt wird, mußte Einstein annehmen:

„Bewirkt ein Strahlenbündel, daß ein von ihm getroffenes Molekül die Energiemenge $h\nu$ in Form von Strahlung durch einen Elementarprozeß aufnimmt oder abgibt (Einstrahlung), so wird stets der Impuls $h\nu/c$ auf das Molekül übertragen, und zwar bei Energieaufnahme in der Fortpflanzungsrichtung des Bündels, bei Energieabgabe in der entgegengesetzten Richtung."

Damit war auch der Impuls der elektromagnetischen Strahlung berechnet, der wenige Jahre später im Compton-Effekt seine entscheidende Überprüfung fand. Der Compton-Effekt wurde in dieser Beziehung zum „Wendepunkt in der Geschichte der Quantentheorie" und brachte den endgültigen Durchbruch der Hypothese der Lichtquanten.

Noch im gleichen Jahr übertrug de Broglie die zunächst nur für Licht formulierten Beziehungen

$E = h\nu, \ p = h/\lambda$

auf beliebige andere Mikroobjekte, wie Elektronen, Protonen oder Atome. Der Dualismus Teilchen — Welle war damit in seiner vollen Allgemeinheit formuliert, und es galt, tragfähige Fundamente für den Aufbau der Physik im Mikrokosmos zu finden. Werner Heisenberg ging dabei bekanntlich von den Teilcheneigenschaften, Erwin Schrödinger von den Welleneigenschaften der Materie aus. Die „Quantenmechanik" und „Wellenmechanik", die nun entstand, erwies sich als eine der erfolgreichsten und exaktesten Theorien der gesamten Physik.

Schwierig war aber das Problem der Deutung der neuen Quantenphysik zu klären. Widersprachen nicht einander Teilchen- und Welleneigenschaften? Und kann man nicht aus einer Theorie, deren Grundlage Widersprüche aufweist, beliebige Ergebnisse herleiten, wie aus der Mathematik wohlbekannt ist? Eine erregte Debatte um die Grundfragen der Physik setzte ein, die Gegenstand der folgenden Überlegungen sein soll.

2   Die statistische Deutung der neuen Mechanik

Werner Heisenberg beginnt seine Arbeit „Über quantentheoretische Umdeutung kinematischer und mechanischer Beziehungen" mit den Worten: „Bekanntlich läßt sich gegen die formalen Regeln, die allgemein in der Quantentheorie zur Berechnung beobachtbarer Größen (z. B. der Energie im Wasserstoffatom) benutzt werden, der schwerwiegende Einwand erheben, daß jene Rechenregeln als wesentlichen Bestandteil Beziehungen enthalten zwischen Größen, die scheinbar prinzipiell nicht beobachtet werden können (wie z. B. Ort, Umlaufzeit des Elektrons), daß also jenen Regeln offenbar jedes anschauliche physikalische Fundament mangelt, wenn man nicht immer noch an der Hoffnung festhalten will, daß jene bis jetzt unbeobachtbaren Größen später vielleicht experimentell zugänglich gemacht werden könnten." [7]

Er versucht dann „eine der klassischen Mechanik analoge quantentheoretische Mechanik auszubilden, in welcher nur Beziehungen zwischen beobachtbaren Größen vorkommen", wobei Heisenberg für die einzig beobachtbaren und damit unbezweifelbaren Eigenschaften der Atome die Frequenzen und Intensitäten ihrer Spektrallinien ansieht. Der Versuch, darin die Umlaufsfrequenzen und die Quadrate der Schwingungsamplituden der Elektronenkoordinaten zu sehen, scheitert aber an folgender Schwierigkeit. In der klassischen Physik sind die möglichen Frequenzen die ganzzahligen Linearkombinationen gewisser Grundfrequenzen. Die Spektren zeigen aber ganz andere Eigenschaften. Es gibt nämlich für jedes Atom charakteristische Spektralterme der Art, daß die Strahlungsfrequenzen durch alle möglichen Differenzen dieser Terme gegeben sind.

Der ältere, von Bohr beschrittene Ausweg aus dieser Schwierigkeit hatte darin bestanden, den Zusammenhang zwischen Lichtfrequenzen und Umlaufsfrequenzen für ungültig zu erklären. Heisenbergs geniale Idee war es, die Beschreibbarkeit der Elektronenbewegung durch Fourierreihen fallenzulassen. Was empirisch von den Elektronenkoordinaten gesichert ist, ist nichts als eine Tabelle der Intensitäten und Frequenzen aller Spektrallinien. Es ist nicht möglich, diese Tabelle als eine Liste der Fourierkomponenten von Teilchenbahnen zu deuten. Da aber die Bahnen der Atomelektronen ohnehin nicht beobachtbar sind, brauchen sie in der Theorie auch nicht vorzukommen.

Heisenberg meint also, daß Ort und Geschwindigkeit eines Elektrons in einem stationären Zustand nicht existieren. Bei konsequenter Beibehaltung eines positivistischen (oder gar operationalistischen) Standpunkt auf dem Gebiete der Wissenschaftstheorie dürften derartige Größen auch in der theoretischen Beschreibung der Natur nicht vorkommen. Es ist bemerkenswert, daß Heisenberg sich gezwungen sah, auch die als nicht physikalisch erkannten Größen zumindest als Rechengrößen in der Form komplexer Matrizen in die Theorie mitaufzunehmen. Dies entspricht gerade Einsteins Meinung, die er kurz nach der Schaffung der Wellenmechanik in einem Gespräch mit Heisenberg zum Ausdruck brachte: „Vom prinzipiellen Standpunkt aus ist es ganz falsch, eine Theorie nur auf beobachtbare Größen gründen zu wollen. Denn es ist ja in Wirklichkeit genau umgekehrt. Erst die Theorie entscheidet darüber, was man beobachten kann. Sehen Sie, die Beobachtung ist ja im allgemeinen ein sehr komplizierter Prozeß. Der Vorgang, der beobachtet werden soll, ruft irgendwelche Geschehnisse in unserem Meßapparat hervor. Als Folge davon laufen dann in diesem Apparat weitere Vorgänge ab, die schließlich auf Umwegen den sinnlichen Eindruck und die Fixierung des Ergebnisses in unserem Bewußtsein bewirken. Auf diesem ganzen langen Weg vom Vorgang bis zur Fixierung in unserem Bewußtsein müssen wir wissen, wie die Natur funktioniert, müssen wir die Naturgesetze wenigstens praktisch kennen, wenn wir behaupten wollen, daß wir etwas beobachtet haben. Nur die Theorie, das heißt die Kenntnis der Naturgesetze, erlaubt uns also, aus dem sinnlichen Eindruck auf den zugrundeliegenden Vorgang zu schließen." [8]

Auch als Erwin Schrödinger kurz nach Heisenberg in seiner berühmten Arbeitenreihe „Quantisierung als Eigenwertproblem" [9] eine zweite, äquivalente Formulierung der Quantenmechanik gab, führte er eine neue Klasse derartiger Rechengrößen ein, nämlich die durch Wellenfunktionen beschriebenen Zustände. Schrödinger war in der Lage zu zeigen, daß das Termschema des Wasserstoffatoms — also seine Energieeigenwerte — aus der „Schrödingergleichung" in völliger Übereinstimmung mit dem Experiment berechnet werden kann. In Schrödingers Arbeit blieb aber zunächst die Bedeutung der Wellenfunktion ungeklärt. Schrödinger schreibt dazu lediglich:

„Es liegt natürlich sehr nahe, die Funktion ψ auf einen Schwingungsvorgang im Atom zu beziehen, dem die den Elektronenbahnen heute vielfach bezweifelte Realität in höherem Maße zukommt als ihnen. ... Ich möchte auch jetzt noch nicht weiter auf die Erörterung der Vorstellungsmöglichkeiten über diesen Schwingungsvorgang eingehen, bevor etwas kompliziertere Fälle in der neuen Fassung mit Erfolg durchgerechnet sind." [10]

Wenig später zeigt Schrödinger in „Der stetige Übergang von der Mikro- zur Makromechanik" [11] am Beispiel des harmonischen Oszillators, daß durch Überlagerung von Wellenfunktionen Wellengruppen entstehen, die „dauernd zusammenhalten" und sich nicht im Laufe der Zeit auf ein immer größeres Gebiet ausbreiten. Die Arbeit schließt mit der Vermutung:

„Es läßt sich mit Bestimmtheit voraussehen, daß man auf ganz ähnliche Weise auch die Wellengruppen konstruieren kann, welche auf hochquantigen Keplerellipsen umlaufen und das undulationsmechanische Bild des Wasserstoffelektrons sind; nur sind da die rechentechnischen Schwierigkeiten größer als in dem hier behandelten, ganz besonders einfachen Schulbeispiel."

Die weitere Entwicklung zeigte allerdings, daß das „ganz besonders einfache Schulbeispiel" einzigartig war und für kein anderes quantenmechanische System Wellengruppen konstruiert werden können, die ihre Ausdehnung im Raume beibehalten. (Siehe dazu S. 66—67)

Schrödingers Deutung der Wellenfunktion ψ, wonach $\psi\psi^*$ „die Dichte der Elektrizität als Funktion der Raumkoordinaten und der Zeit darstellt", ist deshalb unhaltbar.

Das Problem der Deutung der Wellenmechanik stellte sich erstmals mit voller Schärfe. Erich Hückel schrieb damals ein kurzes Gedicht:
Gar Manches rechnet Erwin schon
Mit seiner Wellenfunktion.
Nur wissen möcht man gerne wohl,
Was man sich dabei vorstell'n soll. [12]

Eine erste Formulierung der heute akzeptierten Interpretation der Wellenmechanik stammt von Max Born (Abhandlung 1). Seine Abhandlung „Zur Quantenmechanik der Stoßvorgänge (vorläufige Mitteilung)" [13] enthält erstmals die Deutung des Absolutquadrates der Wellenfunktion als Wahrscheinlichkeitsdichte. Für die in dieser Arbeit formulierte Interpretation der Wellenfunktion erhielt Born den Nobelpreis für Physik im Jahre 1954.

Die exakte Formulierung der „Bornschen Deutung" der Wellenfunktion findet sich darin nur in der bei der Korrektur hinzugefügten Fußnote. Wie Born später mitteilte, war er durch Einsteins Vorstellung beeinflußt, daß die Intensität des elektromagnetischen Feldes proportional zur Dichte der Lichtquanten ist. Man darf aber nicht annehmen, daß Einstein an statistische Naturgesetze dachte — vielmehr war die Bornsche Deutung der Punkt, an dem sich Einstein vom Hauptstrom der theoretischen Physik seiner Zeit trennte und eigene Wege ging, da er indeterministische Naturgesetze nicht anerkennen wollte. Dies zeigt vielleicht am besten sein berühmter Ausspruch „Gott würfelt nicht". Seine Vorliebe galt deshalb der „statistischen Deutung der Quantenmechanik" (siehe Abschnitt 9, S. 30).

Ein anderer interessanter Aspekt im Zusammenhang mit der Bornschen Deutung wird in Paul Formans Artikel „Die Quantenmechanik und die Weimarer Republik" [14] angesprochen. Darin diskutiert Forman, welche Gründe dafür ausschlaggebend waren, daß die Physiker in den Zwanziger Jahren sehr rasch bereit waren, die deterministische Weltbeschreibung aufzugeben und Wahrscheinlichkeitsbeziehungen zu akzeptieren.

In der endgültigen Formulierung der Abhandlung schreibt Born dann zum Interpretationsproblem der Quantenmechanik:

„Die von *Heisenberg* begründete, von ihm gemeinsam mit *Jordan* und dem Verfasser dieser Mitteilung entwickelte Matrizenform der Quantenmechanik geht von dem Gedanken aus, daß eine exakte Darstellung der Vorgänge in Raum und Zeit überhaupt unmöglich ist, und begnügt sich daher mit der Aufstellung von Relationen zwischen beobachtbaren Größen, die nur im klassischen Grenzfall als Eigenschaften von Bewegungen gedeutet werden können. *Schrödinger* auf der anderen Seite scheint den Wellen, die er nach *De Broglie*s Vorgang als die Träger der atomaren Prozesse ansieht, eine Realität von derselben Art zuzuschreiben, wie sie Lichtwellen besitzen; er versucht ‚Wellengruppen aufzubauen, welche in allen Richtungen relativ kleine Abmessungen' haben und die offenbar die bewegte Korpuskel direkt darstellen sollen.

Keine dieser beiden Auffassungen scheint mir befriedigend. Ich möchte versuchen, hier eine dritte Interpretation zu geben und ihre Brauchbarkeit an den Stoßvorgängen zu erproben. Dabei knüpfe ich an eine Bemerkung *Einsteins* über das Verhältnis von Wellenfeld und Lichtquanten an; er sagte etwa, daß die Wellen nur dazu da seien, um den korpuskularen Lichtquanten den Weg zu weisen, und er sprach in diesem Sinne von einem ‚Gespensterfeld'. Dieses bestimmt die Wahrscheinlichkeit dafür, daß ein Lichtquant, der Träger von Energie und Impuls, einen bestimmten Weg einschlägt; dem Felde selbst aber gehört keine Energie und kein Impuls zu.

Diesen Gedanken direkt mit der Quantenmechanik in Verbindung zu setzen, wird man wohl besser so lange verschieben, bis die Einordnung des elektromagnetischen Feldes in den Formalismus vollzogen ist. Bei der vollständigen Analogie zwischen Lichtquant und Elektron aber wird man daran denken, die Gesetze der Elektronenbewegung in ähnlicher Weise zu formulieren. Und hier liegt es nahe, die *De Broglie-Schrödinger*schen Wellen als das ‚Gespensterfeld' oder besser ‚Führungsfeld' anzusehen.

Ich möchte also versuchsweise die Vorstellung verfolgen: Das Führungsfeld, dargestellt durch eine skalare Funktion ψ der Koordinaten aller beteiligten Partikeln und der Zeit, breitet sich nach der *Schrödinger*schen Differentialgleichung aus. Impuls und Energie aber werden so übertragen, als wenn Korpuskeln (Elektronen) tatsächlich herumfliegen. Die Bahnen dieser Korpuskeln sind nur so weit bestimmt, als Energie- und Impulssatz sie einschränken; im übrigen wird für das Einschlagen einer bestimmten Bahn nur eine Wahrscheinlichkeit durch die Werteverteilung der Funktion ψ bestimmt. Man könnte das, etwas paradox, etwa so zusammenfassen: Die Bewegung der Partikeln folgt Wahrscheinlichkeitsgesetzen, die Wahrscheinlichkeit selbst aber breitet sich im Einklang mit dem Kausalgesetz aus." [15]

Wie diese Stelle aus Borns grundlegender Arbeit zeigt, betrachtete er Ort und Bahn des Teilchens als zwar unbestimmte, aber doch existierende Größen, deren Wahrscheinlichkeitsverteilung aus der Quantenmechanik folgt. Das Teilchen wird also hier als durchaus klassisch betrachtet, wenngleich auch nur Wahrscheinlichkeitsaussagen über sein Verhalten möglich sind. Diese Vorstellung führt jedoch auf eine Reihe von Widersprüchen. Zum Beispiel wird die ψ-Funktion im Grundzustand des Wasserstoffs auch für große Entfernungen vom Atomkern nicht null. Wenn sich das Elektron wirklich dort befindet, so hat es mit Sicherheit eine höhere Energie als die Energie des Grundzustandes. Eine andere Inkonsistenz tritt bei der Beugung einer Materiewelle an einem Strichgitter auf. Obwohl ein Massenpunkt, der vom Gitter reflektiert wird, nur mit wenigen Gitterstrichen in Wechselwirkung treten kann, hängt die Schärfe des Beugungsbildes vom Gitter in seiner gesamten Ausdehnung ab!

3 Die Unbestimmtheitsrelation

Eine geschlossene Interpretation der Quantenmechanik gab erst Werner Heisenberg im März 1927 in seiner Abhandlung „Über den anschaulichen Inhalt der quantentheoretischen Kinematik und Mechanik" [16] (Abhandlung 2). Dieser Artikel enthält die erste Formulierung der berühmten „Heisenbergschen Unbestimmtheitsrelation", die in der heutigen Interpretation der Quantenmechanik in den meisten Lehrbüchern eine zentrale Rolle spielt. Ausgangspunkt der Überlegungen ist die Vertauschungsrelation $pq - qp = \hbar/i$, die in ihrer allgemeinen Form erstmals von Born und Jordan in ihrem Artikel „Zur Quantenmechanik"[17] angegeben worden war. In dieser Relation kommen sowohl die Impulsmatrix p, als auch die Koordinatenmatrix q des Elektrons vor, und es war zu überlegen, unter welchen Umständen diese Größen meßbar sein würden. Heisenberg hatte ja bereits früher betont, daß er eine quantentheoretische Mechanik schaffen wolle „die ausschließlich auf Beziehungen zwischen prinzipiell beobachtbaren Größen basiert ist". Nun schien es Situationen zu geben, in denen der Bahnbegriff für Elektronen sinnvoll war, wie etwa in der Wilsonkammer, und andere, in denen eine Bahnmessung im Prinzip ausgeschlossen war, wie etwa im Inneren des Atoms. Im Sinne des Positivismus meint Heisenberg nun, daß man „bestimmte Experimente angeben muß, mit deren Hilfe man den Ort des Elektrons zu messen gedenkt; anders hat dieses Wort keinen Sinn".

Es folgt nun eine theoretische Analyse verschiedener Möglichkeiten, Elektronenbahnen zu bestimmen, wobei das „Heisenberg-Mikroskop" am berühmtesten wurde und Eingang in viele Lehrbücher gefunden hat. Der Schlüsselsatz lautet hier: „Im Augenblick der Ortsbestimmung, also dem Augenblick, in dem das Lichtquant vom Elektron abgebeugt wird, verändert das Elektron seinen Impuls unstetig." Daraus folgert er die bekannte Unbestimmtheitsrelation in der Form $p_1 q_1 \sim \hbar$, wobei die von Heisenberg benützten Größen mit der heute üblichen Terminologie durch $p_1 = \sqrt{2}\,\Delta p$ und $q_1 = \sqrt{2}\,\Delta q$ zusammenhängen. „Je genauer der Ort bestimmt ist, desto ungenauer ist der Impuls bekannt und umgekehrt", so beschreibt Heisenberg sein Ergebnis in Worten.

Anschließend wird der Begriff „Bahn des Elektrons" analysiert, wobei sich zeigt, daß im Atom „das Wort ‚Bahn' keinen vernünftigen Sinn hat." Dies wird hier auf die Störung der Bahn durch die Messung zurückgeführt, da nämlich zu einer derartigen Messung „das Atom mit Licht beleuchtet werden müßte, dessen Wellenlänge jedenfalls erheblich kürzer als 10^{-8} cm ist."

Im Anschluß an diese Diskussion wird nun die Unbestimmtheitsrelation im Spezialfall der Wellenpakete direkt aus den Grundannahmen der Quantentheorie hergeleitet.

In Einklang mit Einsteins Überlegungen zeigt also die Theorie, welche Aspekte der formal eingeführten Größen p und q meßbar sind: In der Wilsonkammer existiert die Bahn, zwar nicht als idealisierte mathematische Linie, sondern infolge der Unbestimmtheitsrelation stets mit einer nicht vernachlässigbaren Unschärfe der Position. Im Atom dagegen hat es überhaupt keinen Sinn, von der Elektronenbahn zu sprechen.

Ferner haben wir hier den Ursprung einer später oft wiederholten Deutung der Unbestimmtheitsrelationen vor uns, wonach die Unschärfen durch den Eingriff des Beobachters bei der Messung zustandekommen. Die Unschärfe wird demnach durch die „unvorhersehbare und unkontrollierbare Störung des Mikroobjekts durch die Beobachtung" verursacht und weist auf die Untrennbarkeit von Beobachter und Mikroobjekt der Quantenmechanik hin.

Diese Deutung der Unbestimmtheitsrelation ist nicht unbestritten. Sie stellt vielmehr ein Relikt einer frühen Version der „Bornschen Deutung" dar, wonach Elektronen einen wohlbestimmten Ort und Impuls haben, von dem eben nur eine bestimmte Wahrscheinlichkeitsverteilung bekannt ist. Ebenso beweist Heisenberg durch sein Gedankenexperiment, daß unsere Kenntnis von Ort und Impuls eines *klassischen* Elektrons nie die Unbestimmtheitsrelation verletzt, wenn das zur Beobachtung verwendete Licht der Quantentheorie gehorcht. Er macht aber keine Aussagen über Elektronen, die der Wellenmechanik genügen. In diesem Fall erübrigt sich nämlich jede Beweisführung, weil es gar keine Wellenfunktionen gibt, die die Unbestimmtheitsrelation verletzen. Bei der allgemeinen Formulierung und dem Beweis dieser Relation — die sich in jedem Lehrbuch findet — ist nämlich von einem „Eingriff des Beobachters" oder einer „unkontrollierbaren Störung" keine Rede. Die Unbestimmtheitsrelation wird vielmehr als allgemeine Eigenschaft beliebiger Wellenfunktionen bewiesen.

Eine ausführliche Diskussion der Unbestimmtheitsrelationen findet sich auch in einem Überblicksartikel „Die statistische Deutung der Quantenmechanik" von L.E. Ballentine [18]. Darin kritisiert Ballentine u.a. die Aussage, daß die Unbestimmtheitsrelation die gleichzeitige exakte Messung von Ort und Impuls verhindert.

Eine entscheidende Überprüfung von Heisenbergs Interpretation der Quantenmechanik brachte der *Doppelspaltversuch*. Das Interferenzmuster einer Welle — seien es nun Elektronen oder Photonen —, die einen Doppelspalt passiert hat, ist verschieden von der Überlagerung zweier Beugungsbilder für je einen Spalt. Sollte man nicht erwarten, daß jedes der Teilchen nur durch einen Spalt durchgeht? Wie ist es dann möglich, daß sein weiteres Schicksal auch durch den zweiten Spalt beeinflußt wird?

Eine der frühesten Diskussionen dieser Problematik im Rahmen der Quantenmechanik fand im Oktober 1927 in Brüssel auf dem 5. Physikalischen Kongreß des Solvay-Instituts statt. Niels Bohr berichtet darüber in seinem Artikel „Diskussion mit Einstein über erkenntnistheoretische Probleme in der Atomphysik":

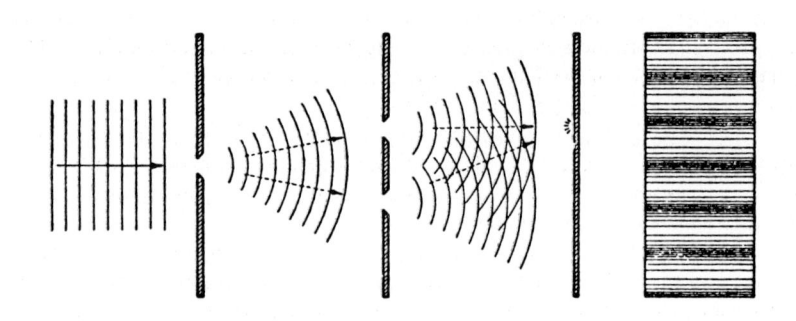

„Im Laufe der Diskussionen wurde die Wichtigkeit derartiger Betrachtungen in höchst interessanter Weise beleuchtet durch die Untersuchung einer Anordnung, bei der zwischen dem Schirm mit dem Schlitz und der photographischen Platte ein zweiter Schirm mit zwei gleichlaufenden Schlitzen angebracht ist, wie das Bild zeigt. Wenn ein paralleler Strahl von Elektronen (oder Photonen) von links her auf die erste Blende fällt, werden wir unter gewöhnlichen Versuchsbedingungen ein Interferenzmuster beobachten, das durch Schattierung auf der photographischen Platte angedeutet und im rechten Teil des Bildes in Frontalansicht wiedergegeben ist. Bei intensiver Strahlung wird dieses Muster durch Ansammlung zahlreicher Einzelprozesse aufgebaut, von denen jeder einen kleinen Fleck auf der photographischen Platte erzeugt. Die Verteilung dieser Flecke folgt einem einfachen, aus der Wellenanalyse ableitbaren Gesetz. Die gleiche Verteilung müßte man auch aus der Statistik über eine große Zahl von Versuchen finden, die mit so schwacher Strahlung ausgeführt wurden, daß bei einer einzigen Belichtung nur ein Elektron (oder Photon) die photographische Platte erreichen und an einem Punkt auftreffen wird, sowie es in dem Bild mit einem Sternchen angedeutet ist. Da nun, wie die gestrichelten Pfeile angeben, der auf die erste Blende übertragene Impuls verschieden sein sollte, je nachdem man annimmt, daß das Elektron durch den unteren oder den oberen Schlitz in der zweiten Blende fliegt, vertrat Einstein die Auffassung, daß eine Kontrolle der Impulsübertragung eine genauere Analyse des Vorganges gestatten würde und im besonderen die Entscheidung ermöglichen sollte, durch welchen der beiden Schlitze das Elektron vor seinem Auftreffen auf die Platte hindurchgegangen ist. Eine genauere Prüfung zeigt indessen, daß der vorgeschlagenen Kontrolle der Impulsübertragung eine Unschärfe bezüglich der Kenntnis der Lage der Blende anhaftet, die das Auftreten der in Frage stehenden Interferenzphänomene ausschließen würde. Tatsächlich wird, wenn α den kleinen Winkel zwischen den vermuteten Bahnen eines Teilchens durch den oberen und unteren Schlitz bezeichnet, die Differenz der Impulsübertragung in beiden Fällen gleich $\Delta p = \alpha \cdot h/\lambda$ sein, und jede Kontrolle des Blendenimpulses mit einer zur Messung dieser Differenz ausreichenden Genauigkeit wird infolge der Unbestimmtheitsrelation $\Delta x \cdot \Delta p \simeq h$ einen mit λ/α vergleichbaren Minimalspielraum der Lage der Blende einschließen. Wenn die Blende mit den beiden Schlitzen, wie in dem Bild, in der Mitte zwischen der ersten Blende und der photographischen Platte aufgestellt ist, sieht man, daß der Abstand der Fransen genau gleich λ/α ist. Da ferner eine Unsicherheit λ/α in der Lage der ersten Blende eine gleiche Unsicherheit in der Lage der Fransen verursacht, kann folglich keine Interferenzwirkung erscheinen. Das gleiche Ergebnis erhält man, wie sich leicht zeigen läßt, für jede andere Stellung der zweiten Blende zwischen der ersten und der Platte, und es bliebe auch dasselbe, wenn wir anstatt der ersten Blende einen anderen dieser drei Körper zur Kontrolle der Impulsübertragung für den vorgeschlagenen Zweck verwendeten.

Dieser Punkt ist von großer logischer Tragweite, denn nur der Umstand, daß wir vor der Wahl stehen, *entweder* den Weg eines Teilchens zu verfolgen *oder* Interferenzwirkungen zu beobachten, gestattet es uns, dem paradoxen Schluß zu entgehen, daß das Verhalten eines Elektrons oder Photons von dem Vorhandensein eines Schlitzes im Schirm abhängen sollte, durch den es nachweisbar nicht hindurchgegangen ist. Wir haben hier ein typisches Beispiel dafür, wie die komplementären Phänomene unter sich gegenseitig ausschließenden Versuchsanordnungen auftreten, und wir stehen bei der Analyse der Quanteneffekte vor der Unmöglichkeit, eine scharfe Trennungslinie zwischen einem unabhängigen Verhalten atomarer Objekte und ihrer Wechselwirkung mit dem Meßgerät zu ziehen, die zur Definition der Bedingungen für das Auftreten der Phänomene dienen." [19]

Die Unbestimmtheitsrelationen werden also hier zum Nachweis herangezogen, daß zwischen Teilchentheorie und Wellentheorie keinerlei Widersprüche auftreten. Solange man nicht beobachtet, durch welchen Spalt das Elektron (oder Photon) hindurchgetreten ist, hat es — nach Heisenberg — auch keinen Sinn, zu fragen, welche Bahn es eingeschlagen hat. Beobachtet man die Bahn aber, so zerstört man dadurch die Interferenzerscheinungen.

4   Die Kopenhagener Deutung

Die Diskussion, die Niels Bohr und Werner Heisenberg in den Jahren 1926 und 1927 in Kopenhagen führten, legte die „Kopenhagener Deutung der Quantenmechanik" fest. Sie war — zwar nicht unumstritten — jahrzehntelang die „offizielle" Interpretation der Quantenmechanik, der sich praktisch alle Lehrbücher über diesen Gegenstand anschlossen. Es ist allerdings nicht ganz leicht, festzustellen, was eigentlich der Kern dieser Deutung der Quantenmechanik ist. Beispielsweise schreibt H. P. Stapp [20] in einem Überblicksartikel: „Lehrbuchdarstellungen der Kopenhagener Deutung übergehen die heiklen Punkte im allgemeinen. Bezüglich näherer Details werden die Leser meist auf die Schriften Bohrs und Heisenbergs verwiesen. Aber auch dort ist es schwer Klarheit zu gewinnen. Die Schriften Bohrs sind außerordentlich schwer erfaßbar und scheinen nie zu sagen, was man eigentlich wissen will. Sie weben einen Schleier von Worten rund um die Kopenhagener Deutung, sagen aber nicht, was sie nun wirklich ist. Heisenbergs Schriften sind direkter. Seine Aussagen scheinen aber auf eine subjektive Deutung hinauszulaufen, die scheinbar den Intentionen Bohrs diametral widerspricht."

Die Problematik jeder Darstellung der Kopenhagener Deutung der Quantenmechanik liegt darin, daß Heisenberg und Bohr unterschiedliche Ansatzpunkte als wesentlich erachteten (siehe dazu beispielsweise den Anhang zur Abhandlung 2) und auch ihre Meinung im Laufe der Jahrzehnte allmählich wandelten.

Als grundlegende Dokumente für die frühe Kopenhagener Deutung können wir Heisenbergs Abhandlung „Über den anschaulichen Inhalt der quantentheoretischen Kinematik und Mechanik" [21] (Abhandlung 2) und Niels Bohrs Bericht „Das Quantenpostulat und die neuere Entwicklung der Atomistik" [22] betrachten. Dieses Referat wurde auf der Volta-Feier am 16. September 1927 in Como gehalten. In Paragraph 1 „Quantenpostulat und Kausalität" heißt es darin:

„Nun bedeutet aber das Quantenpostulat, daß jede Beobachtung atomarer Phänomene eine nicht zu vernachlässigende Wechselwirkung mit dem Messungsmittel fordert, und daß also weder den Phänomenen noch dem Beobachtungsmittel eine selbständige physikalische Realität im gewöhnlichen Sinne zugeschrieben werden kann. Überhaupt enthält der Begriff der Beobachtung eine Willkür, in dem er wesentlich darauf beruht, welche Gegenstände mit zu dem zu beobachtenden System gerechnet werden....

Dieser Sachverhalt bringt weitgehende Konsequenzen mit sich. Einerseits verlangt die Definition des Zustandes eines physikalischen Systems, wie gewöhnlich aufgefaßt, das Ausschließen aller äußeren Beeinflussungen; dann ist aber nach dem Quantenpostulat auch jede Möglichkeit der Beobachtung ausgeschlossen, und vor allem verlieren die Begriffe Zeit und Raum ihren unmittelbaren Sinn. Lassen wir andererseits, um Beobachtungen zu ermöglichen, eventuelle Wechselwirkungen mit geeigneten, nicht zum System gehörigen, äußeren Messungsmitteln zu, so ist der Natur der Sache nach eine eindeutige Definition des Zustandes des Systems nicht mehr möglich, und es kann von Kausalität im gewöhnlichen Sinn keine Rede sein. Nach dem Wesen der Quantentheorie müssen wir uns also damit begnügen, die Raum-Zeit-Darstellung und die Forderung der Kausalität, deren Vereinigung für die klassischen Theorien kennzeichnend ist, als komplementäre aber einander ausschließende Züge der Beschreibung des Inhalts der Erfahrung aufzufassen, die die Idealisation der Beobachtungs- bzw. Definitionsmöglichkeiten symbolisieren." [23]

Im Laufe der weiteren Diskussion stellt Bohr fest: „Nach der Quantentheorie kommt eben wegen der nicht zu vernachlässigenden Wechselwirkung mit dem Meßmittel bei jeder Beobachtung ein ganz neues unkontrollierbares Element hinzu." [24]

Wir können also versuchen, Bohrs Meinung folgendermaßen zu charakterisieren:

a) Raum-zeitliche Beschreibungen eines Vorganges erfordern Beobachtungen (beispielsweise einer Bahn).

b) Beobachtungen bedingen unkontrollierbare Störungen des betrachteten Objekts.

c) Unkontrollierbare Störungen machen das Kausalgesetz unanwendbar, da das weitere Verhalten des Objektes nicht vorhergesagt werden kann.

d) Raum-zeitliche Beschreibung eines Vorganges und die Forderung der Kausalität schließen einander deshalb aus, sie sind zueinander „komplementär".

Eine andere Facette der „Komplementarität", die für Bohr der Ausgangspunkt seiner Deutung der Quantentheorie ist, betonte er bei einer Rede im Jahre 1938:

„Bisher beruhte alle Beschreibung von Erfahrungen auf der bereits dem gewöhnlichen Sprachgebrauch innewohnenden Annahme, daß es möglich sei, zwischen dem Verhalten der Objekte und der zu ihrer Beobachtung notwendigen Geräte scharf zu unterscheiden. .... Wir müssen uns einerseits klarmachen, daß das Ziel jedes physikalischen Experimentes — nämlich Erfahrungen unter reproduzierbaren und mitteilbaren Versuchsbedingungen zu gewinnen — uns keine andere Wahl läßt als Begriffe des täglichen Lebens anzuwenden, die mit Hilfe der Terminologie der klassischen Physik verfeinert sind. Dies gilt nicht nur für die Beschreibung des Baues und der Bedienung der Meßgeräte, sondern auch für die Beschreibung der experimentellen Resultate. Andererseits ist es ebenso wichtig zu verstehen, daß gerade dieser Umstand es mit sich bringt, daß kein Ergebnis eines Experiments über ein im Prinzip außerhalb des Bereiches der klassischen Physik liegendes Phänomen dahin gedeutet werden kann, daß es Aufschluß über unabhängige Eigenschaften der Objekte gibt; es ist vielmehr unlöslich mit einer bestimmten Situation verbunden, in deren Beschreibung auch die mit den Objekten in Wechselwirkung stehenden Meßgeräte als wesentliches Glied eingehen. Diese letztere Tatsache liefert die unmittelbare Aufklärung der scheinbaren Widersprüche, die jedesmal dann auftreten, wenn man versucht, mit Hilfe verschiedener Versuchsanordnungen an atomaren Objekten gewonnene Ergebnisse zu einem einzigen anschaulichen Bilde zusammenzufassen.

Unter bestimmten einander ausschließenden Versuchsbedingungen gewonnene Aufschlüsse über das Verhalten eines und desselben Objektes können jedoch gemäß einer häufig in der Atomphysik angewandten Terminologie treffend als *komplementär* bezeichnet werden, da sie, obgleich ihre Beschreibung mit Hilfe alltäglicher Begriffe nicht zu einem einheitlichen Bilde zusammengefaßt werden kann, doch jeder für sich gleich wesentliche Seiten der Gesamtheit aller Erfahrungen über das Objekt ausdrückt, die überhaupt in jenem Gebiet möglich sind." [25]

In seinem Rückblick auf die bereits erwähnten Diskussionen mit Einstein schreibt Bohr dann im Jahre 1949:

„Auf dem Internationalen Physikerkongreß in Como, im September 1927, der als Gedächtnisfeier für Volta abgehalten wurde, bildeten die Errungenschaften der Atomphysik den Gegenstand eingehender Diskussionen. Bei dieser Gelegenheit trat ich in einem Vortrag für einen Gesichtspunkt ein, der durch den Begriff ‚Komplementarität' kurz bezeichnet werden kann und geeignet ist, die typischen Züge der Individualität von Quantenphänomenen zu erfassen und gleichzeitig die besonderen Aspekte des Beobachtungsproblems innerhalb dieses Erfahrungsgebietes klarzulegen. Hierfür ist die Erkenntnis entscheidend, daß, *wie weit auch die Phänomene den Bereich klassischer physikalischer Erklärung überschreiten mögen, die Darstellung aller Erfahrung in klassischen Begriffen erfolgen muß.* Die Begründung hierfür ist einfach die, daß wir mit dem Wort ‚Experiment' auf eine Situation hinweisen, in der wir anderen mitteilen können, was wir getan und was wir gelernt haben, und daß deshalb die Versuchsanordnung und die Beobachtungsergebnisse in klar verständlicher Sprache unter passender Anwendung der Terminologie der klassischen Physik beschrieben werden müssen.

Aus diesem entscheidenden Punkte, der zum Hauptthema der im folgenden berichteten Diskussion wurde, folgt die *Unmöglichkeit einer scharfen Trennung zwischen dem Verhalten atomarer Objekte und der Wechselwirkung mit den Meßgeräten, die zur Definition der Bedingungen dienen, unter welchen die Phänomene erscheinen.* Tatsächlich findet die Individualität der typischen Quanteneffekte ihren logischen Ausdruck in dem Umstande, daß jeglicher Versuch einer Unterteilung eine Änderung in der Versuchsanordnung verlangt und somit neue, prinzipiell unkontrollierbare Möglichkeiten der Wechselwirkung zwischen den Objekten und den Meßgeräten herbeiführt. Demzufolge kann das unter verschiedenen Versuchsbedingungen gewonnene Material nicht mit einem einzelnen Bilde erfaßt werden; es ist vielmehr als komplementär in dem Sinne zu betrachten, daß erst die Gesamtheit aller Phänomene die möglichen Aufschlüsse über die Objekte erschöpfend wiedergibt." [26]

Eine rudimentäre, simplifizierte Form dieser Idee findet sich in dem „Modelldenken", das heute in vielen Lehrbüchern Eingang gefunden hat. Es geht davon aus, daß es ein Teilchenmodell und ein Wellenmodell des Elektrons gibt und manche Experimente durch das eine, manche besser durch das andere Modell beschrieben werden. Konkret wird auch manchmal festgestellt, daß die Ausbreitung von Elektronen im Wellenbild, die Wechselwirkung mit Materie im Teilchenbild zu beschreiben sei. Wie wäre aber dann beispielsweise die Beugung von Elektronen an einem Kristallgitter zu beschreiben? Handelt es sich dabei um die Ausbreitung oder um die Wechselwirkung mit Materie?

Während also für Bohr die Notwendigkeit einer klassischen Beschreibung der Welt und die Komplementarität den Ausgangspunkt seiner Darstellung der Deutung der Quantentheorie bilden, steht für Heisenberg vielmehr die Unschärferelation — also der mathematische Formalismus — im Vordergrund. Für Bohr ist dieser Formalismus dagegen nur spezieller Ausdruck des allgemeinen Prinzips der Komplementarität.

Die weitere Entwicklung der Kopenhagener Deutung der Quantenmechanik durch ihre beiden Protagonisten findet sich in den Abhandlungen 4, 7 und 8, in denen auch die Reaktion auf verschiedene kritische Einwände enthalten ist, die von Gegnern der Quantentheorie — oder zumindest ihrer Interpretation — vorgebracht wurden. Wir kommen auf diese Abhandlungen in der Folge noch zurück.

5 von Neumanns Bewußtsein verändert die Welt

Heisenberg hat das Verdienst, den Meßprozeß als wesentlichen Bestandteil der quantenmechanischen Beschreibung der Wirklichkeit erkannt zu haben. In seiner Aussage *„jede Ortsbestimmung reduziert* also das Wellenpaket wieder auf seine ursprüngliche Größe λ", findet sich erstmals die „Reduktion des Wellenpaketes" angedeutet, die — der Kopenhagener Deutung gemäß — ein Charakteristikum jeder Messung ist. Darin kommt die grundlegende Problematik zum Ausdruck, daß die Quantenmechanik nur *Möglichkeiten* des Geschehens angibt, aber zunächst unbeantwortet läßt, wann die Möglichkeit zur Wirklichkeit wird. Dies geschieht nur gerade bei der Messung, bei der tatsächlich festgestellt wird, daß der Wert einer Observablen — etwa des Impulses — einem bestimmten „Eigenwert" entspricht. In diesem Moment findet eine diskontinuierliche Veränderung der Wellenfunktion statt, eben die „Reduktion des Wellenpaketes", die im eklatanten Gegensatz zur kontinuierlichen und stetigen Entwicklung der Wellenfunktion steht, die durch die Schrödingergleichung beschrieben wird.

Diese Sonderstellung des Meßprozesses, der gleichsam aus der normalen physikalischen Beschreibung herausfällt, machte eine quantenmechanische

Theorie der Messung zu einer vordringlichen Aufgabe. Einen ersten Ansatz dazu stellt Heisenbergs Theorie der Ortsmessung mit einem Mikroskop dar. Eine systematische Theorie des Quantenmechanischen Meßprozesses wurde aber erst von J. von Neumann [27] einige Jahre später entwickelt.

In seiner Theorie des Meßprozesses betrachtet von Neumann ein quantenmechanisches System, das aus einem Meßobjekt S und einem Meßapparat A besteht. Diese beiden Teile des Systems sind anfänglich getrennt und werden während des Meßvorganges aneinandergekoppelt, treten also in engen Kontakt miteinander.

Vor der Messung sei das Meßobjekt, dessen Eigenschaften wir bestimmen wollen, in einem wohldefinierten (reinen) Zustand. Zur Vereinfachung der Diskussion wollen wir annehmen, daß dies auch für den Meßapparat zutreffe (diese Annahme ist für die folgende Analyse nicht unbedingt erforderlich, vereinfacht aber die Diskussion). Unsere Kenntnis des Gesamtsystemes ist dann zum Beginn der Messung maximal, schöpft also die naturgesetzlichen Grenzen aus. Nach der Messung tritt eine *Verschränkung* von Meßobjekt und Meßapparat ein. *Falls* der Zeiger des Meßapparates in Stellung 1 steht, dann befindet sich das Meßobjekt im Zustand ψ_1, bei der Zeigerstellung 2 im Zustand ψ_2 usw. Über jeden der beiden Systemteile weiß man also nach der Messung weniger als zuvor (solange die Zeigerstellung nicht abgelesen ist!), die Verschränkung erlaubt es uns aber, Eigenschaften des Objektes am Meßgerät abzulesen.

Nun sieht sich von Neumann aber mit dem *Grundproblem der Quantenmechanik* konfrontiert. Die Kopplung von Meßobjekt und Meßapparat führt gar nicht zu einer Zustandsreduktion, sondern erst die Messung der Zeigerstellung des Meßapparates. Aber auch diese Messung der Zeigerstellung ist ein Meßprozeß, nur ist jetzt S plus A das Meßobjekt, das mit einem Apparat B in Wechselwirkung tritt. Da aber auch B den Regeln der Quantenmechanik genügen sollte, kommt es zu einem unendlichen Regreß: Man gelangt offenbar nie zum Ziel einer vollzogenen Messung mit wohldefiniertem Ergebnis, aus Möglichkeit wird niemals Wirklichkeit. Um diesen unendlichen Regreß zu vermeiden, nimmt von Neumann an, daß die Reduktion der Wellenfunktion durch die Wahrnehmung des menschlichen Beobachters vollzogen wird. In seinem Buch „Mathematische Grundlagen der Quantenmechanik", das erstmals 1932 erschien, schreibt er dazu:

„Zunächst ist es an und für sich durchaus richtig, daß das Messen, bzw. der damit verknüpfte Vorgang der subjektiven Apperzeption eine gegenüber der physikalischen Umwelt neue, auf diese nicht zurückführbare Wesenheit ist. Denn sie führt aus dieser hinaus, oder richtiger: sie führt hinein, in das unkontrollierbare, weil von jedem Kontrollversuch schon vorausgesetzte, gedankliche Innenleben des Individuums (vgl. das w. u. zu Sagende). Trotzdem ist es aber eine für die naturwissenschaftliche Weltanschauung fundamentale Forderung, das sog. Prinzip vom psychophysikalischen Parallelismus, daß es möglich sein muß, den in Wahrheit außerphysikalischen Vorgang der subjektiven Apperzeption so zu beschreiben, als ob er in der physikalischen Welt stattfände — d. h. ihren Teilen physikalische Vorgänge in der objektiven Umwelt, im gewöhnlichen Raume, zuzuordnen. (Natürlich ergibt sich bei diesem Zuordnungsprozeß immer wieder die Notwendigkeit, diese Prozesse in solche Punkte zu lokalisieren, die im von unserem Körper eingenommenen Raumteile liegen. Dies ändert aber nichts an ihrer Zugehörigkeit zur Umwelt.) Auf ein einfaches Beispiel wäre diese Auffassung etwa so anzuwenden: Es werde eine Temperatur gemessen. Wenn wir wollen, können wir diesen Vorgang rechnerisch so weit verfolgen, bis wir die Temperatur der Umgebung des Quecksilberbehälters des Thermometers haben, und dann sagen: diese Temperatur wird vom Thermometer gemessen. Wir können aber die Rechnung weiterführen, und aus den molekularkinetisch erklärbaren Eigenschaften des Quecksilbers seine Erwärmung, Ausdehnung und die resultierende Länge des Quecksilberfadens errechnen, und dann sagen: diese Länge wird vom Beobachter gesehen. Noch weitergehend könnten wir, seine Lichtquelle mit in Betracht ziehend, die Reflexion der Lichtquanten am unduchsichtigen Quecksilberfaden, und den Weg der übrigen Lichtquanten in sein Auge ermitteln, sodann deren Brechung in der Linse und das Entstehen eines Bildes auf der Retina, und erst dann würden wir sagen: dieses Bild wird von der Retina des Beobachters registriert. Und wären unsere physiologischen Kenntnisse genauer als sie es heute sind, so könnten wir noch weiter gehen, die chemischen Reaktionen verfolgend, die dieses Bild an der Retina, in der Nervenbahn und im Gehirn verursacht, und erst am Ende sagen: diese chemischen Veränderungen seiner Gehirnzellen apperzipiert der Beobachter. Aber einerlei, wie weit wir rechnen: bis ans Quecksilbergefäß, bis an die Skala des Thermometers, bis an die Retina, oder bis ins Gehirn, einmal müssen wir sagen: und dies wird vom Beobachter wahrgenommen. D. h. wir müssen die Welt immer in zwei Teile teilen, der eine ist das beobachtete System, der andere der Beobachter. In der ersteren können wir alle physikalischen Prozesse (prinzipiell wenigstens) beliebig genau verfolgen, in der letzteren ist dies sinnlos. Die Grenze zwischen beiden ist weitgehend willkürlich, so sahen wir im obigen Beispiel vier verschiedene Möglichkeiten für sie, insbesondere braucht der Beobachter in diesem Sinne keineswegs mit dem Körper des wirklichen Beobachters identifiziert zu werden — rechneten wir doch im obigen Beispiel einmal sogar das Thermometer dazu, während das andere Mal seine Augen und Nervenbahnen nicht dazugerechnet wurden. Daß diese Grenze beliebig tief ins Innere des Körpers des wirklichen Beobachters verschoben werden kann, ist der Inhalt des Prinzips vom psychophysikalischen Parallelismus — dies ändert aber nichts daran, daß sie bei jeder Beschreibungsweise irgendwo gezogen werden muß, wenn dieselbe nicht leer laufen, d. h. wenn ein Vergleich mit der Erfahrung möglich sein soll. Denn die Erfahrung macht nur Aussagen von diesem Typus: ein

Beobachter hat eine bestimmte (subjektive) Wahrnehmung gemacht, und nie eine solche: eine physikalische Größe hat einen bestimmten Wert." [28]

Die Aussagen der Theorie hängen also demnach nicht davon ab, an welcher Stelle der Kette S, A, B ... zwischen Meßobjekt und dem wahrnehmenden menschlichen Bewußtsein man abbricht, um auf die Bornsche Deutung zurückzugreifen.

Bemerkenswert ist, daß von Neumann den dynamischen Aspekt seiner Beispiele undiskutiert läßt. Beispielsweise würde eine Einbeziehung der Augen des Beobachters in das Meßobjekt eine Entkopplung zwischen Augen und Gehirn voraussetzen, da den Augen nur in diesem Fall eine eigene Wellenfunktion zugeschrieben werden könnte.

In ähnlicher Weise wie von Neumann hat auch Eugen P. Wigner im Jahre 1961 in seinem Beitrag zu dem Buch „The Scientist speculates" [29] meßbare Effekte des Bewußtseins auf die Materie in Erwägung gezogen. Diese Effekte sollten die Schrödingergleichung außer Kraft setzen und damit eine Reduktion des Wellenpaketes bewirken.

6 Das (vorläufige) Ende des Determinismus

Entscheidender noch als die Theorie des Meßprozesses wurde der „von Neumannsche Beweis", der zu zeigen suchte, daß eine deterministische Ergänzung der Quantentheorie prinzipiell ausgeschlossen ist. In dem bereits zitierten Buch meint von Neumann zunächst:

„Wenn man den akausalen Charakter der Verknüpfung zwischen ϕ und den Werten der physikalischen Größen nach dem Beispiel der klassischen Mechanik erklären will, so ist offenbar die folgende Auffassung die gegebene: In Wahrheit bestimmt ϕ gar nicht den Zustand genau, um diesen restlos zu kennen, sind vielmehr noch weitere Zahlenangaben notwendig. Das heißt, das System hat neben ϕ noch weitere Bestimmungsstücke, weitere Koordinaten. Würde man diese alle kennen, so könnte man die Werte aller physikalischen Größen genau und bestimmt angeben ...

Diese hypothetischen weiteren Koordinaten pflegt man, da sie neben dem, durch die bisherige Forschung allein aufgedeckten ϕ eine recht versteckte Rolle spielen müßten, als ‚verborgene Koordinaten' oder ‚verborgene Parameter' zu bezeichnen. Die Erklärung mittels der verborgenen Parameter hat in der klassischen Physik schon manches scheinbar statistische Verhalten auf die kausale Grundlage der Mechanik zurückgeführt — charakteristisch hierfür ist z. B. die kinetische Gastheorie.

Ob für die Quantenmechanik eine derartige Erklärung durch verborgene Parameter in Frage kommt, ist eine viel erörterte Frage. Die Ansicht, daß sie einmal im bejahenden Sinn zu beantworten sein wird, hat auch gegenwärtig hervorragende Vertreter. Sie würde, wenn sie berechtigt wäre," die heutige Form der Theorie zu einem Provisorium stempeln, da dann die ϕ-Beschreibung der Zustände wesentlich unvollständig wäre.

Wir werden später zeigen, daß eine Einführung von verborgenen Parametern gewiß nicht möglich ist, ohne die gegenwärtige Theorie wesentlich zu ändern." [30]

Der wenige Seiten später gegebene „von Neumannsche Beweis" schien das endgültige Ende des Determinismus mit sich zu bringen. „Damit ist im Rahmen unserer Bedingungen die Entscheidung gefallen, und zwar gegen die Kausalität: Denn alle Gesamtheiten streuen, auch die einheitlichen", faßt von Neumann am Ende des umfangreichen Beweises seine Überlegungen zusammen. Damit schien auch die Existenz verborgener Parameter endgültig widerlegt:

„Man beachte, daß wir hier gar nicht näher auf die Einzelheiten des Mechanismus der ‚verborgenen Parameter' eingehen mußten: Die sichergestellten Resultate der Quantenmechanik können mit ihrer Hilfe keinesfalls wiedergewonnen werden, ja es ist sogar ausgeschlossen, daß dieselben physikalischen Größen mit denselben Verknüpfungen vorhanden sind, wenn neben der Wellenfunktion noch andere Bestimmungsstücke (‚verborgene Parameter') existieren sollen.

Es würde nicht genügen, wenn außer den bekannten, in der Quantenmechanik durch Operatoren repräsentierten, physikalischen Größen noch weitere, bisher unentdeckte, existierten: denn schon bei den erstgenannten, bekannten Größen müßten die von der Quantenmechanik angenommenen Verknüpfungen versagen. Es handelt sich also gar nicht, wie vielfach angenommen wird, um eine Interpretationsfrage der Quantenmechanik, vielmehr müßte dieselbe objektiv falsch sein, damit ein anderes Verhalten der Elementarprozesse als das statistische möglich wird." [31]

Durch rund zwanzig Jahre hindurch schien damit das endgültige Ende des Determinismus gekommen. Erst als David Bohm im Jahre 1951 einen „Vorschlag einer Deutung der Quantentheorie durch verborgene Variable" [32] im „Physical Review" veröffentlichte, wendete sich das Blatt. Aber erst weitere 15 Jahre später konnte John Bell in seiner Untersuchung „Über das Problem verborgener Variabler in der Quantentheorie" [33] die konkrete Annahme aufzeigen, die in von Neumanns Beweisgang eingegangen war, aber nicht notwendig in einer Theorie verborgener Variabler gültig sein muß. Es ist dies von Neumanns Axiom B', das die Linearität der Erwartungswerte behandelt [34]:

B'. Sind R , S, ... beliebige Größen, und a, b, ... reelle Zahlen, so ist Erw (a R + b S + ...) = a Erw (R) + b Erw (S) + ...

Die genauere Diskussion dieser Argumente und Überlegungen, die auch heute von höchster Aktualität sind, wird in Kapitel IV gegeben.

II Paradoxien tauchen auf

„Die Heisenberg-Bohrsche Beruhigungsphilosophie — oder Religion? — ist so fein ausgeheckt, daß sie dem Gläubigen einstweilen ein sanftes Ruhekissen liefert, von dem er sich nicht so leicht aufscheuchen läßt."

Einstein an Schrödinger (1928) [1]

7 Gott würfelt nicht

Den ersten Angriff Einsteins gegen die indeterministische Welt der Quanten hatte Bohr erfolgreich abgeschlagen: Wie raffiniert auch immer Einstein seine Apparate zur Umgehung der Unschärferelation vorschlug, Bohr vermochte ihn mit eigenen Waffen zu schlagen und sogar die Effekte der allgemeinen Relativitätstheorie zur Widerlegung von Einsteins Argumenten heranzuziehen.

Gott würfelt nicht!

Einstein ruhte aber nicht. Immer wieder ersann er neue Argumente, um den Indeterminismus zu umgehen. Seine Abneigung dagegen hatte er bereits im Jahre 1924 unmißverständlich ausgedrückt: „Der Gedanke, daß ein einem Strahl ausgesetztes Elektron aus freiem Entschluß den Augenblick und die Richtung wählt, in der es fortspringen will, ist mir unerträglich. Wenn schon, dann möchte ich lieber Schuster oder gar Angestellter in einer Spielbank sein als Physiker" [2], schrieb er im Jahre 1924 an Born.

Über eines der Argumente, die zeigen sollten, daß die Quantentheorie „nicht der wahre Jakob ist", berichtet Heisenberg in seinem klassischen Buch „Die physikalischen Prinzipien der Quantentheorie":

„Im Zusammenhang mit diesen Betrachtungen soll hier auf ein Gedankenexperiment hingewiesen werden, welches von Einstein herrührt. Wir denken uns ein einzelnes Lichtquant, welches durch ein aus Maxwellschen Wellen aufgebautes Wellenpaket repräsentiert sei, dem somit ein gewisser Raumbereich und damit im Sinne der Unbestimmtheitsrelationen auch ein bestimmter Frequenzbereich zugeordnet sei. Durch Spiegelung an einer halbdurchlässigen Platte können wir nun offenbar leicht dieses Wellenpaket in zwei Teile zerlegen, in einen reflektierten und einen durchgegangenen Teil. Es besteht dann eine bestimmte Wahrscheinlichkeit, das Lichtquant *entweder* in dem einen, *oder* in dem anderen Teil des Wellenpakets zu finden. Nach hinreichend langer Zeit werden die beiden Teile beliebig weit voneinander entfernt sein. Wird nun durch ein Experiment festgestellt, daß sich das Lichtquant etwa in dem reflektierten Teil des Wellenpakets befindet, so ergibt sich damit gleichzeitig, daß die Wahrscheinlichkeit, das Lichtquant im anderen Teil zu finden, Null wird. Durch das Experiment am Orte der reflektierten Hälfte des Pakets wird somit eine Art von Wirkung (Reduktion der Wellenpakete!) auf die beliebig weit entfernte Stelle der anderen Hälfte ausgeübt, und man erkennt leicht, daß sich diese Wirkung mit Überlichtgeschwindigkeit ausbreitet. Gleichzeitig erkennt man aber natürlich auch, daß eine derartige Wirkungsausbreitung niemals dazu benutzt werden kann, um etwa Signale mit Überlichtgeschwindigkeit zu befördern, so daß das hier besprochene Verhalten des Wellenpakets keineswegs im Widerspruch zu den Grundpostulaten der Relativitätstheorie steht." [3]

Dieses Argument können wir bereits als einen Vorläufer des berühmten „Einstein-Podolsky-Rosen-Paradoxons" betrachten (in der Folge kurz EPR-Paradoxon genannt), das eine Fülle von Stellungnahmen auslösen sollte. Das EPR-Argument findet sich in einer der ersten Arbeiten, die Einstein nach seiner Übersiedlung in die USA schrieb. Im Spätherbst des Jahres 1933 in Princeton angekommen, fand er bald in Boris Podolsky und Nathan Rosen zwei Mitarbeiter, die wie er mit der Deutung der Quantentheorie unzufrieden waren. Am 15. Mai 1935 erschien schließlich ihre klassische Arbeit „Can Quantum-Mechanical Description of Physical Reality be Considered Complete?" (Abhandlung 3) im „Physical Review" [4].

Die Autoren stellen zunächst fest, daß in einer *vollständigen* physikalischen Theorie jedes Element der physikalischen Realität seine Entsprechung haben muß. Nun bleibt aber noch festzustellen, was unter einem Element der physikalischen Realität zu verstehen ist: „Eine hinreichende Bedingung für die Realität einer physikalischen Größe ist die Möglichkeit, sie mit Sicherheit vorherzusagen, ohne das System zu stören." Am Beispiel eines Systems, das in zwei Teilchen zerfällt, wird dann gezeigt, daß man den Impuls von Teilchen *A* ohne jede Störung bestimmen kann, indem man den Impuls von Teilchen *B* mißt. Dem Impuls von *A* muß deshalb nach dem Realitätskriterium ein Element der physikalischen Wirklichkeit entsprechen. Da es in der Quantentheorie aber kein entsprechendes Element (also keine Variable, die den Ausgang der konkreten Messung widerspiegelt) gibt, schließen die Autoren, daß die Quantentheorie eine unvollständige Beschreibung der physikalischen Wirklichkeit darstellt.

Es ist bemerkenswert, daß EPR dabei in keiner Weise auf den von Neumannschen Beweis eingehen, der ja drei Jahre zuvor scheinbar gezeigt hatte, daß eine Ergänzung der Quantenmechanik durch weitere, bisher „verborgene Variable" im Prinzip unmöglich ist. Sie meinen vielmehr abschließend: „Während wir somit gezeigt haben, daß die Wellenfunktion keine vollständige Beschreibung der physikalischen Realität liefert, lassen wir die Frage offen, ob eine solche Beschreibung existiert oder nicht. Wir glauben jedoch, daß eine solche Theorie möglich ist."

In seiner Antwort auf das EPR-Paradoxon [5] bezieht sich auch Niels Bohr nicht auf den von Neumannschen Beweis. Dies hätte auch seiner Grundhaltung völlig widersprochen, die im Komplementaritätsgedanken den wesentlichen Zug der Quantenmechanik sah und jede Formalisierung des Meßprozesses ablehnte. Seiner Meinung nach war ja die klassische Physik der Quantenmechanik logisch vorausgesetzt, da die Versuchsanordnungen und die Meßdaten nur in klassischen Termen beschreibbar waren, und somit jede Formalisierung des Meßprozesses auf einen logischen Zirkel führen würde.

Den Komplementaritätsgedanken zieht Bohr nun auch zur Kritik des EPR-Realitätskriteriums heran, das „eine wesentliche Zweideutigkeit" aufweist: „Natürlich ist in einem Fall wie dem soeben betrachteten nicht die Rede von einer mechanischen Störung des zu untersuchenden Systems während der letzten kritischen Phase des Meßverfahrens. Aber selbst in dieser Phase handelt es sich wesentlich um einen Einfluß auf die tatsächlichen Bedingungen, welche die möglichen Arten von Voraussagen über das zukünftige Verhalten des Systems definieren." Der Komplementaritätsgedanke fordert ja gerade (siehe S. 18), daß in die „Beschreibung auch die mit den Objekten in Wechselwirkung stehenden Meßgeräte als wesentliches Glied eingehen." Ob dem Impuls oder der Koordinate des Teilchens *A* „physikalische Realität" zuzumessen ist, hängt also davon ab, welches der beiden einander ausschließenden Experimente durchgeführt wird. Da die gleichzeitige Durchführung beider

Experimente unmöglich ist, macht es auch keinen Sinn, zu sagen, daß sowohl Impuls als auch Koordinate des Teilchens A „physikalische Realität" aufweisen.

Mit der Antwort Bohrs auf das EPR-Paradoxon war eine Diskussion eröffnet, die von zahlreichen Autoren jahrzehntelang weitergeführt wurde und schließlich durch die Formulierung der Bellschen Ungleichungen (siehe Kapitel IV) wieder auf ein experimentelles Niveau zurückgeführt wurde. Auf die überraschenden Konsequenzen, die sich dabei ergeben haben, werden wir noch eingehen.

8   Schrödinger erfindet eine Katze

Nicht nur Einstein, auch Erwin Schrödinger war mit der Kopenhagener Deutung der Quantenmechanik unzufrieden. „Wenn es doch bei dieser verdammten Quantenspringerei bleiben soll, so bedaure ich, mich mit der Quantentheorie überhaupt beschäftigt zu haben." Dieser Ausspruch, der während einer Debatte mit Niels Bohr fiel, wie Werner Heisenberg berichtet, zeigt, wie enttäuscht Schrödinger war, daß die Wellenmechanik nicht die Zielsetzung erreicht hatte, die ihm anfänglich vorgeschwebt war, nämlich ein kontinuierliches, klassisch-anschauliches Wellenbild der Mikrophänomene.

Schrödingers Katze –
ein Opfer der Quantenwelt!

Sein Aufsatz über „Die gegenwärtige Situation in der Quantenmechanik" [6], in der er seinen Standpunkt ausführlich darlegt, ist vor allem wegen der „Schrödingerschen Katze" berühmt geworden. Darüber hinaus enthält er aber eine ausgezeichnete Darlegung der Problematik, wie sie sich Schrödinger 1935 darbot.

Nach einer Diskussion des Modellbegriffes betont Schrödinger zunächst, daß die Quantenmechanik nicht etwa als eine Aussage über ein klassisches Ensemble von Systemen mit verschiedenen Eigenschaften aufgefaßt werden kann. Im Grundzustand des harmonischen Oszillators müßte es dann nämlich beispielsweise Teilchen mit imaginären Geschwindigkeiten geben, nämlich solche, die einen großen Abstand vom Ursprung aufweisen, da dort die Welle ins Potential hinein tunnelt.

Für *makroskopische* Systeme muß aber eine derartige Ensembledeutung zutreffen, wie Schrödinger an einem ,,burlesken Fall" zeigt, eben der Schrödingerschen Katze. Sie dient als Meßapparat A, der den Zerfall eines quantenmechanischen Systems S, nämlich eines Atoms, durch die beiden Zeigerstellungen ,,tot" und ,,lebendig" angibt. Die Wahrscheinlichkeit jeder dieser ,,Zeigerstellungen" folgt aus der Bornschen Interpretation, die auf den Endzustand angewendet wird. Nach der Quantenmechanik müßte die Katze in einer Superposition ihrer beiden ,,Zeigerstellungen" verharren, solange sie nicht beobachtet wird. Gerade dies lehnt aber Schrödinger ab, da die Beobachtung seiner Meinung nach ein rein geistiger Akt ist, der keinen wesentlichen physikalischen Einfluß auf A hat. Die Reduktion des Wellenpakets von A, die mit der Wahrnehmung verbunden ist, bedeutet demnach einfach, daß die Information über den bereits zuvor existierenden Zustand von S plus A vom Beobachter zur Kenntnis genommen wurde. Die Wellenfunktion von S plus A sollte demnach ein Ensemble von Systemen mit unterschiedlichen Eigenschaften beschreiben. Da es aber keine eindeutige Trennung zwischen mikroskopischen und makroskopischen Observablen gibt, kommt Schrödinger wieder auf das ursprünglichste Dilemma der Quantenmechanik zurück, das eine erkenntnistheoretische Lösung fordert. Die Möglichkeit objektiver Aussagen über die Natur muß verneint werden.

Indem Schrödinger dabei jeden physikalischen Einfluß des menschlichen Beobachters auf den makroskopischen Zeiger ,,Katze" ausschließt, steht er im Widerspruch zu von Neumanns Meinung. Genau der gleiche Grund — nämlich die Interferenzterme —, welcher beim Doppelspaltversuch den Durchgang des Teilchens durch einen wohldefinierten Spalt ausschließt, verhindert nach von Neumann nämlich auch eine wohldefinierte Zeigerstellung im vorliegenden Experiment, bevor diese von einem Beobachter bewußt zur Kenntnis genommen wurde.

Der zweite Teil von Schrödingers Arbeit enthält dann eine sehr klare Darlegung des Problems des Meßprozesses: ,,Die abrupte Veränderung [der Psi-Funktion] ... ist der interessanteste Punkt der ganzen Theorie. Er ist genau der Punkt, der den Bruch mit dem naiven Realismus verlangt." Schrödinger betont nun, daß während der Messung das System S in enger Wechselwirkung mit dem Meßapparat A steht, so daß dabei die Wellenfunktion von S für sich allein genommen zu bestehen aufhört. Deshalb ,,wäre es nicht ganz richtig, zu sagen, daß die Psi-Funktion des Objekts, die sich *sonst* nach einer partiellen Differentialgleichung, unabhängig vom Beobachter, verändert, *jetzt* infolge eines mentalen Aktes sprunghaft wechselt. Denn sie war verlorengegangen, es gab sie nicht mehr. Was nicht ist, kann sich auch nicht verändern".

Erst nach der Messung, wenn (und falls) sich S vom Meßapparat A wieder getrennt hat, gibt es wieder eine Psi-Funktion des quantenmechanischen Systems. Im Vergleich zur Wellenfunktion vor der Messung scheint sie sich sprunghaft geändert zu haben. Diese ,,Reduktion des Wellenpaketes" zeigt jedoch, daß ,,in Wahrheit ein wichtiges Geschehen dazwischen liegt, nämlich die Einwirkung der zwei Körper aufeinander, während welcher das Objekt keinen privaten Erwartungskatalog [eigene Wellenfunktion] besaß und auch keinen Anspruch darauf hatte, weil es nicht selbständig war."

Im letzten Teil der Arbeit beschäftigt sich Schrödinger dann mit dem EPR-Paradoxon, das ihm soeben bekannt geworden war und den Anstoß zu der vorliegenden ,,Generalbeichte" gegeben hatte. Für Schrödinger ist das Ergebnis der EPR-Arbeit unakzeptabel: ,,Direkt beeinflussen können einander Messungen an getrennten Systemen nicht, das wäre Magie", meint er dazu.

III Kritik und Weiterentwicklung der Deutung

Hier darf man — wie Lenin bemerkte — keinem einzigen Wort eines bürgerlichen Professors Glauben schenken.
M. E. Omeljanowski [1]

9 Quantenmechanik und Marxismus

Die positivistische und idealistische Deutung, die die Quantenmechanik in den Kopenhagener Diskussionen gefunden hatte, war für die marxistische Wissenschaftstheorie — den dialektischen Materialismus — unakzeptabel. Konnte es doch kaum einen schärferen Kontrast geben als zwischen Heisenbergs Feststellung ,,Die Bahn des Elektrons entsteht erst, indem wir sie beobachten" und Lenins kategorischer Festlegung ,,Die einzige Eigenschaft der Materie, an deren Anerkennung der philosophische Materialismus gebunden ist, ist die Eigenschaft, objektive Realität zu sein, die außerhalb unseres Bewußtseins existiert" [2]. Diese Feststellung findet sich in Lenins philosophischem Hauptwerk ,,Materialismus und Empiriokritizismus", das 1909 erschien und später von Stalin zum philosophischen Kanon des Marxismus erklärt wurde. In diesem Werk wendet sich Lenin vor allem gegen die Philosophie Ernst Machs — und gerade diese hatte entscheidenden Einfluß auf die Entstehung und Deutung der Quantenmechanik. So galt es, die Philosophie des „Obskuranten, des Ordinarissimus der Philosophie an der Wiener Universität, Ernst Mach" [3] zurückzudrängen und eine marxistische Deutung der Quantenmechanik zu finden.

„Die neue Physik ist hauptsächlich zum Idealismus abgeglitten, weil die Physiker die Dialektik nicht kannten" [4], schreibt Lenin, und M.E. Omeljanowski bietet in seinem Buch „Philosphische Probleme der Quantenmechanik" auch eine entsprechende Deutung des Dualismus Teilchen — Welle an, die die Kopenhagener Deutung überwinden soll:

„Obwohl Bohr in der Arbeit ‚Quantenphysik und Philosophie' den objektiven Charakter der quantenmechanischen Beschreibung betont, betrachtet er die atomaren Objekte doch nicht unter dem Aspekt des von ihrer Natur untrennbaren Widerspruchs zwischen Korpuskel- und Welleneigenschaften. Die wahre Lösung — wenn man sich der Worte Hegels bedient — der Antinomie der Komplementarität besteht darin, daß die Korpuskel- und Welleneigenschaften eines atomaren Objekts als einheitlicher Widerspruch angesehen werden. Gerade deshalb müssen sich die Quantenbegriffe, die diese dualistische Natur der atomaren Objekte widerspiegeln, qualitativ von den klassischen Begriffen unterscheiden." [5]

Aber nicht nur der Dualismus Teilchen — Welle, auch die Wellenfunktion selbst erfährt eine neue Deutung. Die „statistische Interpretation" der Quantenmechanik entstammt allerdings nicht dem Umfeld des Marxismus, sondern wurde bereits im Jahre 1927 auf dem 5. Solvay-Kongreß von Einstein vorgeschlagen. Er hatte damals die Möglichkeit erwogen, daß die Wellenmechanik nicht ein einzelnes Teilchen, sondern ein Ensemble beschreibt, entsprechend wäre sie nicht als Verallgemeinerung der klassischen Mechanik, sondern der statistischen Mechanik zu betrachten: „Die Psi-Funktion beschreibt überhaupt nicht einen Zustand, der einem einzelnen System zukommen könnte; sie bezieht sich vielmehr auf so viele Systeme, eine ‚System-Gesamtheit' im Sinne der statistischen Mechanik" [6], formulierte Einstein dies später. Auch andere Physiker, wie beispielsweise Dimitri Blochinzew, Günther Ludwig, John Slater, Edwin Campell und L. E. Ballentine, schlossen sich dieser Meinung an [7].

Für viele marxistische Interpreten der Quantenmechanik war damit auch eine akzeptable Alternative zur Kopenhagener Interpretation gefunden. Beispielsweise meint M. E. Omeljanowski:

„Die Wellenfunktion bezieht sich in Wirklichkeit auf das Quantenensemble. Letzteres existiert ebenso wie auch das klassische Ensemble unabhängig von der Messung: Unabhängig davon, ob die Erscheinungen, aus denen wir Schlußfolgerungen über Größen ziehen, die die aus einer Elektronenquelle emittierten Elektronen charakterisieren, registriert oder nicht registriert werden (d. h., ob die Werte, die dem entsprechenden Quantenensemble eigen sind, gemessen oder nicht gemessen werden), existieren diese Erscheinungen gemeinsam mit den sie hervorrufenden Elektronen. Die Besonderheiten des Quantenensembles im Unterschied zum klassischen Ensemble werden durch die untrennbaren Korpuskel-Wellen-Eigenschaften der Mikroobjekte verursacht, aus denen dieses Ensemble gebildet wird". [8]

Am Beispiel der Beugung am Spalt können wir versuchen, die unterschiedlichen Deutungen noch klarer herauszuarbeiten: Die Wellenfunktion — bzw. ihr Absolutquadrat — gibt die Verteilung der Elektronen nach der Beugung an. Beobachtet man ein einzelnes Teilchen an einem bestimmten Ort, so „reduziert sich" nach der Kopenhagener Deutung die Wellenfunktion und wird dadurch den neu gewonnenen *Kenntnissen* über eben dieses Einzelteilchen gerecht. Gerade darin liegt nun ein mögliches subjektives Element der Mikrophysik, wie vielfach betont wurde. Nach der statistischen Deutung beschreibt dagegen die Wellenfunktion nicht das Verhalten eines einzelnen Teilchens, sondern nur eines gesamten Ensembles. Denn nur mit Hilfe einer großen Anzahl von Elektronen sind die Aussagen der Quantentheorie bezüglich der Verteilung der Teilchen überhaupt zu überprüfen. Wird nun ein Teilchen an einem bestimmten Ort vorgefunden, so verändert sich dadurch die Wellenfunktion nicht, da ja das Ensemble, dem das Elektron angehört, unverändert geblieben ist. Selbstverständlich ist es aber möglich, nunmehr ein neues Experiment mit all jenen Teilchen anzustellen, die auf einen bestimmten Punkt auf dem Bildschirm aufgetroffen sind, indem man dort beispielsweise ein kleines Loch vorsieht. Damit gewinnt man ein neues Ensemble, das gerade mit derjenigen Wellenfunktion zu beschreiben ist, die die Kopenhagener Deutung für jedes der einzelnen Teilchen vorsieht, die auf eben diesem Schirmpunkt aufgetroffen waren.

Auch innerhalb des dialektischen Materialismus blieb die statistische Deutung der Quantenmechanik nicht unumstritten. Vor allem V. Fock brachte schwerwiegende Einwände vor:

„Welche Elementenfolge darf man nun in der Quantenmechanik als ein statistisches Kollektiv ansehen? Es muß eine Folge von *klassisch beschriebenen Elementen* sein, denn nur solchen Elementen kann man unter allen Umständen bestimmte Werte der zur Sortierung dienenden Parameter zuschreiben. Aus diesem Grunde kann ein Quantenobjekt nicht Element eines statistischen Kollektivs sein, und zwar auch dann nicht, wenn man ihm eine bestimmte Wellenfunktion zuschreiben kann. Von einem ‚mikromechanischen' oder einem ‚Elektronenkollektiv' ... kann also keine Rede sein.

Die in der Quantenmechanik betrachteten statistischen Kollektive haben als Elemente nicht die Mikroobjekte selbst, sondern die Resultate der an ihnen vorgenommenen Messungen, wobei eine bestimmte Meßanordnung einem bestimmten Kollektiv entspricht. Da nun die aus einer Wellenfunktion für verschiedene Größen gewonnenen Wahrscheinlichkeitsverteilungen verschiedenen Meßanordnungen entsprechen, so entsprechen sie auch verschiedenen Kollektiven. Die Wellenfunktion kann also ... unmöglich einem bestimmten Kollektiv entsprechen." [9]

Die obigen Zitate stammen aus Focks Beitrag „Über die Deutung der Quantenmechanik", der in der Max-Planck-Festschrift des Jahres 1958 erschienen ist und den Standpunkt dieses großen russischen Physikers, der wesentlich zur Durchsetzung der Relativitäts- und Quantentheorie in der Sowjetunion beigetragen hat, abschließend zusammenfaßt. Bedeutsam wurde auch seine „Kritik der Anschauungen Bohrs über die Quantenmechanik" [10], die die weitere Entwicklung der Kopenhagener Deutung [11] in mancher Hinsicht beeinflußte.

10   Rückblick auf Kopenhagen

Die Diskussionen der Jahre 1926 und 1927 hatten Niels Bohr, Werner Heisenberg und die anderen Protagonisten der Quantentheorie in ihrer Jugend in Kopenhagen zusammengeführt. Während Schrödinger durch formale Analogien auf seine Gleichung gestoßen war, zu deren Interpretation er sich erst tastend und auf Irrwegen vorarbeiten mußte, waren Heisenberg – und auch Bohr – wesentlich durch erkenntnistheoretische Überlegungen geleitet. Beispielsweise sollten in die Theorie nur beobachtbare Größen eingehen, und es war nicht klar, inwieweit diese heuristischen Grundideen auch in der endgültigen Fassung der Theorie inkorporiert waren. (In ganz ähnlicher Weise war Albert Einstein bei der Schaffung der allgemeinen Relativitätstheorie durch das Machsche Prinzip geleitet, wobei bis heute nicht geklärt ist, was dieses Prinzip exakt besagt und ob es in irgendeiner Form in der Relativitätstheorie inkorporiert ist.)

So verwundert es nicht, daß die Kopenhagener Deutung der Jahre 1926/27 nur einen ersten Ansatz darstellte und die Meinungen der Diskussionspartner sich im Laufe der Jahre allmählich wandelten. Die Abhandlung 7 „Die Entwicklung der Deutung der Quantentheorie" von Werner Heisenberg und die Abhandlung 8 „Über Erkenntnisfragen der Quantenphysik" von Niels Bohr, die um 1955 entstanden, machen dies deutlich.

Heisenbergs Arbeit beginnt mit einem Rückblick auf Kopenhagen und geht dann auf die Kritiker der damals gewonnenen Interpretation der Quantentheorie ein. Besonders ausführlich – und negativ – wird Bohms Entdeckung der prinzipiellen Möglichkeit verborgener Parameter [12] behandelt, die er als „ideologischer Überbau" bezeichnet, der mit der unmittelbaren physikalischen Realität nur noch wenig zu tun hat. Bei der Diskussion der Einwände marxistischer Kritiker betont Heisenberg nochmals die Rolle der Alltagssprache, die zur Formulierung der Meßergebnisse erforderlich ist: „Die Registrierung, d.h. der Übergang vom Möglichen zum Faktischen, ist hier unbedingt erforderlich, und kann aus der Deutung der Quantentheorie nicht weggelassen werden". Der dritte Teil der Abhandlung geht auf den oft geäußerten Vorwurf ein, ,,daß die Quantentheorie die Existenz einer objektiv-realen Welt leugnen, die Welt also (unter Mißverständnis der Ansätze der idealistischen Philosophie) in irgendeiner Weise als Sinnentrug erscheinen lassen könnte".

Heisenberg erklärt den Meßprozeß folgendermaßen (S. 153): Während das zu beobachtende System vor der Messung in einem wohldefinierten Zustand ist, befindet sich der Rest der Welt in einem Gemenge von Zuständen. Das ist eine Folge unserer unvollkommenen Kenntnis der Welt. Bei der Ankopplung des Systems an den Meßapparat wird die Ungenauigkeit des Zustands der Außenwelt auf das System übertragen; der Zustand des Systems geht dadurch in ein Gemenge von Zuständen über, die zu den verschiedenen möglichen Ergebnissen der Messung gehören. Die Zustandsreduktion ist nichts anderes als die Feststellung durch den Beobachter, welcher Zustand aus dem Gemenge wirklich vorliegt.

Diese Auffassung vom Meßprozeß wurde schon 1932 durch v. Neumann in seinem Buch widerlegt [13].

In Bohrs Abhandlung wird besonders deutlich, welche Wandlung in seiner Version der Kopenhagener Deutung der Quantenmechanik seit 1927 eingetreten ist. Hatte er in seinem grundlegenden Referat ,,Das Quantenpostulat und die neuere Entwicklung der Atomistik" geschrieben ,,nach der Quantentheorie kommt eben wegen der nicht zu vernachlässigenden Wechselwirkung mit dem Meßmittel bei jeder Beobachtung ein ganz neues unkontrollierbares Element hinzu" [14], so meint er nunmehr: ,,... im besonderen ist der Gebrauch von Wendungen wie ,Störung der Phänomene durch Beobachtung' oder ,den atomaren Objekten durch Messungen physikalische Attribute beilegen' kaum vereinbar mit der Umgangsprache und praktischen Definition". (S. 160)

Entscheidend ist für ihn auch ,,daß in keinem Fall die geeignete Ausweitung unseres begrifflichen Rahmens eine Berufung auf das beobachtende Subjekt in sich schließt, was eine eindeutige Mitteilung von Erfahrungen verhindern würde". (S. 161)

IV Der neue Determinismus und die unteilbare Welt

Wir sollten uns immer wieder darin erinnern, eine wie unheimliche Fernwirkungstheorie die Schrödingersche Wellentheorie ist ...

Paul Ehrenfest [1]

11 Rückkehr zum Determinismus?

Ist die Beschreibung der Natur durch die Quantenmechanik vollständig? Mit den von Schrödinger und Einstein, Podolsky, Rosen aufgezeigten Paradoxien wurde diese Frage immer mehr zu einem Kernproblem in der Debatte über die Quantenmechanik. Gemäß der Kopenhagener Deutung sollte die Quantentheorie die Natur vollständig beschreiben: Wenn die Wellenfunktion den Ort eines Teilchens nicht festlegt, dann hat das Teilchen tatsächlich keinen bestimmten Ort. Dadurch werden beispielsweise begriffliche Schwierigkeiten bei der Deutung des Doppelspaltexperimentes vermieden.

Im Gegensatz dazu entwickelte Louis de Broglie [2] schon sehr früh seine Theorie der Führungswellen. Nach dieser Theorie ist ein Teilchen immer lokalisiert, aber in eine Führungswelle eingebettet, deren Wellenfunktion ψ der Schrödingergleichung genügt. Sie beschreibt das Strömen einer Dichte $|\psi|^2$ durch den Raum, und zu jedem ψ gehört also ein Strömungsfeld oder Geschwindigkeitsfeld. Die obige Dichte beschreibt nach den Vorstellungen de Broglies auch die Verteilung der Teilchenorte in einem Ensemble von Teilchen, die zur gleichen Schrödingerfunktion gehören. Die Teilchen bewegen sich so, als würden sie von der Strömung mitgenommen.

Auch die Theorie der Führungswellen vermag das Doppelspaltexperiment in zwangloser Weise zu erklären. Das Teilchen geht nur durch *einen* Spalt, aber seine Bahn ist durch eine Wellenfunktion bestimmt, die auch vom zweiten Spalt abhängt. Es ist einfach, die Theorie vom gewöhnlichen Raum auf den $3N$-dimensionalen Konfigurationsraum von N Teilchen zu verallgemeinern.

Ganz allgemein kann man aber zeigen, daß die Strömungsgeschwindigkeit für jede *reelle* Wellenfunktion verschwindet. Demnach würde ein freies Teilchen zwischen ebenen Wänden (Wellenfunktion $\sin kx$) ebenso in Ruhe verharren wie ein Elektron im Grundzustand des Wasserstoffatoms (Wellenfunktion $\exp(-\lambda r)$). Dies schien im Widerspruch mit der Impulsverteilung der Elektronen zu stehen, die man beispielsweise durch Comptonstreuung — an der Verbreiterung der Spektrallinien — ablesen kann. Diese Schwierigkeit veranlaßte de Broglie, seine Theorie nicht weiter zu verfolgen.

Bitte
freimachen

**Friedr. Vieweg & Sohn
Verlagsgesellschaft mbH
Postfach 58 29**

D–6200 Wiesbaden 1

Sehr geehrter Leser,

diese Karte entnahmen Sie einem Vieweg-Buch.

Als Verlag mit einem internationalen Buch- und Zeitschriftenprogramm informiert Sie Vieweg gern regelmäßig über wichtige Veröffentlichungen auf den Sie interessierenden Gebieten. Deshalb bitten wir Sie, uns diese Karte ausgefüllt zurückzusenden.

Wir speichern Ihre Daten und halten das Bundesdatenschutzgesetz ein.

Wenn Sie Anregungen haben, schreiben Sie uns bitte.

Bitte nennen Sie uns hier Ihre Buchhandlung:

Herr/Frau	
	Bitte füllen Sie das Absenderfeld mit der Schreibmaschine oder in Druckschrift aus, da es für unsere Adressenkartei verwendet wird. Danke!

Ich bin:
- ☐ Lehrstuhl-inhaber(in)
- ☐ Lehrer(in)
- ☐ Dozent(in)
- ☐ Praktiker(in)
- ☐ Wiss. Mitarb.
- ☐ Student(in)
- ☐ Sonst.: . . . .

an der:
- ☐ Uni
- ☐ FH
- ☐ PH
- ☐ FS
- ☐ TH
- ☐ Bibl./Inst.
- ☐ Sonst.: . . . .

Bitte informieren Sie mich über Ihre Neuerscheinungen auf dem Gebiet:

- ☐ Mathematik
- ☐ Mathematik-Didaktik
- ☐ Informatik/DV
- ☐ Mikrocomputer-Literatur
- ☐ Bauwesen
- ☐ Architektur
- ☐ Physik
- ☐ Chemie
- ☐ Biowissenschaften
- ☐ Medizin
- ☐ Maschinenbau
- ☐ Elektrotechnik/Elektronik
- ☐ Philosophie/Wissenschaftstheorie
- ☐ Sozialwissenschaften

Spezialgebiet: . . . .

Ich möchte zugleich folgende Bücher bestellen:

Anzahl	Autor(in) und Titel	Ladenpreis

Datum _____ Unterschrift _____

David Bohm griff diese Theorie 1951 wieder auf (Abhandlung 9), zunächst ohne Kenntnis der Vorarbeiten de Broglies. Bohm hatte soeben sein Buch „Quantum Theory" [3] veröffentlicht. Dieses Buch enthielt unter anderem eine sorgfältige physikalische und mathematische Analyse des Meßprozesses. Indem Bohm diese Analyse Punkt für Punkt auf die Theorie der Führungswellen übertrug, konnte er zeigen, daß *alle* beobachtbaren Eigenschaften seiner Theorie mit der Quantenmechanik übereinstimmen. Insbesondere zeigt sich, daß bei einer Impulsmessung erst der Einfluß der Schrödingerfunktion des Meßapparates die quantenmechanische Impulsverteilung erzeugt. Damit war das entscheidende Hindernis für de Broglies Theorie gefallen.

Es gelang Bohm [4] ferner, zu zeigen, daß die Verteilung der Teilchenorte gemäß der Bornschen Deutung keine Ad-hoc-Annahme der Theorie ist. Vielmehr handelt es sich dabei um eine Gleichgewichtsverteilung, in die jede beliebige Anfangsverteilung übergeht.

Mit dem Vorliegen eines deterministischen Modells der Quantenmechanik war die Zeit für eine neue Beurteilung des berühmten Beweises von Neumanns, daß solche Modelle prinzipiell unmöglich seien, gekommen. Bohm selbst glaubte den schwachen Punkt des Beweises gefunden zu haben: J. von Neumann zog nicht in Betracht, daß das Meßergebnis auch von den verborgenen Variablen des Meßgerätes abhängen kann. Das war aber nicht der entscheidende Punkt, wie sich später zeigte. Erst John S. Bells Analyse des von Neumannschen Beweises (Abhandlung 10) schuf endgültig Klarheit. Bell zeigte, daß es die Annahme einer speziellen (und unmöglichen) Beziehung zwischen den Ergebnissen unverträglicher Messungen ist, die die verborgenen Variablen ausschließt: Es ist das auf S. 23 besprochene Axiom B′. Um die Unmöglichkeit von Axiom B′ zu illustrieren, braucht man nur ein Ensemble von Teilchen mit Spin 1/2 im Zustand mit der z-Komponente des Spins $s_z = +1/2$ zu betrachten. Wenn es verborgene Variablen gibt, können wir das Ensemble in zwei Subensembles mit $s_x = +1/2$ und $s_x = -1/2$ unterteilen. Jedes von diesen kann man wieder zerlegen nach dem Wert der Spinkomponente in Richtung der Winkelhalbierenden von x und z. Wiederum gibt es zwei Werte $\pm 1/2$. Das Axiom B′ verlangt im Widerspruch hierzu die Werte $(\pm 1/2 \pm 1/2)/\sqrt{2}$.

Übrigens hat im Fall des de Broglie-Bohmschen Modells die Nichtanwendbarkeit des Neumannschen Beweises einen besonders einfachen Grund: Das quantenmechanische Ensemble wird nur bezüglich eines *einzigen* Satzes vertauschbarer Meßgrößen in Subensembles zerlegt, nämlich bezüglich der Koordinaten, und das ist in trivialer Weise möglich.

Das Modell von de Broglie und Bohm hat bemerkenswerte Vorzüge. Es erlaubt uns wieder die Vorstellung eines streng deterministischen Naturgeschehens, und es ist frei von jeder Problematik der Interpretation. In der strengen Äquivalenz des Modells mit der Quantenmechanik liegt aber zugleich seine Schwäche: Es ist unverifizierbar. Dagegen könnte man immerhin folgendes einwenden: Wenn man ein Meßgerät abliest, sieht man nie eine über mehrere Teilstriche „verschmierte" Zeigerstellung, sondern einen wohllokalisierten Zeiger. Was wir sehen, ist das de Brogliesche x, bzw. seine Verallgemeirung im Konfigurationsraum. Eigentlich ist ψ verborgen und die „verborgenen Variablen" des Meßgerätes werden beobachtet!

Im Jahr 1948 veröffentlichte Einstein in der Zeitschrift „Dialectica" einen Aufsatz mit dem Titel „Quanten-Mechanik und Wirklichkeit" [5]. In diesem Aufsatz formulierte er einen Grundsatz, den wir im folgenden mit „Lokalität" oder „Separabilität" benennen werden. Er schreibt:

„Wesentlich für diese Einordnung der in der Physik eingeführten Dinge erscheint ferner, daß zu einer bestimmten Zeit diese Dinge eine voneinander unabhängige Existenz beanspruchen, soweit diese Dinge „in verschiedenen Teilen des Raumes liegen". Ohne die Annahme einer solchen Unabhängigkeit der Existenz (des „So-Seins") der räumlich distanten Dinge voneinander, die zunächst dem Alltags-Denken entstammt, wäre physikalisches Denken in dem uns geläufigen Sinne nicht möglich. Man sieht ohne solche saubere Sonderung auch nicht, wie physikalische Gesetze formuliert und geprüft werden könnten. Die Feldtheorie hat dieses Prinzip zum Extrem durchgeführt, indem sie die ihr zugrunde gelegten voneinander unabhängig existierenden elementaren Dinge sowie die für sie postulierten Elementargesetze in den unendlich-kleinen Raum-Elementen (vierdimensional) lokalisiert.

Für die relative Unabhängigkeit räumlich distanter Dinge (A und B) ist die Idee charakteristisch: äußere Beeinflussung von A hat keinen unmittelbaren Einfluß auf B; dies ist als ‚Prinzip der Nahewirkung' bekannt, das nur in der Feld-Theorie konsequent angewendet ist. Völlige Aufhebung dieses Grundsatzes würde die Idee von der Existenz (quasi-) abgeschlossener Systeme und damit die Aufstellung empirisch prüfbarer Gesetze in dem uns geläufigen Sinne unmöglich machen."

In seinem Aufsatz über den von Neumannschen Beweis (Abhandlung 10) bemerkte Bell [6], daß die Theorie von Bohm nicht lokal ist. Zwei Systeme, deren Schrödingerfunktion infolge einer früheren Wechselwirkung nicht in ein Produkt zweier Wellenfunktionen zerfällt, sind nicht separierbar. Vielmehr bleibt ein dauernder kausaler Einfluß jedes Teilsystems auf die weitere Entwicklung des anderen bestehen. Kurze Zeit darauf gelang Bell der Beweis [7], daß die Nichtseparierbarkeit räumlich getrennter Systeme eine Eigenschaft der Quantenmechanik selbst ist, daß sie daher zwangsläufig in *jeder* Theorie mit verborgenen Parametern auftreten muß.

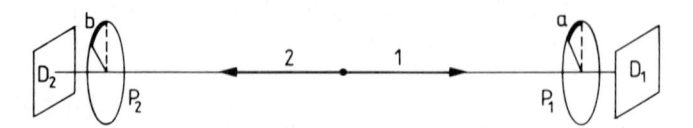

Versuchsanordnung zum EPR-Paradoxon

Der *Bellsche Beweis*, in seiner von Bernard d'Espagnat [8] vereinfachten Form, verläuft folgendermaßen. Man betrachtet die Versuchsanordnung von David Bohm zum EPR-Paradoxon, bei der ein Teilchen mit Gesamtspin Null in zwei Teilchen mit Spin $\frac{1}{2}$ zerfällt. Die Teilchen 1 und 2 können die Polarisatoren P_1 und P_2 nur passieren, wenn ihr Spin in der Richtung *a* bzw. *b* gleich + 1/2 ist. Nehmen wir zunächst an, es sei $a = b$. Dann wissen wir, daß der Detektor D_2 nicht ansprechen wird, wenn D_1 anspricht. *Setzen wir nun voraus, die beiden räumlich getrennten Teilchen seien separierbar.* Dann können wir mit dem Detektor D_1 nur Eigenschaften von Teilchen 2 feststellen, die ohnehin schon festliegen und auch festliegen würden, wenn man die Spinmessung an Teilchen 1 gar nicht gemacht hätte. Daher müssen wir jedem der Teilchen in *jeder* Raumrichtung eine bestimmte Spinkomponente (1/2 oder − 1/2) zuschreiben.

Macht man nun eine Versuchsserie, dann kann man (unabhängig von dem tatsächlich eingestellten *a*) von jenen Teilchen sprechen, die bei $a = \alpha$ durch P_1 gehen würden, bei $a = \gamma$ aber nicht. Nennen wir diese Zahl $N(\alpha; \gamma)$. Diese Teilchen können wir wiederum in zwei Gruppen einteilen, je nachdem, ob sie bei einem dritten Winkel $a = \beta$ durchgehen würden oder nicht:

$$N(\alpha; \gamma) = N(\alpha, \beta; \gamma) + N(\alpha; \beta, \gamma)$$

Nun gilt sicher $N(\alpha, \beta; \gamma) \leq N(\beta; \gamma)$, da $N(\beta; \gamma)$ auch Teilchen berücksichtigt, die bei $a = \alpha$ nicht durch den Polarisator gehen. Ebenso ist $N(\alpha; \beta, \gamma) \leq N(\alpha; \beta)$. Setzen wir beides in die erste Beziehung ein, so folgt die *Bellsche Ungleichung* [8]

$$N(\alpha; \gamma) \leq N(\alpha; \beta) + N(\beta; \gamma).$$

Die Zahl $N(\alpha; \beta)$ ist nichts anderes als die Anzahl der Fälle aus einer Serie von N Messungen, in denen beide Detektoren ansprechen, wenn die Polarisatoren auf $a = \alpha$, $b = \beta$ eingestellt sind. Denn wenn Teilchen 1 bei $a = \beta$ *nicht* durch P_1 geht, so heißt das, daß seine Spinkomponente in Richtung β gleich − 1/2 ist. Dann ist aber die Spinkomponente von Teilchen 2 in Richtung β gleich 1/2. Die Quantenmechanik sagt voraus, daß

$$N(\alpha; \beta) = \frac{N}{2} \sin^2 \frac{\alpha - \beta}{2}.$$

Wählen wir jetzt $\alpha = 0, \beta = 45°$ und $\gamma = 90°$. Dann geht die Bellsche Ungleichung über in $\sin^2 45° \leq 2\sin^2 22{,}5°$ oder $0{,}5 \leq 0{,}29$. Der quantenmechanische Ausdruck verletzt also die Bellsche Ungleichung. Das bedeutet, daß die Quantenmechanik eine nichtlokale Theorie sein muß.

Das muß nicht unbedingt heißen, daß die Welt nichtlokal ist. Es könnten auch die Aussagen der Quantenmechanik falsch sein. In den letzten Jahren wurde eine Reihe von Experimenten durchgeführt, um diese Frage zu entscheiden. Man experimentierte nur in einem Fall mit zwei Spin-$\frac{1}{2}$-Teilchen

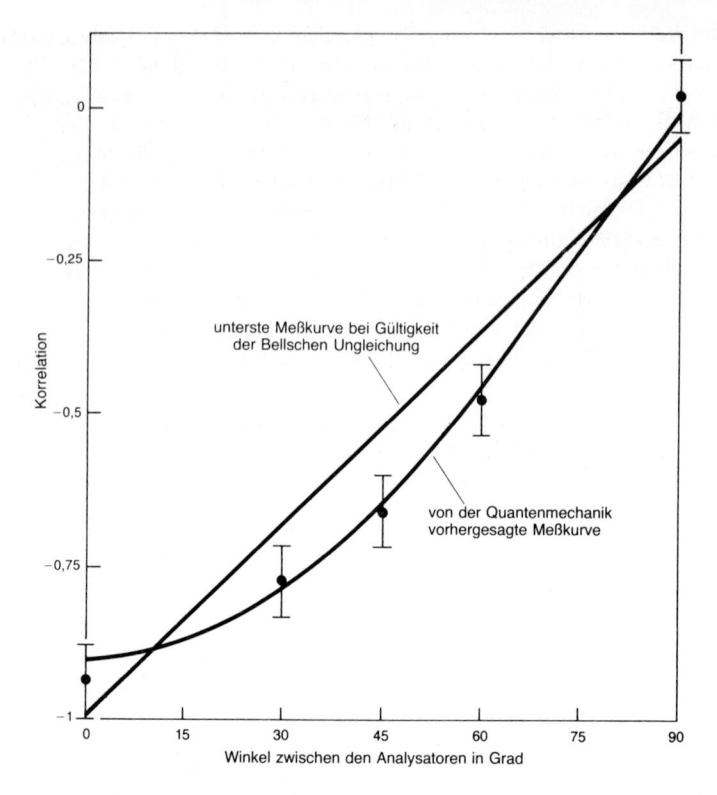

Verletzung der Bellschen Ungleichung bei der Proton-Proton-Streuung. Messungen von Lamehi-Rachti und Mittig, Abbildung aus [8]

(niederenergetische Proton-Proton-Streuung), in allen anderen Experimenten wurden Photonenpaare verwendet. Den Zwei-Photonen-Zustand kann man durch einen zweistufigen Kaskadenzerfall eines angeregten Atoms erzeugen oder durch die Paarvernichtung eines Elektrons und eines Positrons. Die Experimente bestätigen die Voraussagen der Quantenmechanik mit hoher Genauigkeit [9].

Das wäre noch nicht so bemerkenswert, wenn die Aussage nur für Systeme wie zwei Elementarteilchen gelten würde. Gemäß der Kopenhagener Deutung sind ja Elementarteilchen nicht real — real sind nur die Beobachtungsmittel. Man kann aber eine Meßreihe mit der angegebenen Apparatur beschreiben, ohne auf die zwei Teilchen Bezug zu nehmen [10]. Es wird ja nur die Abhängigkeit der Ablesungen A, B an den beiden Detektoren von den Einstellungen *a, b* registriert. Die Einstellungen *a, b* brauchen erst in der letzten Phase des Experiments fixiert zu werden. Also kann — Separabilität räumlich getrennter Teile der Versuchsanordnung vorausgesetzt — *A* nicht von *b* abhängen und *B* nicht von *a*. Wenn der (dem Experimentator unbekannte) innere Zustand λ der Meßanordnung festgehalten werden könnte, müßten die Ablesungen einer Meßreihe unkorreliert sein: Die Wahrscheinlichkeit für die Ablesung (A, B) wäre von der Form

$$W(A, B|a, b, \lambda) = W_1(A|a, \lambda) W_2(B|b, \lambda).$$

Daher müßte die Verteilung der Meßwerte bei einer realen Meßreihe die Form

$$W(A, B|a, b) = \int W_1(A|a, \lambda) W_2(B|b, \lambda) \rho(\lambda) \, d\lambda$$

haben, wo $\rho(\lambda)$ eine beliebige Verteilungsfunktion der inneren Zustände ist. Clauser, Holt, Horne und Shimony [11] leiteten aus diesem Ansatz eine Ungleichung her, die wiederum in Widerspruch zur Quantenmechanik und zu den Experimenten steht. Damit ist gezeigt, daß sogar die klassischen Bestandteile einer Meßanordnung nicht separierbar sind.

12 Die Wellenfunktion der Welt

Die Schrödingerfunktion des Universums als Ganzes wurde zum erstenmal 1957 von Everett [12] und Wheeler [13] zum Gegenstand theoretischer Überlegungen gemacht. Mit der Kopenhagener Deutung ist dieses Konzept sicher nicht vereinbar. So schreibt Heisenberg in „Die physikalischen Prinzipien der Quantentheorie": „Schließlich könnte man die Kette von Ursache und Wirkung nur dann quantitativ verfolgen, wenn man das ganze Universum in das System einbezöge — dann ist aber die Physik verschwunden und nur ein mathematisches Schema geblieben."

Everett und Wheeler versuchten den Quantenzustand des Universums trotzdem ernstzunehmen, weil sie damit Vorarbeit für eine künftige Quantentheorie der Gravitation oder der Kosmologie leisten wollten. Das Problem, das sie lösen wollten, war die Interpretation einer Wellenfunktion ohne einen Beobachter außerhalb des Systems. Wir wissen, daß jede vollzogene Messung zu einer Aufspaltung der Wellenfunktion des Systems Meßobjekt + Meßapparat in mehrere Komponenten führt. Jede Komponente gehört zu einer möglichen „Zeigerstellung" des Maßapparats. Wenn der Meßapparat klassische Eigenschaften hat, sind die Interferenzen zwischen den verschiedenen Komponenten so ungeheuer klein, daß sie praktisch völlig unbeobachtbar sind. Das weitere Schicksal jeder Komponente ist praktisch unempfindlich gegen die Anwesenheit der anderen Komponenten. Aber erst eine nochmalige Beobachtung des Meßgeräts von außen wählt eine Komponente als die wirkliche aus, sie *reduziert* den Zustand des Meßgeräts.

Everett schlägt vor, daß es in dem Fall, wo schon die ganze Welt in das System einbezogen wurde, gar keine Reduktion gibt. Es gibt nach der Messung zwar immer noch eine einzige Welt, aber keinen eindeutigen klassischen Zustand der Welt. Der klassische Weltzustand verzweigt sich im Lauf der Zeit in Myriaden verschiedener Zustände. Alle diese Zustände existieren nebeneinander.

Ein Hauptziel der Everettschen Theorie ist die Herleitung der Bornschen Deutung der Wellenfunktion. Diese Deutung soll nicht gesondert postuliert, sondern aus den anderen Axiomen der Quantenmechanik gewonnen werden, so daß sich die Theorie „selbst interpretiert".

Das Everettsche Konzept ist begrifflich alles andere als klar. Das drückt sich sogar in der sprachlichen Formulierung aus: Man spricht von der „Many-Worlds"-Interpretation, obwohl Everett ausdrücklich *eine* Welt mit einem nicht eindeutigen klassischen Zustand postuliert. Aber wie soll man sich viele Zustände, die gleichzeitig existieren, anders vorstellen als an ebensovielen Systemen realisiert? (Siehe S. 215)

Problematisch ist auch die Erklärung der Bornschen Deutung. Da sich das Adjektiv „real" nicht steigern läßt, sind Weltzweige mit sehr kleiner Amplitude genau so real wie diejenigen, deren Amplitude groß ist. Everett selbst hat in seiner Arbeit eine Erklärung der Bornschen Deutung vorgeschlagen. Eine andere Herleitung versuchte De Witt zu geben (Abhandlung 11) und schließlich Graham [14] eine dritte. Es ist nicht uninteressant, den Fehler in dieser letzten Herleitung aufzuzeigen [15]. Graham erlaubt das Ablesen der Meßgeräte erst nach dem Eintreten des statistischen Gleichgewichts. Wir wissen aber, daß sich ein funktionstüchtiges Meßgerät nie im Gleichgewicht, sondern in einem metastabilen Zustand befindet. Die Wechselwirkung mit dem zu registrierenden Teilchen führt zum Zusammenbruch dieses Zustandes. Wartet man aber lang genug, dann kommt es auch ohne ein Teilchen zum Zusammenbruch. Darauf hat besonders Ludwig [16] hingewiesen. Meßgeräte müssen also während einer Zeit abgelesen werden, die kurz ist gegen die Lebensdauer des metastabilen Zustandes, also z.B. gegen die Zeit bis zum Einsetzen spontaner Tröpfchenbildung im übersättigten Dampf.

Es gibt noch einen anderen Grund, die Wellenfunktion der Welt zu studieren. Man geht von der Tatsache aus, daß nur ein isoliertes System eine Wellenfunktion haben kann. Da es isolierte Systeme strenggenommen nicht gibt, gibt es auch kein System mit einer eigenen Wellenfunktion. Was der Physiker als Wellenfunktion bezeichnet und womit er rechnet, hängt mit der Wirklichkeit zusammen wie eine „Störungsrechnung nullter Ordnung" mit dem exakten Ergebnis. Denn man hat die Kopplung des Systems an seine Umgebung als „kleine Störung" betrachtet und in der Rechnung weggelassen. Die Rechnung beschreibt dann nur ein sehr idealisiertes Modell.

Man weiß aber, daß eine Störungsrechnung nur dann etwas mit der Wirklichkeit zu tun hat, wenn die Störungsenergie klein ist gegen die Abstände zwischen den Energieniveaus des ungestörten Problems. Sobald das System makroskopische Eigenschaften hat, ist diese Zustandsdichte ungeheuer groß. Gleichzeitig wächst mit der Systemgröße auch die Stärke der Kopplung an die umgebenden Objekte. H. D. Zeh [17] führt als Beispiel einen Rotator mit einem Trägheitsmoment von $1\,\text{g}\,\text{cm}^2$ an, bei dem die Niveauabstände von der

Ordnung 10^{-42} eV sind, und vergleicht dies mit der Wechselwirkung zwischen zwei elektrischen Dipolen mit Dipolmomenten von 1 e cm im Abstand R, die gleich 10^{-7} $(cm/R)^3$ eV ist. Da die Wechselwirkungen zwischen makroskopischen Systemen noch über astronomische Entfernungen wirksam sind, ist das Universum als Ganzes das einzige System mit makroskopischen Eigenschaften, dem man eine Wellenfunktion zuschreiben darf.

Diese Einsichten haben verhängnisvolle Konsequenzen für die von Neumannsche Theorie des Meßprozesses. Wenn ein Objekt zum Zweck einer Messung an ein System mit makroskopischen Eigenschaften gekoppelt wird, ist dieses System notwendigerweise das ganze Universum. Auf dieses ist aber von Neumanns Theorie nicht anwendbar, denn sie bedarf des menschlichen Beobachters außerhalb des Systems. Wir kommen also zu dem Schluß, daß die Theorie von Neumanns nur anwendbar ist, wenn das System aus Objekt und Meßgerät mikroskopisch ist. Sie ist — aus dynamischen Gründen — keine Theorie der makroskopischen Messung.

In der Kopenhagener Deutung wird nicht mit Wellenfunktionen makroskopischer Systeme operiert. Es wird vielmehr unterschieden zwischen den grob-sinnlich wahrnehmbaren Größen, die objektiv-real sind und klassisch beschrieben werden müssen, und den Atomen, die keine realen, sondern nur potentielle Eigenschaften haben. Die Frage ist, ob diese Unterscheidung haltbar ist. Im Jahre 1980 erschien eine Arbeit von A.J. Leggett mit dem Titel "Macroscopic Quantum Systems and the Quantum Theorie of Measurement" [18]. Der Autor untersucht die Frage nach einem definitiven Beweis für die Gültigkeit der Quantenmechanik für makroskopische Systeme und zeigt auf, daß die bekannten makroskopischen Quantenphänomene wie der Josephson-Effekt und die Quantisierung des magnetischen Flusses keine eindeutigen Beweise sind.

Leggett gibt dann ein Phänomen an, das von den Einwänden gegen die übrigen makroskopischen Quantenphänomene frei ist, nämlich den quantenmechanischen Tunneleffekt für eine makroskopische Größe. Eine Realisierung besteht aus einem supraleitenden Ring, der durch einen Josephson-Kontakt unterbrochen ist. Die makroskopische Größe ist der magnetische Fluß Φ durch den Ring. Er ist quantisiert: Es gibt eine Folge von Flußwerten, bei denen die freie Energie $F(\Phi)$ des Systems ein Minimum ist. Diese Flußwerte entsprechen metastabilen Zuständen, die durch Energiebarrieren getrennt sind. Der Fluß oszilliert um einen dieser Gleichgewichtswerte, gelegentlich aber tunnelt er in das benachbarte Minimum von $F(\Phi)$. Übergänge durch thermische Anregung sind bei hinreichend tiefen Temperaturen zu vernachlässigen.

Der Prozeß ist mit dem Heraustunneln eines Alphateilchens aus einem radioaktiven Atomkern zu vergleichen. Der wesentliche Unterschied besteht darin, daß ein makroskopisches System dissipativ ist. Der magnetische Fluß führt daher gedämpfte Schwingungen aus. Wie Caldeira und Leggett [19] gezeigt haben, führt die Kopplung des Systems an die Freiheitsgrade der Umgebung (Wärmebad) zu einer Verkleinerung der Tunnelwahrscheinlichkeit. Eine Übereinstimmung von Quantentheorie und Beobachtung zeichnet sich ab.

Die Kopenhagener Interpretation erklärt den Tunneleffekt mit der Feststellung, daß man nie sagen könne, die tunnelnde Variable befinde sich im energetisch verbotenen Gebiet. Denn sobald man den Wert der Variablen mißt, gibt es wegen der Energie, die mit dem Meßeingriff zugeführt wird, kein verbotenes Gebiet mehr. Wenn man aber *nicht* mißt, hat die Variable gar keinen bestimmten Wert. Wir müßten also aus den Experimenten schließen, daß auch makroskopische Variable keine reale Existenz haben [20]. Ist also die Unterscheidung zwischen Objekt und Beobachtungsmittel auch bei makroskopischen Objekten wichtig? Oder gibt es den von Bohr postulierten klassischen Bereich überhaupt nicht?

Eine Interpretation der Quantenmechanik ist mit Sicherheit von diesen Problemen nicht betroffen: die Bohmsche Theorie, angewendet auf die Quantenmechanik des Universums. Bell hat sich für diese Lösung eingesetzt (Abhandlung 12).

Unsere Skizze der Deutungen der Quantentheorie konnte selbstverständlich nur einen geringen Teil der umfangreichen Originalliteratur berücksichtigen. Aus hunderten von Abhandlungen galt es zwölf auszuwählen, die im zweiten Teil des vorliegenden Bandes abgedruckt sind. Dabei mußten notwendigerweise einige Forschungsrichtungen unberücksichtigt bleiben, wie etwa Quantenlogik. Ausschlaggebend waren dabei vor allem die unvermeidlichen persönlichen Vorurteile der Autoren, aber vielleicht auch die Tatsache, daß diese Ansätze zum Verständnis der Quantenmechanik in ihrer Bedeutung gegenüber den anderen Ideen etwas zurückgetreten sind, die hier geschildert wurden.

Anmerkungen

[1] *G. Gamov*, Mr. Tompkins' wundersame Reise durch Kosmos und Mikrokosmos, Vieweg, Braunschweig 1980

Kapitel I

[1] *Albert Einstein* und *Max Born*: Briefwechsel 1916 bis 1955. Rowohlt, Reinbek bei Hamburg 1969, S. 34
[2] *A. Einstein*, Über einen die Erzeugung und Verwandlung des Lichtes betreffenden heuristischen Gesichtspunkt, Ann. Phys. **17**, 132 (1905); abgedruckt in D. ter Haar (Hrsg.), Quantentheorie, Einführung und Originaltexte, Vieweg, Braunschweig 1969, S. 118
[3] *A. Einstein*, Über die Entwicklung unserer Anschauungen über das Wesen und die Konstitution der Strahlung, Phys. Zs. **10**, 817 (1909)
[4] ibid., S. 824
[5] ibid., S. 825
[6] *A. Einstein*, Zur Quantentheorie der Strahlung, Phys. Zs. **18**, 121 (1917), abgedruckt in D. ter Haar (Anm. 2), S. 209

[7] W. *Heisenberg*, Über quantentheoretische Umdeutung kinematischer und mechanischer Beziehungen, Zs. f. Physik **33**, 897 (1925), abgedruckt in G. Ludwig (Hrsg.), Wellenmechanik, Einführung und Originaltexte, Vieweg, Braunschweig 1969, S. 193

[8] W. *Heisenberg*, Der Teil und das Ganze, Piper, München 1969, S. 92

[9] E. *Schrödinger*, Quantisierung als Eigenwertproblem, Ann. d. Phys. **79**, 361 (1926)

[10] ibid., S. 372

[11] E. *Schrödinger*, Der stetige Übergang von der Mikro- zur Makromechanik, Naturwissenschaften **14**, 664 (1926)

[12] E. *Hückel* wird von F. *Bloch*, Phys. Today, Dez. 1976, S. 24, zitiert.

[13] M. *Born*, Zur Quantenmechanik der Stoßvorgänge (vorläufige Mitteilung), Zs. f. Phys. **37**, 863 (1926)

[14] P. *Forman*, Weimar Culture, causality and quantum theory, 1918–1927, in R. Mc Cormack (Hrsg.), Historical Studies in the Physical Sciences 3, Univ. of Pennsylvania Press 1971, abgedruckt bei P. Forman, K. v. Meyenn (Hrsg.), Quantenmechanik und Weimarer Republik (Facetten der Physik, Band 12), Vieweg, Braunschweig (erscheint voraussichtlich 1986)

[15] M. *Born*, Quantenmechanik der Stoßvorgänge, Zs. f. Phys. **38**, 803 (1926) (Die Fußnoten wurden in diesem Zitat weggelassen.)

[16] W. *Heisenberg*, Über den anschaulichen Inhalt der quantentheoretischen Kinematik und Mechanik, Zs. f. Physik **43**, 172 (1927)

[17] M. *Born*, P. *Jordan*, Zur Quantenmechanik, Zs. f. Physik **34**, 858 (1925)

[18] L. E. *Ballentine*, The Statistical Interpretation of Quantum Mechanics, Rev. Mod. Phys. **42**, 358 (1970)

[19] N. *Bohr*, Diskussion mit Einstein über erkenntnistheoretische Probleme in der Atomphysik, in P.A. Schilpp (Hrsg.), Albert Einstein als Philosoph und Naturforscher, Reprint: Vieweg, Braunschweig 1979, S. 128 ff. (Die Bezeichnungsweise wurde hier leicht verändert.)

[20] H. P. *Stapp*, The Copenhagen Interpretation, Am. J. Phys. **40**, 1098 (1972)

[21] Siehe Anm. 16

[22] N. *Bohr*, Das Quantenpostulat und die neuere Entwicklung der Atomistik, Naturwissenschaften **16**, 245 (1928)

[23] Ibid., S. 246

[24] Ibid., S. 250

[25] N. *Bohr*, Erkenntnistheoretische Fragen in der Physik und menschlichen Kulturen, Nature **143**, 268 (1939) abgedruckt in N. Bohr, Atomphysik und menschliche Erkenntnis, Vieweg, Braunschweig 1985, dort S. 22

[26] Siehe Anm. 19, S. 122

[27] J. v. *Neumann*, Mathematische Grundlagen der Quantenmechanik, Springer, Berlin 1932 (Neudruck 1980)

[28] Ibid., S. 223

[29] E. P. *Wigner*, Remarks on the Mind-Body Question, in I. J. Good (Hrsg.), The Scientist Speculates, Basic Books, N.Y. 1962

[30] Siehe Anm. 27, S. 108

[31] Ibid., S. 170, 171

[32] D. *Bohm*, A suggested interpretation of the quantum theory in terms of hidden variables I, Phys. Rev. **85**, 166 (1952), im vorliegenden Band als Abhandlung 9 abgedruckt

[33] J. *Bell*, On the Problem of Hidden Variables in Quantum Mechanics, Rev. Mod. Phys. **38**, 447 (1966), im vorliegenden Band als Abhandlung 10 abgedruckt

[34] Siehe Anm. 27, S. 110

Kapitel II

[1] E. *Schrödinger, M. Planck, A. Einstein, H. A. Lorentz:* Briefe zur Wellenmechanik, K. Przibram (Hrsg.), Springer, Wien 1976, S. 29.
[2] *Albert Einstein* und *Max Born:* Briefwechsel 1916 bis 1955. Rowohlt, Reinbeck 1969, S. 67.
[3] *W. Heisenberg,* Die physikalischen Prinzipien der Quantentheorie, Bibliographisches Institut, Mannheim 1955, S. 29
[4] Siehe Abhandlung 3 im vorliegenden Band
[5] Siehe Abhandlung 4 im vorliegenden Band
[6] Siehe Abhandlung 5 im vorliegenden Band

Kapitel III

[1] *M. E. Omeljanowski,* Philosophische Probleme der Quantenmechanik, VEB Deutscher Verlag der Wissenschaften, Berlin 1962, S. 13
[2] *V. I. Lenin,* Materialismus und Empiriokritizismus, Berlin 1949, S. 247
[3] Siehe Anm. 2; S. 188
[4] Siehe Anm. 2; S. 252
[5] Siehe Anm. 1; S. 241
[6] *A. Einstein,* Aus meinen späteren Jahren, DVA, Stuttgart 1979, S. 97
[7] Siehe dazu *M. Jammer,* The Philosophy of Quantum Mechanics, Wiley, New York 1974, S. 439 ff.
[8] Siehe Anm. 1; S. 51
[9] *V. Fock,* Über die Deutung der Quantenmechanik, in: Max Planck Festschrift, Berlin 1958, S. 191
[10] Siehe Abhandlung 6 im vorliegenden Band
[11] Siehe Abhandlungen 7 und 8 im vorliegenden Band
[12] Siehe Abhandlung 9 im vorliegenden Band
[13] Siehe Anm. 27 aus Kap. I; S. 233
[14] *N. Bohr,* Das Quantenpostulat und die neuere Entwicklung der Atomistik, Naturwissenschaften **16**, 245 (1928)

Kapitel IV

[1] *P. Ehrenfest,* Zeitschrift für Physik **78**, 555 (1932).
[2] *L. de Broglie,* J. Phys. Radium **8**, 225 (1928)
[3] *D. Bohm,* Quantum Theory, Prentice Hall, NY 1951. Siehe auch: David Bohm, in: New Scientist 196, 361 (11.11.1982)
[4] *D. Bohm,* Phys. Rev. **89**, 458 (1953)
[5] *A. Einstein,* Dialectica, S. 320 (1948)
[6] *J. Bell,* Rev. Mod. Phys. **38**, 447 (1966) (Abhandlung 10 des vorliegenden Bandes)
[7] *J. Bell,* Physics **1**, 195 (1965)
[8] *B. d'Espagnat,* Scientific American (November 1979), S. 158
[9] *A. Aspect, J. Dalibard, G. Roger,* Phys. Rev. Lett. **49**, 91, 1804 (1982).
[10] Siehe dazu *F. Selleri,* Die Debatte um die Quantentheorie, Facetten der Physik, Band 10, Vieweg, Braunschweig 1983
[11] *J. Clauser, M. Horne, A. Shimony, R. Holt,* Phys. Rev. Lett. **23**, 880 (1969)
[12] *H. Everett,* Rev. Mod. Phys. **29**, 454 (1957)
[13] *J. A. Wheeler,* Rev. Mod. Phys. **29**, 463 (1957)
[14] *B. DeWitt,* The Many-Worlds Interpretation of Quantum Mechanics, Princeton University Press (1973)
[15] *K. Baumann,* Acta Phys. Austr. **41**, 223 (1975)
[16] *G. Ludwig,* Z. Physik **135**, 483 (1953)

[17] H. D. Zeh, Foundations of Physics **1**, 69 (1970)
[18] A. J. Leggett, Prog. Theor. Phys. Suppl. **69**, 80 (1980)
[19] A. O. Caldeira, A. J. Leggett, Ann. Physics **149**, 374 (1983)
[20] A. J. Leggett, A. Garg, Phys. Rev. Lett. **54**, 857 (1985)

Weiterführende Literatur:
(Die mit * bezeichneten Werke können als erste Einführungen dienen.)

F. J. Belinfante, A Survey of Hidden Variable Theories, Pergamon Press, N.Y. 1973. Überblick über Theorien mit verborgenen Variablen.
David Bohm, Quantum Theory, Prentice Hall, N.Y. 1951. Causality and Chance in Modern Physics, Routledge, London 1957
David Bohm, Wholeness and the Implicate Order, Routledge, London 1980. Diese drei Bände spiegeln die neuere Entwicklung der Deutungsproblematik wieder.
* Niels Bohr, Atomphysik und menschliche Erkenntnis I und II, Vieweg, Braunschweig, 1958. Reden und Aufsätze, vor allem zur Quantentheorie. Reprint: Vieweg, Braunschweig 1985.
* Max Born, Physik im Wandel meiner Zeit, Vieweg, Braunschweig 1983
* Max Born und Albert Einstein, Briefwechsel. Die Aufsätze und Briefe zeigen, wie sich Borns Auffassung der Deutung der Quantentheorie weiterentwickelte.
Mario Bunge, Philosophy of Physics, Reidel, Dortrecht 1973. Versuch einer realistischen Interpretation der Quantentheorie.
* Paul Davies, Mehrfachwelten, Diedrichs, Düsseldorf 1981. Eine populäre Darstellung der Everettschen Deutung der Quantentheorie.
* Bernard d'Espagnat, Auf der Suche nach der Wirklichkeit, Springer, Berlin 1983. Auseinandersetzung mit der Realismusproblematik in der Deutung der Quantentheorie.
* Paul Forman, Karl von Meyenn (Hrsg.), Quantenmechanik und Weimarer Republik, Vieweg, Braunschweig. (Erscheint voraussichtlich 1986.) Spielte das kulturelle und soziale Umfeld bei der Entstehung der Quantentheorie eine wesentliche Rolle?
* David ter Haar, Quantentheorie, Einführung und Originaltexte, Vieweg, Braunschweig 1969. Mit Originalabhandlungen von Heisenberg, Jordan u.a.
Werner Heisenberg, Physikalische Prinzipien der Quantentheorie, Bibliographisches Institut, Mannheim 1958. Klassische Einführung, erstmals 1930 erschienen.
* Werner Heisenberg, Physik und Philosophie, Ullstein, Berlin 1959. Allgemeinverständliche Darstellung von Heisenbergs Version der Kopenhagener Deutung.
* Werner Heisenberg, Schritte über Grenzen, Piper, München 4 1977. Aufsatzsammlung, mit vielen Beiträgen zur Quantentheorie.
* Werner Heisenberg, Der Teil und das Ganze, Piper, München, 1981. Autobiographischer Bericht über die Entstehung der Quantentheorie.
Armin Hermann (Hrsg.), Dokumente der Naturwissenschaft, darin Band 4: Die Kopenhagener Deutung der Quantentheorie, Battenberg, Stuttgart, 1964 (vergriffen) Originalarbeiten von Heisenberg und Bohr
Armin Hermann (Hrsg.), Die Jahrhundertwissenschaft, DVA, Stuttgart 1978
Max Jammer, The Conceptual Development of Quantum Mechanics, McGraw Hill, N.Y. 1973[3], Historische Darstellung der Entwicklung der Theorie
Max Jammer, The Philosophy of Quantum Mechanics, Wiley, N.Y. 1974. Die historische Entwicklung der Deutungen der Quantentheorie.
Joseph M. Jauch, Foundation of Quantum Mechanics, Benjamin, Reading 1973
Bernulf Kanitscheider, Philosophie und moderne Physik, Wissenschaftliche Buchgemeinschaft, Darmstadt 1978. Fundierte wissenschaftstheoretische und erkenntnistheoretische Behandlung der Quantentheorie.

* *Bernulf Kanitscheider*, Wissenschaftstheorie der Naturwissenschaften, de Gruyter, Berlin 1981. Kurze, leicht lesbare Einführung.

Günther Ludwig, Wellenmechanik, Einführung und Originaltexte, Vieweg, Braunschweig 1969. Enthält die Originalarbeiten Schrödingers.

Günther Ludwig, Foundations of Quantum Mechanics I, Springer, Berlin 1983. Ausführliche, hochmathematische Darstellung. Kommt zur Schlußfolgerung, daß die Quantenmechanik keine abgeschlossene Theorie ist, die alles vom Mikrosystem bis zur Makrophysik darstellen könnte.

Jagdish Mehra, Helmut Rechenberg, The Historical Development of Quantum Theory, Springer, Berlin 1982. Ausführliche, vielbändige Darstellung.

Peter Mittelstädt, Philosophische Probleme der modernen Physik, Bibliographisches Insitut, Mannheim 1981. Behandelt Relativitätstheorie und Quantenmechanik, vor allem auch Quantenlogik.

Peter Mittelstädt, Quantum Logic, Reidel, Dortrecht 1978

John von Neumann, Mathematische Grundlagen der Quantenmechanik, Springer, Berlin 1969^2. Klassisches, aber schwieriges Werk.

Ulrich Röseberg, Determinismus und Physik, Akademie-Verlag, Berlin 1975

* *Ulrich Röseberg*, Quantenmechanik und Philosophie, Berlin 1978. Die Deutungsproblematik vom Standpunkt des dialektischen Materialismus.

* *Franco Selleri*, Die Debatte um die Quantentheorie, Vieweg, Braunschweig 1983. Darstellung der neueren Entwicklung um die Bellschen Ungleichungen.

Bryce DeWitt und *Neil Graham* (Hrsg.), The Many-Worlds-Interpretation of Quantum Mechanics, Princeton Univ. Press 1973. Originalabhandlungen mit ausführlicher Einleitung von Everett.

Teil 2
Originalabhandlungen

1 Max Born
Zur Quantenmechanik der Stoßvorgänge (1926)

[Vorläufige Mitteilung.[1])]   (Eingegangen am 25. Juni 1926.)

Durch eine Untersuchung der Stoßvorgänge wird die Auffassung entwickelt, daß die Quantenmechanik in der Schrödingerschen Form nicht nur die stationären Zustände, sondern auch die Quantensprünge zu beschreiben gestattet.

Die von Heisenberg begründete Quantenmechanik ist bisher ausschließlich angewandt worden zur Berechnung der stationären Zustände und der den Übergängen zugeordneten Schwingungsamplituden (ich vermeide absichtlich das Wort „Übergangswahrscheinlichkeiten"). Dabei scheint sich der inzwischen weit entwickelte Formalismus gut zu bewähren. Aber diese Fragestellung betrifft nur eine Seite der quantentheoretisehen Probleme; daneben erhebt sich als ebenso wichtig die Frage nach dem Wesen der „Übergänge" selbst. Hinsichtlich dieses Punktes scheint die Meinung geteilt zu sein; viele nehmen an, daß das Problem der Übergänge von der Quantenmechanik in der vorliegenden Form nicht erfaßt wird, sondern daß hier neue Begriffsbildungen nötig sein werden. Ich selbst kam durch den Eindruck der Geschlossenheit des logischen Aufbaues der Quantenmechanik zu der Vermutung, daß diese Theorie vollständig sein und das Übergangsproblem mit enthalten müsse. Ich glaube, daß es mir jetzt gelungen ist, dies nachzuweisen.

Schon Bohr hat die Aufmerksamkeit darauf gerichtet, daß alle prinzipiellen Schwierigkeiten der Quantenvorstellungen, die uns bei der Emission und Absorption von Licht durch Atome begegnen, auch bei der Wechselwirkung von Atomen auf kurze Entfernung auftreten, also bei den Stoßvorgängen. Bei diesen hat man es statt mit dem noch sehr dunklen Wellenfelde ausschließlich mit Systemen materieller Teilchen zu tun, die dem Formalismus der Quantenmechanik unterliegen. Ich habe daher das Problem in Angriff genommen, die Wechselwirkung eines freien Teilchens (α-Strahls oder Elektrons) und eines beliebigen Atoms näher zu untersuchen und festzustellen, ob nicht innerhalb des Rahmens der vorliegenden Theorie eine Beschreibung des Stoßvorganges möglich ist.

---

[1]) Diese Mitteilung war ursprünglich für die „Naturwissenschaften" bestimmt, konnte aber dort wegen Raummangel nicht aufgenommen werden. Ich hoffe, daß ihre Veröffentlichung an dieser Stelle nicht überflüssig erscheint.

Von den verschiedenen Formen der Theorie hat sich hierbei allein die Schrödingersche als geeignet erwiesen, und ich möchte gerade aus diesem Grunde sie als die tiefste Fassung der Quantengesetze ansehen. Der Gedankengang meiner Überlegung ist nun der folgende:

Wenn man quantenmechanisch die Wechselwirkung zweier Systeme berechnen will, so kann man bekanntlich nicht, wie in der klassischen, Mechanik, einen Zustand des einen Systems herausgreifen und feststellen, wie dieser von einem Zustande des anderen Systems beeinflußt wird, sondern alle Zustände beider Systeme koppeln sich in verwickelter Weise. Das gilt auch bei einem aperiodischen Vorgang, wie einem Stoße, wo ein Teilchen, sagen wir ein Elektron, aus dem Unendlichen kommt und wieder im Unendlichen verschwindet. Aber hier drängt sich die Vorstellung auf, daß doch sowohl vor als auch nach dem Stoße, wenn das Elektron weit genug entfernt und die Koppelung klein ist, ein bestimmter Zustand des Atoms und eine bestimmte, geradlinig-gleichförmige Bewegung des Elektrons definierbar sein muß. Es handelt sich darum, dies asymptotische Verhalten der gekoppelten Teilchen mathematisch zu fassen. Mit der Matrixform der Quantenmechanik ist mir das nicht gelungen, wohl aber mit der Schrödingerschen Formulierung.

Nach Schrödinger ist das Atom im n-ten Quantenzustand ein Schwingungsvorgang einer Zustandsgröße im ganzen Raume mit konstanter Frequenz $\frac{1}{h} W_n^0$. Ein geradlinig bewegtes Elektron ist speziell ein solcher Schwingungsvorgang, der einer ebenen Welle entspricht. Kommen beide in Wechselwirkung, entsteht eine verwickelte Schwingung. Aber man sieht sogleich, daß man diese durch ihr asymptotisches Verhalten im Unendlichen festlegen kann. Man hat ja nichts als ein „Beugungsproblem", bei dem eine einfallende ebene Welle an dem Atom gebeugt oder zerstreut wird; an Stelle der Randbedingungen, die man in der Optik zur Beschreibung der Schirme verwendet, hat man hier die potentielle Energie der Wechselwirkung von Atom und Elektron.

Die Aufgabe ist also: man soll die Schrödingersche Wellengleichung für die Kombination Atom-Elektron lösen unter der Randbedingung, daß die Lösung in einer bestimmten Richtung des Elektronenraumes asymptotisch übergeht in eine ebene Welle eben dieser Fortschreitungsrichtung (das ankommende Elektron). Von der so gekennzeichneten Lösung interessiert uns nun wieder hauptsächlich das Verhalten der „gestreuten" Welle im Unendlichen; denn diese beschreibt das Verhalten des Systems nach dem Stoß. Wir führen das etwas näher aus. Es seien $\psi_1^0(q_k)$,

$\psi_2^0(q_k)$, ... die Eigenfunktionen des ungestörten Atoms (wir nehmen an, es gäbe nur eine diskrete Folge); dem ungestört (geradlinig) bewegten Elektron entsprechen die Eigenfunktionen $\sin \frac{2\pi}{\lambda}(\alpha x + \beta y + \gamma z + \delta)$, die eine kontinuierliche Mannigfaltigkeit ebener Wellen bilden, deren Wellenlänge (nach de Broglie) mit der Energie τ der Translationsbewegung durch die Relation $\tau = \frac{h^2}{2\mu\lambda^2}$ verknüpft ist. Die Eigenfunktion des ungestörten Zustandes, bei dem das Elektron aus der $+z$-Richtung kommt, ist also

$$\psi_{n\tau}^0(q_k, z) = \psi_n^0(q_k) \sin \frac{2\pi}{\lambda} z.$$

Nun sei $V(x, y, z; q_k)$ die potentielle Energie der Wechselwirkung von Atom und Elektron. Man kann dann mit Hilfe einfacher Störungsrechnungen zeigen, daß es eine eindeutig bestimmte Lösung der Schrödingerschen Differentialgleichung bei Berücksichtigung der Wechselwirkung V gibt, die für $z \to +\infty$ asymptotisch in obige Funktion übergeht.

Es kommt nun darauf an, wie diese Lösungsfunktion sich „nach dem Stoß" verhält.

Nun ergibt die Rechnung: die durch die Störung erzeugte, gestreute Welle hat im Unendlichen asymptotisch den Ausdruck

$$\psi_{n\tau}^{(1)}(x,y,z;q_k) = \sum_m \int\!\!\int_{\alpha x+\beta y+\gamma z>0} d\omega\, \Phi_{nm\atop\tau}(\alpha, \beta, \gamma) \sin k_{nm\atop\tau}(\alpha x + \beta y + \gamma z + \delta)\, \psi_m^0(q_k).$$

Das bedeutet: die Störung läßt sich im Unendlichen auffassen als Superposition von Lösungen des ungestörten Vorgangs. Berechnet man die zur Wellenlänge $\lambda_{nm\atop\tau}$ gehörige Energie nach der oben angegebenen de Broglieschen Formel, so findet man

$$W_{nm\atop\tau} = h\nu_{nm}^0 + \tau,$$

wobei ν_{nm}^0 die Frequenzen des ungestörten Atoms sind.

Will man nun dieses Resultat korpuskular umdeuten, so ist nur eine Interpretation möglich: $\Phi_{nm\atop\tau}(\alpha, \beta, \gamma)$ bestimmt die Wahrscheinlichkeit[1]) dafür, daß das aus der z-Richtung kommende Elektron in die durch α, β, γ

---

[1]) Anmerkung bei der Korrektur: Genauere Überlegung zeigt, daß die Wahrscheinlichkeit dem Quadrat der Größe $\Phi_{nm\atop\tau}$ proportional ist.

bestimmte Richtung (und mit einer Phasenänderung δ) geworfen wird, wobei seine Energie τ um ein Quant $h\nu_{nm}^0$ auf Kosten der Atomenergie zugenommen hat (Stoß erster Art für $W_n^0 < W_m^0$, $h\nu_{nm}^0 < 0$; Stoß zweiter Art für $W_n^0 > W_m^0$, $h\nu_m^0 < 0$).

Die Schrödingersche Quantenmechanik gibt also auf die Frage nach dem Effekt eines Zusammenstoßes eine ganz bestimmte Antwort; aber es handelt sich um keine Kausalbeziehung. Man bekommt **keine** Antwort auf die Frage, „wie ist der Zustand nach dem Zusammenstoße", sondern nur auf die Frage, „wie wahrscheinlich ist ein vorgegebener Effekt des Zusammenstoßes" (wobei natürlich der quantenmechanische Energiesatz gewahrt sein muß).

Hier erhebt sich die ganze Problematik des Determinismus. Vom Standpunkt unserer Quantenmechanik gibt es keine Größe, die im **Einzelfalle** den Effekt eines Stoßes kausal festlegt; aber auch in der Erfahrung haben wir bisher keinen Anhaltspunkt dafür, daß es innere Eigenschaften der Atome gibt, die einen bestimmten Stoßerfolg bedingen. Sollen wir hoffen, später solche Eigenschaften (etwa Phasen der inneren Atombewegungen) zu entdecken und im Einzelfalle zu bestimmen? Oder sollen wir glauben, daß die Übereinstimmung von Theorie und Erfahrung in der Unfähigkeit, Bedingungen für den kausalen Ablauf anzugeben, eine prästabilierte Harmonie ist, die auf der Nichtexistenz solcher Bedingungen beruht? Ich selber neige dazu, die Determiniertheit in der atomaren Welt aufzugeben. Aber das ist eine philosophische Frage, für die physikalische Argumente nicht allein maßgebend sind.

Praktisch besteht jedenfalls sowohl für den experimentellen als auch den theoretischen Physiker der Indeterminismus. Die von den Experimentatoren viel untersuchte „Ausbeutefunktion" Φ ist jetzt auch theoretisch streng faßbar. Man kann sie aus der potentiellen Energie der Wechselwirkung $V(x, y, z; q_k)$ finden; doch sind die hierzu nötigen Rechenprozesse zu verwickelt, um sie an dieser Stelle mitzuteilen. Ich will nur die Bedeutung der Funktion Φ_{nm} mit einigen Worten erläutern. Ist z. B. das Atom vor dem Stoß im Normalzustand $n = 1$, so folgt aus

$$\tau + h\nu_{1m}^0 = \tau - h\nu_{m1}^0 = W_{1m} > 0,$$

daß für ein Elektron mit kleinerer Energie als die kleinste Anregungsstufe des Atoms notwendig auch $m = 1$, also $W_{11} = \tau$ sein muß; es erfolgt also „elastische Reflexion" des Elektrons mit der Ausbeutefunktion Φ_{11}. Übersteigt τ die erste Anregungsstufe, so gibt es außer der Reflexion auch Anregung mit der Ausbeute $\Phi_{12\atop\tau}$ usw. Ist das getroffene Atom im angeregten Zustand $n = 2$ und $\tau < h\nu_{21}^0$, so gibt es Reflexion mit der Ausbeute Φ_{22} und Stöße zweier Art mit der Ausbeute $\Phi_{21\atop\tau}$. Ist $\tau > h\nu_{21}^0$, tritt dazu weitere Anregung usw.

Die Formeln geben also das qualitative Verhalten bei Stößen vollkommen wieder. Die quantitative Ausschöpfung der Formeln für spezielle Fälle muß einer ausführlichen Untersuchung vorbehalten bleiben.

Es scheint mir nicht ausgeschlossen, daß die enge Verknüpfung von Mechanik und Statistik, wie sie hier zum Vorschein kommt, eine Revision der thermodynamisch-statistischen Grundbegriffe erfordern wird.

Ich glaube ferner, daß auch das Problem der Ein- und Ausstrahlung von Licht in ganz analoger Weise als „Randwertaufgabe" der Wellengleichung behandelt werden muß und auf eine rationelle Theorie der Dämpfung und Linienbreite im Einklang mit der Lichtquantenvorstellung führen wird.

Eine eingehende Darstellung wird demnächst in dieser Zeitschrift erscheinen.

2 Werner Heisenberg
Über den anschaulichen Inhalt der quantenmechanischen Kinematik und Mechanik (1927)

(Eingegangen am 23. März 1927.)

In der vorliegenden Arbeit werden zunächst exakte Definitionen der Worte: Ort, Geschwindigkeit, Energie usw. (z. B. des Elektrons) aufgestellt, die auch in der Quantenmechanik Gültigkeit behalten, und es wird gezeigt, daß kanonisch konjugierte Größen simultan nur mit einer charakteristischen Ungenauigkeit bestimmt werden können (§ 1). Diese Ungenauigkeit ist der eigentliche Grund für das Auftreten statistischer Zusammenhänge in der Quantenmechanik. Ihre mathematische Formulierung gelingt mittels der Dirac-Jordanschen Theorie (§ 2). Von den so gewonnenen Grundsätzen ausgehend wird gezeigt, wie die makroskopischen Vorgänge aus der Quantenmechanik heraus verstanden werden können (§ 3). Zur Erläuterung der Theorie werden einige besondere Gedankenexperimente diskutiert (§ 4).

Eine physikalische Theorie glauben wir dann anschaulich zu verstehen, wenn wir uns in allen einfachen Fällen die experimentellen Konsequenzen dieser Theorie qualitativ denken können, und wenn wir gleichzeitig erkannt haben, daß die Anwendung der Theorie niemals innere Widersprüche enthält. Zum Beispiel glauben wir die Einsteinsche Vorstellung vom geschlossenen dreidimensionalen Raum anschaulich zu verstehen, weil für uns die experimentellen Konsequenzen dieser Vorstellung widerspruchsfrei denkbar sind. Freilich widersprechen diese Konsequenzen unseren gewohnten anschaulichen Raum–Zeitbegriffen. Wir können uns aber davon überzeugen, daß die Möglichkeit der Anwendung dieser gewohnten Raum—Zeitbegriffe auf sehr große Räume weder aus unseren Denkgesetzen noch aus der Erfahrung gefolgert werden kann. Die anschauliche Deutung der Quantenmechanik ist bisher noch voll innerer Widersprüche, die sich im Kampf der Meinungen um Diskontinuums- und Kontinuumstheorie, Korpuskeln und Wellen auswirken. Schon daraus möchte man schließen, daß eine Deutung der Quantenmechanik mit den gewohnten kinematischen und mechanischen Begriffen jedenfalls nicht möglich ist. Die Quantenmechanik war ja gerade aus dem Versuch entstanden, mit jenen gewohnten kinematischen Begriffen zu brechen und an ihre Stelle Beziehungen zwischen konkreten experimentell gegebenen Zahlen zu setzen. Da dies gelungen scheint, wird andererseits das mathematische Schema der Quantenmechanik auch keiner Revision bedürfen. Ebensowenig wird eine Revision der Raum—Zeitgeometrie für kleine Räume und Zeiten notwendig sein, da wir durch Wahl hinreichend schwerer Massen die quantenmechanischen Gesetze den klassischen beliebig annähern können, auch wenn es sich um noch so kleine Räume und Zeiten handelt. Aber daß eine Revision der kinematischen und mechanischen Begriffe notwendig ist, scheint aus den Grundgleichungen der Quantenmechanik unmittelbar zu folgen. Wenn eine bestimmte Masse m gegeben ist, hat es in unserer gewohnten Anschauung einen einfach verständlichen Sinn, vom Ort und der Geschwindigkeit des Schwerpunkts dieser Masse m zu sprechen. In der Quantenmechanik aber soll eine Relation $pq - qp = \dfrac{h}{2\pi i}$ zwischen Masse, Ort und Geschwindigkeit bestehen. Wir haben also guten Grund, gegen die kritiklose Anwendung jener Worte „Ort" und „Geschwindigkeit" Verdacht zu schöpfen. Wenn man zugibt, daß für Vorgänge in sehr kleinen Räumen und Zeiten Diskontinuitäten irgendwie typisch sind, so ist ein Versagen eben der Begriffe „Ort" und „Geschwindigkeit" sogar unmittelbar

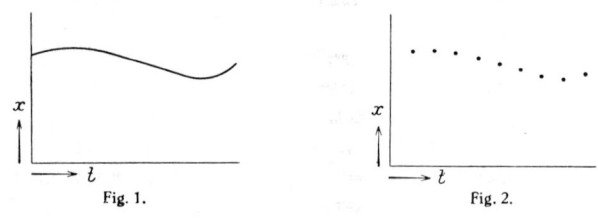

Fig. 1.   Fig. 2.

plausibel: Denkt man z. B. an die eindimensionale Bewegung eines Massenpunktes, so wird man in einer Kontinuumstheorie eine Bahnkurve $x(t)$ für die Bahn des Teilchens (genauer: dessen Schwerpunktes) zeichnen können (Fig. 1), die Tangente gibt jeweils die Geschwindigkeit. In einer Diskontinuumstheorie dagegen wird etwa an Stelle dieser Kurve eine Reihe von Punkten endlichen Abstandes treten (Fig. 2). In diesem Falle ist es offenbar sinnlos, von der Geschwindigkeit an einem bestimmten Orte zu sprechen, weil ja die Geschwindigkeit erst durch zwei Orte definiert werden kann und weil folglich umgekehrt zu jedem Punkt je zwei verschiedene Geschwindigkeiten gehören.

Es entsteht daher die Frage, ob es nicht durch eine genauere Analyse jener kinematischen und mechanischen Begriffe möglich sei, die bis jetzt in der anschaulichen Deutung der Quantenmechanik bestehenden Widersprüche aufzuklären und zu einem anschaulichen Verständnis der quantenmechanischen Relationen zu kommen [1].

---

[1] Die vorliegende Arbeit ist aus Bestrebungen und Wünschen entstanden, denen schon viel früher, vor dem Entstehen der Quantenmechanik, andere Forscher deutlichen Ausdruck gegeben haben. Ich erinnere hier besonders an Bohrs Ar-

§ 1. Die Begriffe: Ort, Bahn, Geschwindigkeit, Energie.

Um das quantenmechanische Verhalten irgend eines Gegenstandes verfolgen zu können, muß man die Masse dieses Gegenstandes und die Wechselwirkungskräfte mit irgendwelchen Feldern und anderen Gegenständen kennen. Nur dann kann die Hamiltonsche Funktion des quantenmechanischen Systems aufgestellt werden. [Die folgenden Überlegungen sollen sich im allgemeinen auf die nichtrelativistische Quantenmechanik beziehen, da die Gesetze der quantentheoretischen Elektrodynamik noch sehr unvollständig bekannt sind][1]. Über die „Gestalt" des Gegenstandes ist irgendwelche weitere Aussage unnötig, am zweckmäßigsten bezeichnet man die Gesamtheit jener Wechselwirkungskräfte mit dem Worte Gestalt.

Wenn man sich darüber klar werden will, was unter dem Worte „Ort des Gegenstandes", z. B. des Elektrons (relativ zu einem gegebenen Bezugssystem), zu verstehen sei, so muß man bestimmte Experimente angeben, mit deren Hilfe man den „Ort des Elektrons" zu messen gedenkt; anders hat dieses Wort keinen Sinn. An solchen Experimenten, die im Prinzip den „Ort des Elektrons" sogar beliebig genau zu bestimmen gestatten, ist kein Mangel, z. B.: Man beleuchte das Elektron und betrachte es unter einem Mikroskop. Die höchste erreichbare Genauigkeit der Ortsbestimmung ist hier im wesentlichen durch die Wellenlänge des benutzten Lichtes gegeben. Man wird aber im Prinzip etwa ein Γ-Strahl-Mikroskop bauen und mit diesem die Ortsbestimmung so genau durchführen können, wie man will. Es ist indessen bei dieser Bestimmung ein Nebenumstand wesentlich: der Comptoneffekt. Jede Beobachtung des vom Elektron kommenden Streulichtes setzt einen lichtelektrischen Effekt (im Auge, auf der photographischen Platte, in der Photozelle) voraus, kann also auch so gedeutet werden, daß ein Lichtquant das Elektron trifft, an diesem reflektiert oder abgebeugt wird und dann durch die Linsen des Mikro-

---

beiten über die Grundpostulate der Quantentheorie (z. B. ZS. f. Phys. **13**, 117, 1923) und Einsteins Diskussionen über den Zusammenhang zwischen Wellenfeld und Lichtquanten. Am klarsten sind in neuester Zeit die hier besprochenen Probleme diskutiert und die auftretenden Fragen teilweise beantwortet worden von W. Pauli (Quantentheorie, Handb. d. Phys., Bd. XXIII, weiterhin als l. c. zitiert); durch die Quantenmechanik hat sich an der Formulierung dieser Probleme durch Pauli nur wenig geändert. Es ist mir auch eine besondere Freude, an dieser Stelle Herrn W. Pauli für die vielfache Anregung zu danken, die ich aus gemeinsamen mündlichen und schriftlichen Diskussionen empfangen habe, und die zu der vorliegenden Arbeit wesentlich beigetragen hat.

[1] In jüngster Zeit sind jedoch auf diesem Gebiet große Fortschritte erzielt worden durch Arbeiten von P. Dirac [Proc. Roy. Soc. (A) **114**, 243, 1927 und später erscheinende Untersuchungen].

skops nochmal abgelenkt den Photoeffekt auslöst. Im Augenblick der Ortsbestimmung, also dem Augenblick, in dem das Lichtquant vom Elektron abgebeugt wird, verändert das Elektron seinen Impuls unstetig. Diese Änderung ist um so größer, je kleiner die Wellenlänge des benutzten Lichtes, d. h. je genauer die Ortsbestimmung ist. In dem Moment, in dem der Ort des Elektrons bekannt ist, kann daher sein Impuls nur bis auf Größen, die jener unstetigen Änderung entsprechen, bekannt sein; also je genauer der Ort bestimmt ist, desto ungenauer ist der Impuls bekannt und umgekehrt; hierin erblicken wir eine direkte anschauliche Erläuterung der Relation $pq - qp = \dfrac{h}{2\pi i}$. Sei q_1 die Genauigkeit, mit der der Wert q bekannt ist (q_1 ist etwa der mittlere Fehler von q), also hier die Wellenlänge des Lichtes, p_1 die Genauigkeit, mit der der Wert p bestimmbar ist, also hier die unstetige Änderung von p beim Comptoneffekt, so stehen nach elementaren Formeln des Comptoneffekts p_1 und q_1 in der Beziehung

$$p_1 q_1 \sim h. \tag{1}$$

Daß diese Beziehung (1) in direkter mathematischer Verbindung mit der Vertauschungsrelation $pq - qp = \dfrac{h}{2\pi i}$ steht, wird später gezeigt werden. Hier sei darauf hingewiesen, daß Gleichung (1) der präzise Ausdruck für die Tatsachen ist, die man früher durch Einteilung des Phasenraumes in Zellen der Größe h zu beschreiben suchte.

Zur Bestimmung des Elektronenortes kann man auch andere Experimente, z. B. Stoßversuche vornehmen. Eine genaue Messung des Ortes erfordert Stöße mit sehr schnellen Partikeln, da bei langsamen Elektronen die Beugungserscheinungen, die nach Einstein eine Folge der de Broglie-Wellen sind (siehe z. B. Ramsauereffekt) eine genaue Bestimmung des Ortes verhindern. Bei einer genauen Ortsmessung ändert sich der Impuls des Elektrons also wieder unstetig und eine einfache Abschätzung der Genauigkeiten mit den Formeln der de Broglieschen Wellen gibt wieder die Relation (1).

Durch diese Diskussion scheint der Begriff „Ort des Elektrons" klar genug definiert und es sei nur noch ein Wort über die „Größe" des Elektrons hinzugefügt. Wenn zwei sehr schnelle Teilchen im sehr kurzen Zeitintervall Δt hintereinander das Elektron treffen, so liegen die durch die beiden Teilchen definierten Orte des Elektrons einander sehr nahe in einem Abstand Δl. Aus den Gesetzen, die bei α-Strahlen beobachtet sind, schließen wir, daß sich Δl bis auf Größen der Ordnung 10^{-12} cm herabdrücken läßt, wenn nur $\varDelta t$ hinreichend klein und die Teilchen hinreichend schnell gewählt werden. Diesen Sinn hat es, wenn wir sagen, das Elektron sei eine Korpuskel, deren Radius nicht größer als 10^{-12} cm ist. Gehen wir nun über zum Begriff „Bahn des Elektrons". Unter Bahn verstehen wir eine Reihe von Raumpunkten (in einem gegebenen Bezugssystem), die das Elektron als „Orte" nacheinander annimmt. Da wir schon wissen, was unter „Ort zu einer bestimmten Zeit" zu verstehen sei, treten hier keine neuen Schwierigkeiten auf. Trotzdem ist leicht einzusehen, daß z. B. der oft gebrauchte Ausdruck: die „1 S-Bahn des Elektrons im Wasserstoffatom" von unserem Gesichtspunkt aus keinen Sinn hat. Um diese 1 S-„Bahn" zu messen, müßte nämlich das Atom mit Licht beleuchtet werden, dessen Wellenlänge jedenfalls erheblich kürzer als 10^{-8} cm ist. Von solchem Licht aber genügt ein einziges Lichtquant, um das Elektron völlig aus seiner „Bahn" zu werfen (weshalb von einer solchen Bahn immer nur ein einziger Raumpunkt definiert werden kann), das Wort „Bahn" hat hier also keinen vernünftigen Sinn. Dies kann ohne Kenntnis der neueren Theorien schon einfach aus den experimentellen Möglichkeiten gefolgert werden.

Dagegen kann die gedachte Ortsmessung an vielen Atomen im 1 S-Zustand ausgeführt werden. (Atome in einem gegebenen „stationären" Zustand lassen sich z. B. durch den Stern-Gerlachversuch im Prinzip isolieren.) Es muß also für einen bestimmten Zustand z. B. 1 S des Atoms eine Wahrscheinlichkeitsfunktion für die Orte des Elektrons geben, die dem Mittelwert der klassischen Bahn über alle Phasen entspricht und die durch Messungen beliebig genau feststellbar ist. Nach Born[1]) ist diese Funktion durch $\psi_{1S}(q)\,\overline{\psi_{1S}(q)}$ gegeben, wenn $\psi_{1S}(q)$ die zum Zustand 1 S gehörige Schrödingersche Wellenfunktion bedeutet. Mit Dirac[1]) und Jordan[1]) möchte ich im Hinblick auf spätere Ver-

---

[1]) Die statistische Bedeutung der de Broglie-Wellen wurde zuerst formuliert von A. Einstein (Sitzungsber. d. preuß. Akad. d. Wiss. 1925, S. 3). Dieses statistische Element in der Quantenmechanik spielt dann eine wesentliche Rolle bei M. Born, W. Heisenberg und P. Jordan, Quantenmechanik II (ZS. f. Phys. **35**, 557, 1926), bes. Kap. 4, § 3, und P. Jordan (ZS. f. Phys. **37**, 376, 1926); es wird in einer grundlegenden Arbeit von M. Born (ZS. f. Phys. **38**, 803, 1926) mathematisch analysiert und zur Deutung der Stoßphänomene benutzt. Die Begründung des Wahrscheinlichkeitsansatzes aus der Transformationstheorie der Matrizen findet sich in den Arbeiten: W. Heisenberg (ZS. f. Phys. **40**, 501, 1926), P. Jordan (ebenda **40**, 661, 1926), W. Pauli (Anm. in ZS. f. Phys. **41**, 81, 1927), P. Dirac (Proc. Roy. Soc. (A) **113**, 621, 1926), P. Jordan (ZS. f. Phys. **40**, 809, 1926). Allgemein ist die statistische Seite der Quantenmechanik diskutiert bei P. Jordan (Naturwiss. **15**, 105, 1927) und M. Born (Naturwiss. **15**, 238, 1927).

allgemeinerungen sagen: Die Wahrscheinlichkeit ist gegeben durch $S(1\,S, q)\,\overline{S}(1\,S, q)$, wo $S(1\,S, q)$ diejenige Kolonne der Transformationsmatrix $S(E, q)$ von E nach q bedeutet, die zu $E = E_{1S}$ gehört ($E = $ Energie).

Darin, daß in der Quantentheorie zu einem bestimmten Zustand, z. B. 1 S, nur die Wahrscheinlichkeitsfunktion des Elektronenortes angegeben werden kann, mag man mit Born und Jordan einen charakteristisch statistischen Zug der Quantentheorie im Gegensatz zur klassischen Theorie erblicken. Man kann aber, wenn man will, mit Dirac auch sagen, daß die Statistik durch unsere Experimente hereingebracht sei. Denn offenbar wäre auch in der klassischen Theorie nur die Wahrscheinlichkeit eines bestimmten Elektronenortes angebbar, solange wir die Phasen des Atoms nicht kennen. Der Unterschied zwischen klassischer und Quantenmechanik besteht vielmehr darin: Klassisch können wir uns durch vorausgehende Experimente immer die Phase bestimmt denken. In Wirklichkeit ist dies aber unmöglich, weil jedes Experiment zur Bestimmung der Phase das Atom zerstört bzw. verändert. In einem bestimmten stationären „Zustand" des Atoms sind die Phasen prinzipiell unbestimmt, was man als direkte Erläuterung der bekannten Gleichungen

$$Et - tE = \frac{h}{2\pi i} \quad \text{oder} \quad Jw - wJ = \frac{h}{2\pi i}$$

ansehen kann. ($J = $ Wirkungsvariable, $w = $ Winkelvariable.)

Das Wort „Geschwindigkeit" eines Gegenstandes läßt sich durch Messungen leicht definieren, wenn es sich um kräftefreie Bewegungen handelt. Man kann z. B. den Gegenstand mit rotem Licht beleuchten und durch den Dopplereffekt des gestreuten Lichtes die Geschwindigkeit des Teilchens ermitteln. Die Bestimmung der Geschwindigkeit wird um so genauer, je langwelliger das benutzte Licht ist, da dann die Geschwindigkeitsänderung des Teilchens pro Lichtquant durch Comptoneffekt um so geringer wird. Die Ortsbestimmung wird entsprechend ungenau, wie es der Gleichung (1) entspricht. Wenn die Geschwindigkeit des Elektrons im Atom in einem bestimmten Augenblick gemessen werden soll, so wird man etwa in diesem Augenblick die Kernladung und die Kräfte von den übrigen Elektronen plötzlich verschwinden lassen, so daß die Bewegung von da ab kräftefrei erfolgt, und wird dann die oben angegebene Bestimmung durchführen. Wieder kann man sich, wie oben, leicht überzeugen, daß eine Funktion $p(t)$ für einen gegebenen Zustand eines Atoms, z. B. 1 S, nicht definiert werden kann. Dagegen gibt es wieder eine Wahrscheinlichkeitsfunktion von p in diesem Zustand, die nach Dirac und Jordan den Wert $S(1\,S, p)\,\overline{S}(1\,S, p)$ hat. $S(1\,S, p)$ bedeutet wieder diejenige Kolonne der Transformationsmatrix $S(E, p)$ von E nach p, die zu $E = E_{1S}$ gehört.

Schließlich sei noch auf die Experimente hingewiesen, welche gestatten, die Energie oder die Werte der Wirkungsvariablen J zu messen; solche Experimente sind besonders wichtig, da wir nur mit ihrer Hilfe definieren können, was wir meinen, wenn wir von der diskontinuierlichen Änderung der Energie und der J sprechen. Die Franck-Hertzschen Stoßversuche gestatten, die Energiemessung der Atome wegen der Gültigkeit des Energiesatzes in der Quantentheorie zurückzuführen auf die Energiemessung geradlinig sich bewegender Elektronen. Diese Messung läßt sich im Prinzip beliebig genau durchführen, wenn man nur auf die gleichzeitige Bestimmung des Elektronenortes, d. h. der Phase verzichtet (vgl. oben die Bestimmung von p), der Relation $Et - tE = \dfrac{h}{2\pi i}$ entsprechend. Der Stern-Gerlachversuch gestattet die Bestimmung des magnetischen oder eines mittleren elektrischen Moments des Atoms, also die Messung von Größen, die allein von den Wirkungsvariablen J abhängen. Die Phasen bleiben prinzipiell unbestimmt. Ebensowenig wie es sinnvoll ist, von der Frequenz einer Lichtwelle in einem bestimmten Augenblick zu sprechen, kann von der Energie eines Atoms in einem bestimmten Moment gesprochen werden. Dem entspricht im Stern-Gerlachversuch der Umstand, daß die Genauigkeit der Energiemessung um so geringer wird, je kürzer die Zeitspanne ist, in der die Atome unter dem Einfluß der ablenkenden Kraft stehen[1]). Eine obere Grenze für die ablenkende Kraft ist nämlich dadurch gegeben, daß die potentielle Energie jener ablenkenden Kraft innerhalb des Strahlenbündels nur um Beträge variieren darf, die erheblich kleiner sind als die Energiedifferenzen der stationären Zustände, wenn eine Bestimmung der Energie der stationären Zustände möglich sein soll. Sei E_1 ein Energiebetrag, der dieser Bedingung genügt (E_1 gibt zugleich die Genauigkeit jener Energiemessung an), so ist also E_1/d der Höchstwert der ablenkenden Kraft, wenn d die Breite des Strahlenbündels (meßbar durch die Weite der benutzten Blende) bedeutet. Die Winkelablenkung des Atomstrahls ist dann $\dfrac{E_1 t_1}{d p}$, wo t_1 die Zeitspanne bezeichnet, in der die Atome unter Einfluß der ablenkenden

---

[1]) Vgl. hierzu W. Pauli, l. c. S. 61.

Kraft stehen, p den Impuls der Atome in der Strahlrichtung. Diese Ablenkung muß mindestens gleicher Größenordnung sein wie die natürliche durch Beugung an der Blende hervorgebrachte Verbreiterung des Strahls, damit eine Messung möglich sei. Die Winkelablenkung durch Beugung ist etwa λ/d, wenn λ die de Brogliesche Wellenlänge bezeichnet, also

$$\frac{\lambda}{d} \sim \frac{E_1 t_1}{dp} \quad \text{oder da} \quad \lambda = \frac{h}{p},$$

$$E_1 t_1 \sim h. \tag{2}$$

Diese Gleichung entspricht der Gleichung (1) und zeigt, wie eine genaue Energiebestimmung nur durch eine entsprechende Ungenauigkeit in der Zeit erreicht werden kann.

§ 2. **Die Dirac-Jordansche Theorie.** Die Resultate des vorhergehenden Abschnitts möchte man zusammenfassen und verallgemeinern in dieser Behauptung: **Alle Begriffe, die in der klassischen Theorie zur Beschreibung eines mechanischen Systems verwendet werden, lassen sich auch für atomare Vorgänge analog den klassischen Begriffen exakt definieren.** Die Experimente, die solcher Definition dienen, tragen aber rein erfahrungsgemäß eine Unbestimmtheit in sich, wenn wir von ihnen die simultane Bestimmung zweier kanonisch konjugierten Größen verlangen. Der Grad dieser Unbestimmtheit ist durch die (auf irgendwelche kanonisch konjugierten Größen erweiterte) Relation (1) gegeben. Es liegt nahe, hier die Quantentheorie mit der speziellen Relativitätstheorie zu vergleichen. Nach der Relativitätstheorie läßt sich das Wort „gleichzeitig" nicht anders definieren, als durch Experimente, in welche die Ausbreitungsgeschwindigkeit des Lichts wesentlich eingeht. Gäbe es eine „schärfere" Definition der Gleichzeitigkeit, also z. B. Signale, die sich unendlich schnell fortpflanzen, so wäre die Relativitätstheorie unmöglich. Weil es solche Signale aber nicht gibt, weil vielmehr in der Definition der Gleichzeitigkeit schon die Lichtgeschwindigkeit vorkommt, ist Raum geschaffen für das Postulat der konstanten Lichtgeschwindigkeit, deshalb steht dieses Postulat mit dem sinngemäßen Gebrauch der Wörter „Ort, Geschwindigkeit, Zeit" nicht in Widerspruch. Ähnlich steht es mit der Definition der Begriffe: „Elektronenort, Geschwindigkeit" in der Quantentheorie. Alle Experimente, die wir zur Definition dieser Worte verwenden können, enthalten notwendig die durch Gleichung (1) angegebene Ungenauigkeit, wenn sie auch den einzelnen Begriff p, q exakt zu definieren gestatten. Gäbe es Experimente, die gleichzeitig eine „schärfere" Bestimmung von p und q

ermöglichen, als es der Gleichung (1) entspricht, so wäre die Quantenmechanik unmöglich. Diese Ungenauigkeit, die durch Gleichung (1) festgelegt ist, schafft also erst Raum für die Gültigkeit der Beziehungen, die in den quantenmechanischen Vertauschungsrelationen

$$pq - qp = \frac{h}{2\pi i}$$

ihren prägnanten Ausdruck finden; sie ermöglicht diese Gleichung, ohne daß der physikalische Sinn der Größen p und q geändert werden müßte. Für diejenigen physikalischen Phänomene, deren quantentheoretische Formulierung noch unbekannt ist (z. B. die Elektrodynamik), bedeutet Gleichung (1) eine Forderung, die zum Auffinden der neuen Gesetze nützlich sein mag. Für die Quantenmechanik läßt sich Gleichung (1) durch eine geringfügige Verallgemeinerung aus der Dirac-Jordanschen Formulierung herleiten. Wenn wir für den bestimmten Wert η irgend eines Parameters den Ort q des Elektrons zu q' bestimmen mit einer Genauigkeit q_1, so können wir dieses Faktum durch eine Wahrscheinlichkeitsamplitude $S(\eta, q)$ zum Ausdruck bringen, die nur in einem Gebiet der ungefähren Größe q_1 um q' von Null merklich verschieden ist. Insbesondere kann man z. B. setzen

$$S(\eta, q) \operatorname{prop} e^{-\frac{(q-q')^2}{2q_1^2} - \frac{2\pi i}{h} p'(q-q')}, \text{ also } S\overline{S} \operatorname{prop} e^{-\frac{(q-q')^2}{q_1^2}}. \quad (3)$$

Dann gilt für die zu p gehörige Wahrscheinlichkeitsamplitude

$$S(\eta, p) = \int S(\eta, q) S(q, p) dq. \quad (4)$$

Für $S(q, p)$ kann nach Jordan gesetzt werden

$$S(q, p) = e^{\frac{2\pi i p q}{h}}. \quad (5)$$

Dann wird nach (4) $S(\eta, p)$ nur für Werte von p, für welche $\frac{2\pi(p-p')q_1}{h}$ nicht wesentlich größer als 1 ist, merklich von Null verschieden sein. Insbesondere gilt im Falle (3):

$$S(\eta, p) \operatorname{prop} \int e^{\frac{2\pi i(p-p')q}{h} - \frac{(q'-q)^2}{2q_1^2}} dq,$$

d. h.

$$S(\eta, p) \operatorname{prop} e^{-\frac{(p-p')^2}{2p_1^2} + \frac{2\pi i}{h} q'(p-p')}, \text{ also } S\overline{S} \operatorname{prop} e^{-\frac{(p-p')^2}{p_1^2}},$$

wo

$$p_1 q_1 = \frac{h}{2\pi}. \quad (6)$$

Die Annahme (3) für $S(\eta, q)$ entspricht also dem experimentellen Faktum, daß der Wert p' für p, der Wert q' für q [mit der Genauigkeitsbeschränkung (6)] gemessen wurde.

Rein mathematisch ist für die Dirac-Jordansche Formulierung der Quantenmechanik charakteristisch, daß die Relationen zwischen ***p***, ***q***, ***E*** usw. als Gleichungen zwischen sehr allgemeinen Matrizen geschrieben werden können, derart, daß irgend eine vorgegebene quantentheoretische Größe als Diagonalmatrix erscheint. Die Möglichkeit einer solchen Schreibweise leuchtet ein, wenn man sich die Matrizen anschaulich als Tensoren (z. B. Trägheitsmomente) in mehrdimensionalen Räumen deutet, zwischen denen mathematische Beziehungen bestehen. Man kann die Achsen des Koordinatensystems, in dem man diese mathematischen Beziehungen ausdrückt, immer in die Hauptachsen eines dieser Tensoren legen. Schließlich kann man die mathematische Beziehung zwischen zwei Tensoren A und B auch immer durch die Transformationsformeln charakterisieren, die ein nach den Hauptachsen von A orientiertes Koordinatensystem in ein anderes überführen, das nach den Hauptachsen von B orientiert ist. Die letztere Formulierung entspricht der Schrödingerschen Theorie. Als die eigentlich „invariante", von allen Koordinatensystemen unabhängige Formulierung der Quantenmechanik wird man dagegen die Diracsche Schreibweise der q-Zahlen ansehen. Wenn wir aus jenem mathematischen Schema physikalische Resultate ableiten wollen, so müssen wir den quantentheoretischen Größen, also den Matrizen (oder „Tensoren" im mehrdimensionalen Raum) Zahlen zuordnen. Dies ist so zu verstehen, daß in jenem mehrdimensionalen Raum eine bestimmte Richtung willkürlich vorgegeben wird (nämlich durch die Art des angestellten Experiments festgesetzt wird) und gefragt wird, welches der „Wert" der Matrix (z. B. in jenem Bilde der Wert des Trägheitsmoments) in dieser vorgegebenen Richtung sei. Diese Frage hat nur dann einen eindeutigen Sinn, wenn die vorgegebene Richtung mit der Richtung einer der Hauptachsen jener Matrix zusammenfällt; in diesem Falle gibt es eine exakte Antwort auf die gestellte Frage. Aber auch, wenn die vorgegebene Richtung nur wenig abweicht von der einer der Hauptachsen der Matrix, so kann man noch mit einer gewissen durch die relative Neigung gegebenen Ungenauigkeit, mit einem gewissen wahrscheinlichen Fehler von dem „Wert" der Matrix in der vorgegebenen Richtung sprechen. Man kann also sagen: Jeder quantentheoretischen Größe oder Matrix läßt sich eine Zahl, die ihren „Wert" angibt, mit einem bestimmten wahrscheinlichen Fehler zuordnen; der wahrscheinliche Fehler hängt vom

Koordinatensystem ab; für jede quantentheoretische Größe gibt es je ein Koordinatensystem, in dem der wahrscheinliche Fehler für diese Größe verschwindet. Ein bestimmtes Experiment kann also niemals über alle quantentheoretischen Größen genaue Auskunft geben, vielmehr teilt es in einer für das Experiment charakteristischen Weise die physikalischen Größen in „bekannte" und „unbekannte" (oder: mehr und weniger genau bekannte Größen) ein. Die Resultate zweier Experimente lassen sich nur dann exakt auseinander herleiten, wenn die beiden Experimente die physikalischen Größen in gleicher Weise in „bekannte" und „unbekannte" einteilen (d. h. wenn die Tensoren in jenem mehrfach zur Veranschaulichung gebrauchten mehrdimensionalen Raum in beiden Experimenten von der gleichen Richtung aus „angesehen" werden). Bewirken zwei Experimente verschiedene Einteilungen in „Bekanntes" und „Unbekanntes", so läßt sich der Zusammenhang der Resultate jener Experimente füglich nur statistisch angeben.

Zur genaueren Diskussion dieses statistischen Zusammenhangs sei ein Gedankenexperiment vorgenommen. Ein Stern-Gerlachscher Atomstrahl werde zunächst durch ein Feld F_1 geschickt, das so stark inhomogen in der Strahlrichtung ist, daß es merklich viele Übergänge durch „Schüttelwirkung" hervorruft. Dann laufe der Atomstrahl eine Weile frei, in einem bestimmten Abstand von F_1 aber beginne ein zweites Feld F_2, ähnlich inhomogen wie F_1. Zwischen F_1 und F_2 und hinter F_2 sei es möglich, die Anzahl der Atome in den verschiedenen stationären Zuständen durch ein eventuell angelegtes Magnetfeld zu messen. Die Strahlungskräfte der Atome seien Null gesetzt. Wenn wir wissen, daß ein Atom im Zustand der Energie E_n war, bevor es F_1 passierte, so können wir dieses experimentelle Faktum dadurch zum Ausdruck bringen, daß wir dem Atom eine Wellenfunktion — z. B. im p-Raum — mit der bestimmten Energie E_n und der unbestimmten Phase β_n

$$S(E_n, p) = \psi(E_n, p) e^{-\frac{2\pi i E_n (\alpha + \beta_n)}{h}}$$

zuordnen. Nach dem Durchqueren des Feldes F_1 wird sich diese Funktion verwandelt haben in[1])

$$S(E_n, p) \xrightarrow{F_1} \sum_m c_{nm} \psi(E_m, p) e^{-\frac{2\pi i E_m (\alpha + \beta_m)}{h}}. \qquad (7)$$

---

[1]) Vgl. P. Dirac, Proc. Roy. Soc. (A) **112**, 661, 1926 und M. Born, ZS. f. Phys. **40**, 167, 1926.

Hierin seien die β_m irgendwie willkürlich festgesetzt, so daß die c_{nm} durch F_1 eindeutig bestimmt sind. Die Matrix c_{nm} transformiert die Energiewerte vor dem Durchgang durch F_1 auf die nach dem Durchgang durch F_1. Führen wir hinter F_1 eine Bestimmung der stationären Zustände z. B. durch ein inhomogenes Magnetfeld aus, so werden wir mit einer Wahrscheinlichkeit $c_{nm}\bar{c}_{nm}$ finden, daß das Atom vom Zustand n in den Zustand m übergegangen ist. Wenn wir experimentell feststellen, daß das Atom eben in den Zustand m wirklich übergegangen sei, so werden wir ihm zur Berechnung alles Folgenden nicht die Funktion $\sum_m c_{nm} S_m$, sondern eben die Funktion S_m mit unbestimmter Phase zuzuordnen haben; durch die experimentelle Feststellung: „Zustand m" wählen wir aus der Fülle der verschiedenen Möglichkeiten (c_{nm}) eine bestimmte: m aus, zerstören aber gleichzeitig, wie nachher erläutert wird, alles, was an Phasenbeziehungen noch in den Größen c_{nm} enthalten war. Beim Durchgang des Atomstrahls durch F_2 wiederholt sich das gleiche wie bei F_1. Es seien d_{nm} die Koeffizienten der Transformationsmatrix, die die Energien vor F_2 auf die nach F_2 transformieren. Wenn zwischen F_1 und F_2 keine Bestimmung des Zustandes vorgenommen wird, so verwandelt sich die Eigenfunktion nach folgendem Schema:

$$S(E_n, p) \xrightarrow{F_1} \sum_m c_{nm} S(E_m, p) \xrightarrow{F_2} \sum_m \sum_l c_{nm} d_{ml} S(E_l, p). \qquad (8)$$

Es sei $\sum_m c_{nm} d_{ml} = e_{nl}$ gesetzt. Wird der stationäre Zustand des Atoms hinter F_2 festgestellt, so wird man mit einer Wahrscheinlichkeit $e_{nl}\bar{e}_{nl}$ den Zustand l finden. Wenn dagegen zwischen F_1 und F_2 die Feststellung: „Zustand m" gemacht wurde, so wird die Wahrscheinlichkeit für „l" hinter F_2 durch $d_{ml}\bar{d}_{ml}$ gegeben sein. Bei mehrfacher Wiederholung des ganzen Experiments (wobei jedesmal zwischen F_1 und F_2 der Zustand bestimmt werde) wird man also hinter F_2 den Zustand l mit der relativen Häufigkeit $Z_{nl} = \sum_m c_{nm}\bar{c}_{nm} d_{ml}\bar{d}_{ml}$ beobachten. Dieser Ausdruck stimmt nicht überein mit $e_{nl}\bar{e}_{nl}$. Jordan (l. c.) hat deswegen von einer „Interferenz der Wahrscheinlichkeiten" gesprochen. Dem möchte ich mich aber nicht anschließen. Denn die beiden Experimente, die zu $e_{nl}\bar{e}_{nl}$ bzw. Z_{nl} führen, sind ja physikalisch wirklich verschieden. In einem Falle erleidet das Atom zwischen F_1 und F_2 keine Störung, im anderen wird es durch die Apparate, die eine Feststellung des stationären Zustandes ermöglichen, gestört. Diese Apparate haben zur Folge, daß sich die „Phase" des Atoms um prinzipiell unkontrollierbare Beträge ändert, ebenso, wie sich bei einer Bestimmung des Elektronenortes der Impuls ändert (vgl. § 1). Das Magnetfeld zur Bestimmung des Zustandes zwischen F_1 und F_2 wird die Eigenwerte E verstimmen, bei der Beobachtung der Bahn des Atomstrahls werden (ich denke etwa an Wilsonaufnahmen) die Atome statistisch verschieden und unkontrollierbar gebremst usf. Dies hat zur Folge, daß die endgültige Transformationsmatrix $e_{n\,l}$ (von den Energiewerten vor dem Eintreten in F_1 auf die nach dem Austreten aus F_2) nicht mehr durch $\sum_m c_{n\,m} d_{m\,l}$ gegeben ist, sondern jedes Glied der Summe hat noch einen unbekannten Phasenfaktor. Wir können also nur erwarten, daß der Mittelwert von $e_{n\,l}\bar{e}_{n\,l}$ über alle diese eventuellen Phasenänderungen gleich $Z_{n\,l}$ ist. Eine einfache Rechnung ergibt, daß dies der Fall ist. — Wir können also nach gewissen statistischen Regeln von einem Experiment auf die möglichen Resultate eines anderen schließen. Das andere Experiment selbst wählt aus der Fülle der Möglichkeiten eine ganz bestimmte aus und beschränkt dadurch für alle späteren Experimente die Möglichkeiten. Eine solche Deutung der Gleichung für die Transformationsmatrix S oder der Schrödingerschen Wellengleichung ist nur deshalb möglich, weil die Summe von Lösungen wieder eine Lösung darstellt. Darin erblicken wir den tiefen Sinn der Linearität der Schrödingerschen Gleichungen; deswegen können sie nur als Gleichungen für Wellen im Phasenraum verstanden werden und deswegen möchten wir jeden Versuch, diese Gleichungen z. B. im relativistischen Falle (bei mehreren Elektronen) durch nichtlineare zu ersetzen, für aussichtslos halten.

§ 3. **Der Übergang von der Mikro- zur Makromechanik.** Durch die in den vorausgehenden Abschnitten durchgeführte Analyse der Worte „Elektronenort", „Geschwindigkeit", „Energie" usw. scheinen mir die Begriffe der quantentheoretischen Kinematik und Mechanik hinreichend geklärt, so daß ein anschauliches Verständnis auch der makroskopischen Vorgänge vom Standpunkt der Quantenmechanik aus möglich sein muß. Der Übergang von der Mikro- zur Makromechanik ist schon von Schrödinger[1]) behandelt worden, aber ich glaube nicht, daß die Schrödingersche Überlegung das Wesen des Problems trifft, und zwar aus folgenden Gründen: Nach Schrödinger soll in hohen Anregungszuständen eine Summe von Eigenschwingungen ein nicht allzu großes Wellenpaket ergeben können, das seinerseits unter periodischen Änderungen seiner Größe die periodischen Bewegungen des klassischen „Elektrons"

---

[1]) E. Schrödinger, Naturwiss. **14**, 664, 1926.

ausführt. Hiergegen ist folgendes einzuwenden: Wenn das Wellenpaket solche Eigenschaften hätte, wie sie hier beschrieben wurden, so wäre die vom Atom ausgesandte Strahlung in eine Fourierreihe entwickelbar, bei der die Frequenzen der Oberschwingungen ganzzahlige Vielfache einer Grundfrequenz sind. Die Frequenzen der vom Atom ausgesandten Spektrallinien sind aber nach der Quantenmechanik nie ganzzahlige Vielfache einer Grundfrequenz — ausgenommen den Spezialfall des harmonischen Oszillators. Schrödingers Überlegung ist also nur für den von ihm behandelten harmonischen Oszillator durchführbar, in allen anderen Fällen breitet sich im Laufe der Zeit ein Wellenpaket über den ganzen Raum in der Umgebung des Atoms aus. Je höher der Anregungszustand des Atoms ist, desto langsamer erfolgt jene Zerstreuung des Wellenpakets. Aber wenn man lange genug wartet, wird sie eintreten. Das oben angeführte Argument über die vom Atom ausgesandte Strahlung läßt sich zunächst gegen alle Versuche anwenden, die einen direkten Übergang der Quantenmechanik in die klassische für hohe Quantenzahlen erstreben. Man hat deshalb früher versucht, jenem Argument durch Hinweis auf die natürliche Strahlungsbreite der stationären Zustände zu entgehen; sicherlich zu Unrecht, denn erstens ist dieser Ausweg schon beim Wasserstoffatom wegen der geringen Strahlung in hohen Zuständen versperrt, zweitens muß der Übergang der Quantenmechanik in die klassische auch ohne Anleihe bei der Elektrodynamik verständlich sein. Auf diese bekannten Schwierigkeiten, die einer direkten Verbindung der Quantentheorie mit der klassischen im Wege stehen, hat schon früher Bohr[1]) mehrfach hingewiesen. Wir haben sie nur deswegen wieder so ausführlich erläutert, weil sie neuerdings in Vergessenheit zu geraten scheinen.

Ich glaube, daß man die Entstehung der klassischen „Bahn" prägnant so formulieren kann: Die „Bahn" entsteht erst dadurch, daß wir sie beobachten: Sei z. B. ein Atom im 1000. Anregungszustand gegeben. Die Bahndimensionen sind hier schon relativ groß, so daß es im Sinne von § 1 genügt, die Bestimmung des Elektronenortes mit verhältnismäßig langwelligem Licht vorzunehmen. Wenn die Bestimmung des Ortes nicht allzu ungenau sein soll, so wird der Comptonrückstoß zur Folge haben, daß das Atom sich nach dem Stoß in irgend einem Zustand zwischen, sagen wir, dem 950. und 1050. befindet; gleichzeitig kann der Impuls des Elektrons mit einer aus (1) bestimmbaren Genauigkeit aus dem Dopplereffekt geschlossen werden. Das so gegebene ex-

---

[1]) N. Bohr, Grundpostulate der Quantentheorie, l. c.

perimentelle Faktum kann man durch ein Wellenpaket — besser Wahrscheinlichkeitspaket — im q-Raum von einer durch die Wellenlänge des benutzten Lichtes gegebenen Größe, zusammengesetzt im wesentlichen aus Eigenfunktionen zwischen der 950. und der 1050. Eigenfunktion, und durch ein entsprechendes Paket im p-Raum charakterisieren. Nach einiger Zeit werde eine neue Ortsbestimmung mit der gleichen Genauigkeit ausgeführt. Ihr Resultat läßt sich nach § 2 nur statistisch angeben, als wahrscheinliche Orte kommen alle innerhalb des nun schon verbreiterten Wellenpakets mit berechenbarer Wahrscheinlichkeit in Betracht. Dies wäre in der klassischen Theorie keineswegs anders, denn auch in der klassischen Theorie wäre das Resultat der zweiten Ortsbestimmung wegen der Unsicherheit der ersten Bestimmung nur statistisch angebbar; auch die Systembahnen der klassischen Theorie würden sich ähnlich ausbreiten wie das Wellenpaket. Allerdings sind die statistischen Gesetze selbst in der Quantenmechanik und in der klassischen Theorie verschieden. Die zweite Ortsbestimmung wählt aus der Fülle der Möglichkeiten eine bestimmte „q" aus und beschränkt für alle folgenden Bestimmungen die Möglichkeiten. Nach der zweiten Ortsbestimmung können die Resultate späterer Messungen nur berechnet werden, indem man dem Elektron wieder ein „kleineres" Wellenpaket der Größe λ (Wellenlänge des zur Beobachtung benutzten Lichtes) zuordnet. Jede Ortsbestimmung reduziert also das Wellenpaket wieder auf seine ursprüngliche Größe λ. Die „Werte" der Variablen p und q sind während aller Versuche mit einer gewissen Genauigkeit bekannt. Daß die Werte von p und q **innerhalb dieser Genauigkeitsgrenzen** den klassischen Bewegungsgleichungen Folge leisten, kann direkt aus den quantenmechanischen Gesetzen

$$\dot{p} = -\frac{\partial H}{\partial q}; \qquad \dot{q} = \frac{\partial H}{\partial p} \qquad (9)$$

geschlossen werden. Die Bahn kann aber, wie gesagt, nur statistisch aus den Anfangsbedingungen berechnet werden, was man als Folge der prinzipiellen Ungenauigkeit der Anfangsbedingungen betrachten kann. Die statistischen Gesetze sind für die Quantenmechanik und die klassische Theorie verschieden; dies kann unter gewissen Bedingungen zu groben makroskopischen Unterschieden zwischen klassischer und Quantentheorie führen. Bevor ich ein Beispiel hierfür diskutiere, möchte ich an einem einfachen mechanischen System: der kräftefreien Bewegung eines Massenpunktes, zeigen, wie der oben diskutierte Übergang zur klassischen Theorie mathematisch zu formulieren ist. Die Bewegungsgleichungen lauten (bei eindimensionaler Bewegung)

$$H = \frac{1}{2m}p^2; \quad \dot{q} = \frac{1}{m}p; \quad \dot{p} = 0. \tag{10}$$

Da die Zeit als Parameter (als „c-Zahl") behandelt werden kann, wenn keine von der Zeit abhängigen äußeren Kräfte vorkommen, so lautet die Lösung dieser Gleichungen:

$$q = \frac{1}{m}p_0 t + q_0; \quad p = p_0, \tag{11}$$

wo p_0 und q_0 Impuls und Ort zur Zeit $t = 0$ bedeuten. Zur Zeit $t = 0$ werde [siehe Gleichung (3) bis (6)] der Wert $q_0 = q'$ mit der Genauigkeit q_1, $p_0 = p'$ mit der Genauigkeit p_1 gemessen. Um aus den „Werten" von p_0 und q_0 auf die „Werte" von q zur Zeit t zu schließen, muß nach Dirac und Jordan diejenige Transformationsfunktion gefunden werden, die alle Matrizen, bei denen q_0 als Diagonalmatrix erscheint, in solche transformiert, bei denen q als Diagonalmatrix erscheint. p_0 kann in dem Matrixschema, in dem q_0 als Diagonalmatrix erscheint, durch den Operator $\dfrac{h}{2\pi i} \dfrac{\partial}{\partial q_0}$ ersetzt werden. Nach Dirac [l. c. Gleichung (11)] gilt dann für die gesuchte Transformationsamplitude $S(q_0, q)$ die Differentialgleichung:

$$\left\{\frac{t}{m}\frac{h}{2\pi i}\frac{\partial}{\partial q_0} + q_0\right\} S(q_0, q) = q S(q_0, q) \tag{12}$$

$$\frac{t}{m}\frac{h}{2\pi i}\frac{\partial S}{\partial q_0} = \left(q_0 - q\right) S(q_0, q)$$

$$S(q_0, q) = \text{const} \cdot e^{\frac{2\pi i m \int (q - q_0) \, dq_0}{h \cdot t}} \tag{13}$$

$S\bar{S}$ ist also von q_0 unabhängig, d. h. wenn zur Zeit $t = 0$ q_0 exakt bekannt ist, so sind zu irgendwelcher Zeit $t > 0$ alle Werte von q gleich wahrscheinlich, d. h. die Wahrscheinlichkeit, daß q in einem endlichen Bereich liegt, ist überhaupt Null. Dies ist ja anschaulich auch ohne weiteres klar. Denn die exakte Bestimmung von q_0 führt zu unendlich großem Comptonrückstoß. Das gleiche würde natürlich für jedes beliebige mechanische System gelten. Wenn aber q_0 zur Zeit $t = 0$ nur mit einer Genauigkeit q_1 und p_0 mit der Genauigkeit p_1 bekannt war [vgl. Gleichung (3)]

$$S(\eta, q_0) = \text{const} \cdot e^{-\frac{(q_0 - q')^2}{2q_1^2} - \frac{2\pi i}{h} p'(q_0 - q')},$$

so wird die Wahrscheinlichkeitsfunktion für q nach der Formel
$$S(\eta, q) = \int S(\eta, q_0) S(q_0, q) \, dq_0$$
zu berechnen sein. Es ergibt sich

$$S(\eta, q) = \text{const.} \int e^{\frac{2\pi i m}{t h} \left[q_0 \left(q - \frac{t}{m} p' \right) - \frac{q_0^2}{2} \right] - \frac{(q' - q_0)^2}{2 q_1^2}} \, dq_0. \qquad (14)$$

Führt man die Abkürzung
$$\beta = \frac{t h}{2 \pi m q_1^2} \qquad (15)$$
ein, so wird der Exponent in (14)

$$-\frac{1}{2 q_1^2} \left\{ q_0^2 \left(1 + \frac{i}{\beta} \right) - 2 q_0 \left(q' + \frac{i}{\beta} \left(q - \frac{t}{m} p' \right) \right) + q'^2 \right\}.$$

Das Glied mit q'^2 kann in den konstanten (von q unabhängigen Faktor) einbezogen werden und die Integration ergibt

$$S(\eta, q) = \text{const.} \, e^{\frac{1}{2 q_1^2} \frac{\left[q' + \frac{i}{\beta} \left(q - \frac{t}{m} p' \right) \right]^2}{1 + \frac{i}{\beta}}}, \qquad (16)$$

Daraus folgt
$$= \text{const.} \, e^{-\frac{\left(q - \frac{t}{m} p' - i \beta q' \right)^2 \left(1 - \frac{i}{\beta} \right)}{2 q_1^2 (1 + \beta^2)}}.$$

$$S(\eta, q) \overline{S(\eta, q)} = \text{const.} \, e^{-\frac{\left(q - \frac{t}{m} p' - q' \right)^2}{q_1^2 (1 + \beta^2)}}. \qquad (17)$$

Das Elektron befindet sich also zur Zeit t an der Stelle $\frac{t}{m} p' + q'$ mit einer Genauigkeit $q_1 \sqrt{1 + \beta^2}$. Das „Wellenpaket" oder besser „Wahrscheinlichkeitspaket" hat sich um den Faktor $\sqrt{1 + \beta^2}$ vergrößert. β ist nach (15) proportional der Zeit t, umgekehrt proportional der Masse — dies ist unmittelbar plausibel — und umgekehrt proportional q_1^2. Eine allzu große Genauigkeit in q_0 hat eine große Ungenauigkeit in p_0 zur Folge und führt deshalb auch zu einer großen Ungenauigkeit in q. Der Parameter η, den wir oben aus formalen Gründen eingeführt hatten, könnte hier in allen Formeln weggelassen werden, da er in die Rechnung nicht eingeht.

Als Beispiel dafür, daß der Unterschied der klassischen statistischen Gesetze von den quantentheoretischen unter Umständen zu groben makroskopischen Unterschieden zwischen den Resultaten beider Theorien führt, sei die Reflexion eines Elektronenstromes an einem Gitter kurz diskutiert. Wenn die Gitterkonstante von der Größenordnung der de Broglieschen Wellenlänge der Elektronen ist, so erfolgt die Reflexion in bestimmten diskreten Raumrichtungen, wie die Reflexion von Licht an einem Gitter. Die klassische Theorie gibt hier grob makroskopisch etwas anderes. Trotzdem können wir keineswegs an der Bahn eines einzelnen Elektrons einen Widerspruch gegen die klassische Theorie feststellen. Wir könnten es, wenn wir das Elektron etwa auf eine bestimmte Stelle eines Gitterstrichs lenken könnten und dann feststellen, daß die Reflexion dort unklassisch erfolgt. Wenn wir den Ort des Elektrons aber so genau bestimmen wollen, daß wir sagen können, auf welche Stelle eines Gitterstrichs es trifft, so bekommt das Elektron durch diese Ortsbestimmung eine große Geschwindigkeit, die de Brogliesche Wellenlänge des Elektrons wird um so viel kleiner, daß nun die Reflexion wirklich in dieser Näherung in der klassisch vorgeschriebenen Richtung erfolgen kann und wird, ohne den quantentheoretischen Gesetzen zu widersprechen.

§ 4. **Diskussion einiger besonderen Gedankenexperimente.**
Nach der hier versuchten anschaulichen Deutung der Quantentheorie müssen die Zeitpunkte der Übergänge, der „Quantensprünge" ebenso konkret, durch Messungen feststellbar sein, wie etwa die Energien in stationären Zuständen. Die Genauigkeit, mit der ein solcher Zeitpunkt ermittelbar ist, wird nach Gleichung (2) durch $\dfrac{h}{\varDelta E}$ gegeben sein [1]), wenn $\varDelta E$ die Änderung der Energie beim Quantensprung bedeutet. Wir denken etwa an folgendes Experiment: Ein Atom, zur Zeit $t = 0$ im Zustand 2, möge durch Strahlung in den Normalzustand 1 übergehen. Dem Atom kann dann etwa analog zu Gleichung (7) die Eigenfunktion

$$S(t,p) = e^{-\alpha t}\psi(E_2,p)\,e^{-\frac{2\pi i E_2 t}{h}} + \sqrt{1 - e^{-2\alpha t}}\,\psi(E_1,p)\,e^{-\frac{2\pi i E_1 t}{h}} \quad (18)$$

zugeordnet werden, wenn wir annehmen, daß die Strahlungsdämpfung sich in einem Faktor der Form $e^{-\alpha t}$ in den Eigenfunktionen äußert (die wirkliche Abhängigkeit ist vielleicht nicht so einfach). Dieses Atom werde zur Messung seiner Energie durch ein inhomogenes Magnetfeld geschickt, wie dies beim Stern-Gerlachversuch üblich ist, doch soll das unhomogene Feld dem Atomstrahl ein langes Stück Weges folgen. Die jeweilige Beschleunigung wird man etwa dadurch messen, daß man die ganze Strecke, die der Atomstrahl im Magnetfeld durchmißt, in kleine

---

[1]) Vgl. W. Pauli, l. c. S. 12.

Teilstrecken einteilt, an deren Ende man jeweils die Ablenkung des Strahles feststellt. Je nach der Geschwindigkeit des Atomstrahles entspricht der Einteilung in Teilstrecken am Atom eine Einteilung in kleine Zeitintervalle Δt. Nach § 1, Gleichung (2) entspricht dem Intervall Δt eine Genauigkeit in der Energie von $\dfrac{h}{\Delta t}$. Die Wahrscheinlichkeit, eine bestimmte Energie E zu messen, läßt sich direkt schließen aus $S(p, E)$ und wird daher im Intervall von $n\Delta t$ bis $(n+1)\Delta t$ berechnet durch:

$$S(p, E) = \int_{n\Delta t}^{(n+1)\Delta t} S(p, t)\, e^{\frac{2\pi i E t}{h}}\, dt.$$
$$n\Delta t \to (n+1)\Delta t$$

Wenn zur Zeit $(n+1)\Delta t$ die Feststellung: „Zustand 2" gemacht wird, so ist dem Atom für alles spätere nicht mehr die Eigenfunktion (18) zuzuordnen, sondern eine, die aus (18) hervorgeht, wenn man t durch $t - (n+1)\Delta t$ ersetzt. Stellt man dagegen fest: „Zustand 1", so ist dem Atom von da ab die Eigenfunktion

$$\psi(E_1, p)\, e^{-\frac{2\pi i E_1 t}{h}}$$

zuzuordnen. Man wird also zunächst in einer Reihe von Intervallen Δt beobachten: „Zustand 2", dann dauernd „Zustand 1". Damit eine Unterscheidung der beiden Zustände noch möglich sei, darf Δt nicht unter $\dfrac{h}{\Delta E}$ herabgedrückt werden. Mit dieser Genauigkeit ist also der Zeitpunkt des Übergangs bestimmbar. Ein Experiment von der eben geschilderten Art meinen wir ganz im Sinne der alten von Planck, Einstein und Bohr begründeten Auffassung der Quantentheorie, wenn wir von der diskontinuierlichen Änderung der Energie sprechen. Da ein solches Experiment prinzipiell durchführbar ist, muß eine Einigung über seinen Ausgang möglich sein.

In Bohrs Grundpostulaten der Quantentheorie hat die Energie eines Atoms ebenso, wie die Werte der Wirkungsvariabeln J vor anderen Bestimmungsstücken (Ort des Elektrons usw.) den Vorzug, daß sich ihr Zahlwert stets angeben läßt. Diese Vorzugsstellung, die die Energie den anderen quantenmechanischen Größen gegenüber einnimmt, verdankt sie indessen nur dem Umstand, daß sie bei abgeschlossenen Systemen ein Integral der Bewegungsgleichungen darstellt (für die Energiematrix gilt $E = $ const); bei nicht abgeschlossenen Systemen wird dagegen die Energie sich vor keiner anderen quantenmechanischen

Größe auszeichnen. Insbesondere wird man Experimente angeben können, bei denen die Phasen w des Atoms exakt meßbar sind, bei denen dann aber die Energie prinzipiell unbestimmt bleibt, einer Relation $Jw - wJ = \dfrac{h}{2\pi i}$ oder $J_1 w_1 \sim h$ entsprechend. Ein solches Experiment stellt z. B. die Resonanzfluoreszenz dar. Bestrahlt man ein Atom mit einer Eigenfrequenz, sagen wir $\nu_{12} = \dfrac{E_2 - E_1}{h}$, so schwingt das Atom in Phase mit der äußeren Strahlung, wobei es prinzipiell keinen Sinn hat, zu fragen, in welchem Zustand E_1 oder E_2 das Atom so schwingt. Die Phasenbeziehung zwischen Atom und äußerer Strahlung läßt sich z. B. durch die Phasenbeziehung vieler Atome untereinander (Woods Versuche) feststellen. Will man von Experimenten mit Strahlung lieber absehen, so kann man die Phasenbeziehung auch so messen, daß man genaue Ortsbestimmungen im Sinne des § 1 des Elektrons zu verschiedenen Zeiten relativ zur Phase des eingestrahlten Lichtes (an vielen Atomen) vornimmt. Dem einzelnen Atom wird etwa die „Wellenfunktion"

$$S(q, t) = c_2 \psi_2 (E_2, q) e^{-\frac{2\pi i (E_2 t + \beta)}{h}} + \sqrt{1 - c_2^2}\, \psi_1 (E_1, q) e^{-\frac{2\pi i E_1 t}{h}} \quad (19)$$

zugeordnet werden können; hierin hängt c_2 von der Stärke und β von der Phase des eingestrahlten Lichtes ab. Die Wahrscheinlichkeit eines bestimmten Ortes q ist also

$$S(q, t)\, \overline{S(q, t)} = c_2^2\, \psi_2 \overline{\psi_2} + (1 - c_2^2)\, \psi_1 \overline{\psi_1}$$
$$+ c_2 \sqrt{1 - c_2^2} \left(\psi_2 \overline{\psi_1}\, e^{-\frac{2\pi i}{h}[(E_2 - E_1)t + \beta]} + \overline{\psi_2} \psi_1 e^{+\frac{2\pi i}{h}[(E_2 - E_1)t + \beta]} \right) \quad (20)$$

Das periodische Glied in (20) ist vom unperiodischen experimentell trennbar, da die Ortsbestimmungen bei verschiedenen Phasen des eingestrahlten Lichtes ausgeführt werden können.

In einem bekannten von Bohr angegebenen Gedankenexperiment werden die Atome eines Stern-Gerlachschen Atomstrahls zunächst an einer bestimmten Stelle durch eingestrahltes Licht zur Resonanzfluoreszenz erregt. Nach einem Stück Weges durchlaufen sie ein inhomogenes Magnetfeld; die von den Atomen ausgehende Strahlung kann während des ganzen Weges, vor und hinter dem Magnetfeld, beobachtet werden. Bevor die Atome in das Magnetfeld kommen, besteht gewöhnliche Resonanzfluoreszenz, d. h. analog zur Dispersionstheorie muß angenommen werden, daß alle Atome in Phase mit dem einfallenden Licht Kugelwellen aussenden. Diese letzte Auffassung steht zunächst im Gegensatz zu dem, was eine grobe Anwendung der Lichtquantentheorie oder der quantentheoretischen Grundregeln ergibt: denn aus ihr würde man schließen, daß nur wenige Atome in den „oberen Zustand" durch Aufnahme eines Lichtquants gehoben werden, die gesamte Resonanzstrahlung käme also von wenigen intensivstrahlenden erregten Zentren. Es lag daher früher nahe, zu sagen: die Lichtquantenauffassung darf hier nur für die Energie-Impulsbilanz herangezogen werden, „in Wirklichkeit" strahlen alle Atome im unteren Zustand schwach und kohärent Kugelwellen aus. Nachdem die Atome das Magnetfeld passiert haben, kann aber kaum ein Zweifel sein, daß der Atomstrahl sich in zwei Strahlen geteilt hat, von denen der eine den Atomen im oberen, der andere den Atomen im unteren Zustand entspricht. Wenn nun die Atome im unteren Zustand strahlen, so läge hier eine grobe Verletzung des Energiesatzes vor, denn die gesamte Anregungsenergie steckt in dem Atomstrahl mit den Atomen im oberen Zustand. Vielmehr kann kein Zweifel darüber sein, daß hinter dem Magnetfeld nur der eine Atomstrahl mit den oberen Zuständen Licht — und zwar unkohärentes Licht — der wenigen intensiv strahlenden Atome im oberen Zustand aussendet. Wie Bohr gezeigt hat, macht dieses Gedankenexperiment besonders deutlich, welche Vorsicht manchmal bei der Anwendung des Begriffs: „stationärer Zustand" nötig ist. Von der hier entwickelten Auffassung der Quantentheorie aus läßt sich eine Diskussion des Bohrschen Experiments ohne Schwierigkeiten durchführen. In dem äußeren Strahlungsfelde sind die Phasen der Atome bestimmt, also hat es keinen Sinn, von der Energie des Atoms zu sprechen. Auch nachdem das Atom das Strahlungsfeld verlassen hat, kann man nicht sagen, daß es sich in einem bestimmten stationären Zustand befände, sofern man nach den Kohärenzeigenschaften der Strahlung fragt. Man kann aber Experimente anstellen, zu prüfen, in welchem Zustand das Atom sei; das Resultat dieses Experiments läßt sich nur statistisch angeben. Ein solches Experiment wird durch das inhomogene Magnetfeld wirklich durchgeführt. Hinter dem Magnetfeld sind die Energien der Atome bestimmt, also die Phasen unbestimmt. Die Strahlung erfolgt hier inkohärent und nur von den Atomen im oberen Zustand. Das Magnetfeld bestimmt die Energien und zerstört daher die Phasenbeziehung. Das Bohrsche Gedankenexperiment ist eine sehr schöne Erläuterung der Tatsache, daß auch die Energie des Atoms „in Wirklichkeit" keine Zahl, sondern eine Matrix ist. Der Erhaltungssatz gilt für die Energiematrix und deswegen auch für den Wert der Energie so genau, als dieser jeweils gemessen wird. Rechnerisch läßt sich die Aufhebung der Phasenbeziehung etwa so verfolgen: Seien Q die Koordinaten des Atomschwerpunktes, so wird man dem Atom statt (19) die Eigenfunktion

$$S(Q, t) S(q, t) = S(Q, q, t) \qquad (21)$$

zuordnen, wo $S(Q, t)$ eine Funktion ist, die [wie $S(\eta, q)$ in (16)] nur in einer kleinen Umgebung eines Punktes im Q-Raum von Null verschieden ist und sich mit der Geschwindigkeit der Atome in der Strahlrichtung fortpflanzt. Die Wahrscheinlichkeit einer relativen Amplitude q für irgendwelche Werte Q ist gegeben durch das Integral von

$S(Q, q, t) S(Q, q, t)$ über Q, d. h. durch (20).

Die Eigenfunktion (21) wird sich aber im Magnetfeld berechenbar verändern und sich wegen der verschiedenen Ablenkung der Atome im oberen und unteren Zustand hinter dem Magnetfeld verwandelt haben in

$$S(Q, q, t) = c_2 S_2(Q, t) \psi_2(E_2, q) e^{\frac{2\pi i (E_2 t + \beta)}{h}} \\ + \sqrt{1 - c_2^2}\, S_1(Q, t) \psi_1(E_1, q) e^{\frac{2\pi i E_1 t}{h}}. \qquad (22)$$

$S_1(Q, t)$ und $S_2(Q, t)$ werden Funktionen des Q-Raumes sein, die nur in einer kleinen Umgebung eines Punktes von Null verschieden sind; aber dieser Punkt ist für S_1 ein anderer, als für S_2. $S_1 S_2$ ist also überall Null. Die Wahrscheinlichkeit einer relativen Amplitude q und eines bestimmten Wertes Q ist daher

$$S(Q, q, t)\, \overline{S}(Q, q, t) = c_2^2\, S_2\, \overline{S}_2\, \psi_2\, \overline{\psi_2} + (1 - c_2^2)\, S_1\, \overline{S}_1\, \psi_1\, \overline{\psi_1}. \qquad (23)$$

Das periodische Glied aus (20) ist verschwunden, und damit die Möglichkeit, eine Phasenbeziehung zu messen. Das Resultat der statistischen Ortsbestimmung wird immer dasselbe sein, gleichgültig, bei welcher Phase des einfallenden Lichtes sie vorgenommen werde. Wir dürfen annehmen, daß Experimente mit Strahlung, deren Theorie ja noch nicht durchgeführt ist, die gleichen Resultate über die Phasenbeziehungen der Atome zum einfallenden Licht ergeben werden.

Zum Schluß sei noch der Zusammenhang der Gleichung (2) $E_1 t_1 \sim h$ mit einem Problemkomplex studiert, den Ehrenfest und andere Forscher[1]) an Hand des Bohrschen Korrespondenzprinzips in zwei wichtigen Arbeiten diskutiert haben[2]). Ehrenfest und Tolman sprechen von „schwacher Quantisierung", wenn eine gequantelte periodische Bewegung durch Quantensprünge oder andere Störungen unter-

---

[1]) P. Ehrenfest und G. Breit, ZS. f. Phys. **9**, 207, 1922; und P. Ehrenfest und R. C. Tolman, Phys. Rev. **24**, 287, 1924; siehe auch die Diskussion bei N. Bohr, Grundpostulate der Quantentheorie l. c.
[2]) Auf diesen Zusammenhang hat mich Herr W. Pauli hingewiesen.

brochen wird in Zeitintervallen, die nicht als sehr lange im Verhältnis zur Periode des Systems angesehen werden können. Es sollen in diesem Falle nicht nur die exakten quantenmäßigen Energiewerte vorkommen, sondern mit einer geringeren qualitativ angebbaren a priori-Wahrscheinlichkeit auch Energiewerte, die nicht allzu weit von den quantenmäßigen Werten abweichen. In der Quantenmechanik ist dieses Verhalten so zu deuten: Da die Energie durch die äußeren Störungen oder die Quantensprünge wirklich verändert wird, so muß jede Energiemessung, sofern sie eindeutig sein soll, sich in einer Zeit zwischen zwei Störungen abspielen. Dadurch ist eine obere Grenze für t_1 im Sinne von § 1 gegeben. Den Energiewert E_0 eines gequantelten Zustandes messen wir also auch nur mit einer Genauigkeit $E_1 \sim \dfrac{h}{t_1}$. Dabei hat die Frage, ob das System solche Energiewerte E, die von E_0 abweichen, „wirklich" mit dem entsprechend kleineren statistischen Gewicht annehme, oder ob ihre experimentelle Feststellung nur an der Ungenauigkeit der Messung liege, prinzipiell keinen Sinn. Ist t_1 kleiner als die Periode des Systems, so hat es keinen Sinn mehr, von diskreten stationären Zuständen oder diskreten Energiewerten zu sprechen.

Ehrenfest und Breit (l. c.) machen in ähnlichem Zusammenhang auf das folgende Paradoxon aufmerksam: Ein Rotator, den wir uns etwa als Zahnrad denken wollen, sei mit einer Vorrichtung versehen, die nach f Umdrehungen des Rades die Drehrichtung gerade umkehrt. Das Zahnrad greife etwa in eine Zahnstange ein, die ihrerseits zwischen zwei Klötzen linear verschiebbar ist; die Klötze zwingen nach einer bestimmten Anzahl Drehungen die Stange und damit das Rad zur Umkehr. Die wahre Periode T des Systems ist lang im Verhältnis zur Umlaufszeit t des Rades; die diskreten Energiestufen liegen entsprechend dicht, und zwar um so dichter, je größer T ist. Da vom Standpunkt der konsequenten Quantentheorie aus alle stationären Zustände gleiches statistisches Gewicht haben, werden für hinreichend großes T praktisch alle Energiewerte mit gleicher Häufigkeit vorkommen — im Gegensatz zu dem, was für den Rotator zu erwarten wäre. Dieses Paradoxon wird durch Betrachtung von unseren Gesichtspunkten aus zunächst noch verschärft. Um nämlich festzustellen, ob das System die zum reinen Rotator gehörigen diskreten Energiewerte allein oder besonders häufig annehmen wird, oder ob es mit gleicher Wahrscheinlichkeit alle möglichen Werte (d. h. Werte, die den kleinen Energiestufen $\dfrac{h}{T}$ entsprechen) annimmt, genügt eine Zeit t_1, die klein im Verhältnis zu T (aber $\gg t$) ist; d. h. obwohl die große Periode für solche Messungen gar nicht in Wirksamkeit tritt, äußert sie sich scheinbar darin, daß alle möglichen Energiewerte auftreten können. Wir sind der Ansicht, daß solche Experimente zur Bestimmung der Gesamtenergie des Systems auch wirklich alle möglichen Energiewerte gleichwahrscheinlich liefern würden; und zwar ist an diesem Ergebnis nicht die große Periode T, sondern die linear verschiebbare Stange schuld. Selbst wenn sich das System einmal in einem Zustand befindet, dessen Energie der Rotatorquantelung entspricht, so kann es durch äußere Kräfte, die an der Stange angreifen, leicht in solche übergeführt werden, die der Rotatorquantelung nicht entsprechen[1]). Das gekoppelte System: Rotator und Stange, zeigt eben ganz andere Periodizitätseigenschaften als der Rotator. Die Lösung des Paradoxons liegt vielmehr im folgenden: Wenn wir die Energie des Rotators allein messen wollen, müssen wir erst die Kopplung zwischen Rotator und Stange lösen. In der klassischen Theorie könnte bei hinreichend kleiner Masse der Stange die Lösung der Kopplung ohne Energieänderung geschehen, deshalb könnte dort die Energie des Gesamtsystems der des Rotators (bei kleiner Masse der Stange) gleichgesetzt werden. In der Quantenmechanik ist die Wechselwirkungsenergie zwischen Stange und Rad mindestens von der gleichen Größenordnung, wie eine Energiestufe des Rotators (auch bei kleiner Masse der Stange bleibt für die elastische Wechselwirkung zwischen Rad und Stange eine hohe Nullpunktsenergie!); bei Lösung der Kopplung stellen sich für Stange und Rad einzeln ihre quantenmäßigen Energiewerte her. Sofern wir also die Energiewerte des Rotators allein messen können, finden wir stets mit der durch das Experiment gegebenen Genauigkeit die quantenmäßigen Energiewerte. Auch bei verschwindender Masse der Stange ist aber die Energie des gekoppelten Systems von der Energie des Rotators verschieden; die Energie des gekoppelten Systems kann alle möglichen (durch die T-Quantelung zugelassenen) Werte gleichwahrscheinlich annehmen.

Die quantentheoretische Kinematik und Mechanik ist von der gewöhnlichen weitgehend verschieden. Die Anwendbarkeit der klassischen kinematischen und mechanischen Begriffe kann aber weder aus unseren Denkgesetzen noch aus der Erfahrung gefolgert werden; zu diesem Schluß

---

[1]) Dies kann nach Ehrenfest und Breit nicht oder nur sehr selten geschehen durch Kräfte, die am Rad angreifen.

gibt uns die Relation (1) $p_1 q_1 \sim h$ das Recht. Da Impuls, Ort, Energie usw. eines Elektrons exakt definierte Begriffe sind, braucht man sich nicht daran zu stoßen, daß die fundamentale Gleichung (1) nur eine qualitative Aussage enthält. Da wir uns ferner die experimentellen Konsequenzen der Theorie in allen einfachen Fällen qualitativ denken können, wird man die Quantenmechanik nicht mehr als unanschaulich und abstrakt[1]) ansehen müssen. Freilich möchte man, wenn man dies zugibt, auch die quantitativen Gesetze der Quantenmechanik direkt aus den anschaulichen Grundlagen, d. h. im wesentlichen der Relation (1) ableiten können. Jordan hat deswegen versucht, die Gleichung

$$S(q\,q'') = \int S(q\,q')\, S(q'\,q'')\, dq'$$

als Wahrscheinlichkeitsrelation zu deuten. Dieser Deutung können wir uns aber nicht anschließen (§ 2). Vielmehr glauben wir, daß die quantitativen Gesetze aus den anschaulichen Grundlagen heraus einstweilen nur nach dem Prinzip der größtmöglichen Einfachheit verstanden werden können. Wenn z. B. die X-Koordinate des Elektrons keine „Zahl" mehr ist, wie nach Gleichung (1) experimentell geschlossen werden kann, dann ist es die denkbar einfachste Annahme [die nicht mit (1) im Widerspruch steht], daß diese X-Koordinate ein Diagonalglied einer Matrix sei, deren Nichtdiagonalglieder sich in einer Ungenauigkeit bzw. bei Transformationen in anderen Weisen (vgl. z. B. § 4) äußern. Die Aussage, daß etwa die Geschwindigkeit in der X-Richtung „in Wirklichkeit" keine Zahl, sondern Diagonalglied einer Matrix sei, ist vielleicht nicht abstrakter und unanschaulicher, als die Feststellung, daß die elektrische Feldstärke „in Wirklichkeit" der Zeitanteil eines antisymmetrischen Tensors der Raumzeitwelt sei. Das Wort „in Wirklichkeit" wird hier ebenso sehr und ebenso wenig berechtigt sein, wie bei irgend einer mathematischen Beschreibung natürlicher Vorgänge. Sobald man zugibt, daß alle quantentheoretischen Größen „in Wirklichkeit" Matrizen seien, folgen die quantitativen Gesetze ohne Schwierigkeiten.

---

[1]) Schrödinger bezeichnet die Quantenmechanik als formale Theorie von abschreckender, ja abstoßender Unanschaulichkeit und Abstraktheit. Sicher wird man den Wert der mathematischen (und insofern anschaulichen) Durchdringung der quantenmechanischen Gesetze, die Schrödingers Theorie geleistet hat, nicht hoch genug einschätzen können. In den prinzipiellen, physikalischen Fragen hat aber meines Erachtens die populäre Anschaulichkeit der Wellenmechanik von geraden Wege abgeführt, der durch die Arbeiten Einsteins und de Broglies einerseits, durch die Arbeiten Bohrs und die Quantenmechanik andererseits vorgezeichnet war.

Wenn man annimmt, daß die hier versuchte Deutung der Quantenmechanik schon in wesentlichen Punkten richtig ist, so mag es erlaubt sein, in wenigen Worten auf ihre prinzipiellen Konsequenzen einzugehen. Daß die Quantentheorie im Gegensatz zur klassischen eine wesentlich statistische Theorie sei in dem Sinne, daß aus exakt gegebenen Daten nur statistische Schlüsse gezogen werden könnten, haben wir nicht angenommen. Gegen solche Annahmen sprechen ja z. B. auch die bekannten Experimente von Geiger und Bothe. Vielmehr gelten in allen Fällen, in denen in der klassischen Theorie Relationen bestehen zwischen Größen, die wirklich alle exakt meßbar sind, die entsprechenden exakten Relationen auch in der Quantentheorie (Impuls- und Energiesatz). Aber an der scharfen Formulierung des Kausalgesetzes: „Wenn wir die Gegenwart genau kennen, können wir die Zukunft berechnen", ist nicht der Nachsatz, sondern die Voraussetzung falsch. Wir können die Gegenwart in allen Bestimmungsstücken prinzipiell nicht kennenlernen. Deshalb ist alles Wahrnehmen eine Auswahl aus einer Fülle von Möglichkeiten und eine Beschränkung des zukünftig Möglichen. Da nun der statistische Charakter der Quantentheorie so eng an die Ungenauigkeit aller Wahrnehmung geknüpft ist, könnte man zu der Vermutung verleitet werden, daß sich hinter der wahrgenommenen statistischen Welt noch eine „wirkliche" Welt verberge, in der das Kausalgesetz gilt. Aber solche Spekulationen scheinen uns, das betonen wir ausdrücklich, unfruchtbar und sinnlos. Die Physik soll nur den Zusammenhang der Wahrnehmungen formal beschreiben. Vielmehr kann man den wahren Sachverhalt viel besser so charakterisieren: Weil alle Experimente den Gesetzen der Quantenmechanik und damit der Gleichung (1) unterworfen sind, so wird durch die Quantenmechanik die Ungültigkeit des Kausalgesetzes definitiv festgestellt.

Nachtrag bei der Korrektur. Nach Abschluß der vorliegenden Arbeit haben neuere Untersuchungen von Bohr zu Gesichtspunkten geführt, die eine wesentliche Vertiefung und Verfeinerung der in dieser Arbeit versuchten Analyse der quantenmechanischen Zusammenhänge zulassen. In diesem Zusammenhang hat mich Bohr darauf aufmerksam gemacht, daß ich in einigen Diskussionen dieser Arbeit wesentliche Punkte übersehen hatte. Vor allem beruht die Unsicherheit in der Beobachtung nicht ausschließlich auf dem Vorkommen von Diskontinuitäten, sondern hängt direkt zusammen mit der Forderung, den verschiedenen Erfahrungen gleichzeitig gerecht zu werden, die in der Korpuskulartheorie einerseits, der Wellentheorie andererseits zum Ausdruck kommen. Z. B. ist bei Benutzung eines gedachten Γ-Strahlmikroskops die notwendige Divergenz des Strahlenbündels in Betracht zu ziehen; diese erst hat zur Folge, daß bei der Beobachtung des Elektronenortes die Richtung des Comptonrückstoßes nur mit einer Ungenauigkeit bekannt ist, die dann zur Relation (1) führt. Ferner ist nicht genügend betont, daß die einfache Theorie des Comptoneffekts in Strenge nur auf freie Elektronen anwendbar ist. Die daraus folgende Vorsicht bei Anwendung der Unsicherheitsrelation ist, wie Prof. Bohr klargestellt hat, unter anderem wesentlich für eine allseitige Diskussion des Übergangs von Mikro- zu Makromechanik. Schließlich sind die Betrachtungen über die Resonanzfluoreszenz nicht ganz korrekt, weil der Zusammenhang zwischen der Phase des Lichtes und der der Elektronenbewegung nicht so einfach ist, wie angenommen. Dafür, daß ich die genannten neueren Untersuchungen Bohrs, die in einer Arbeit über den begrifflichen Aufbau der Quantentheorie bald erscheinen werden, im Entstehen kennenlernen und diskutieren durfte, bin ich Herrn Prof. Bohr zu herzlichem Danke verpflichtet.

Kopenhagen, Institut für theoret. Physik der Universität.

3 Albert Einstein, Boris Podolsky und Nathan Rosen
Kann man die quantenmechanische Beschreibung der physikalischen Wirklichkeit als vollständig betrachten? (1935)

In einer vollständigen Theorie gibt es zu jedem Element der Realität stets ein entsprechendes Element. Eine hinreichende Bedingung für die Realität einer physikalischen Größe ist die Möglichkeit, sie mit Sicherheit vorherzusagen, ohne das System zu stören. In der Quantenmechanik schließt im Falle von zwei physikalischen Größen, die durch nicht-kommutierende Operatoren beschrieben werden, das Wissen von der einen das Wissen von der anderen aus. Dann ist entweder (1) die Beschreibung der Realität, die durch die Wellenfunktion in der Quantenmechanik gegeben wird, nicht vollständig oder (2) diesen beiden Größen kann nicht gleichzeitig Realität zukommen. Die Betrachtung des Problems, Vorhersagen bezüglich eines Systems auf der Grundlage von Messungen zu machen, die an einem anderen System, das zuvor mit dem ersteren in Wechselwirkung stand, ausgeführt wurden, führen auf das Ergebnis, daß wenn (1) falsch ist, dann auch (2) falsch ist. Man wird so zu dem Schluß geführt, daß die Beschreibung der Realität, wie sie von der Wellenfunktion geleistet wird, nicht vollständig ist.

1.

Jede ernsthafte Betrachtung einer physikalischen Theorie muß dem Unterschied zwischen objektiver Realität, die unabhängig von der Theorie ist, und den physikalischen Begriffen, mit denen die Theorie arbeitet, Rechnung tragen. Diese Begriffe sind dazu bestimmt, der objektiven Realität zu entsprechen, und mit Hilfe dieser Begriffe machen wir uns Vorstellungen von dieser Realität.

Um zu versuchen, den Erfolg einer physikalischen Theorie zu beurteilen, können wir uns zwei Fragen vorlegen:

(1) „Ist die Theorie korrekt?" und (2) „Ist die von der Theorie geleistete Beschreibung vollständig?"

Nur wenn beide Fragen positiv beantwortet werden können, kann die Theorie als befriedigend bezeichnet werden. Die Korrektheit der Theorie wird aus dem Grad der Übereinstimmung zwischen den Schlußfolgerungen der Theorie und der menschlichen Erfahrung beurteilt. Diese Erfahrung, die uns allein befähigt, auf die Wirklichkeit zu schließen, nimmt in der Physik die Gestalt von Experiment und Messung an. Der zweiten Frage wollen wir hier in bezug auf die Quantenmechanik nachgehen.

Welche Bedeutung man auch immer dem Ausdruck *vollständig* beimißt, folgende Forderung an eine vollständige Theorie scheint unumgänglich zu sein: *jedes Element der physikalischen Realität muß seine Entsprechung in der physikalischen Theorie haben.* Wir werden dies die Bedingung der Vollständigkeit nennen. Die zweite Frage ist daher leicht beantwortet, sobald wir in der Lage sind zu entscheiden, welches die Elemente der physikalischen Realität sind.

Die Elemente der physikalischen Realität können nicht durch a priori philosophische Überlegungen bestimmt, sondern müssen durch Berufung auf Ergebnisse von Experimenten und Messungen gefunden werden. Eine umfassende Definition von Realität jedoch ist für unser Ziel unnötig. Wir werden uns mit dem folgenden Kriterium begnügen, das wir für vernünftig halten. *Wenn wir, ohne auf irgendeine Weise ein System zu stören, den Wert einer physikalischen Größe mit Sicherheit (d.h. mit der Wahrscheinlichkeit gleich eins) vorhersagen können, dann gibt es ein Element der physikalischen Realität, das dieser physikalischen Größe entspricht.* Obzwar dieses Kriterium bei weitem nicht alle Möglichkeiten, eine physikalische Realität zu betrachten, ausschöpft, scheint es uns zumindest eine solche Möglichkeit zu bieten, wenn die in ihm festgelegten Bedingungen eintreten. Nicht als notwendige, sondern nur als hinreichende Bedingung betrachtet, steht dieses Kriterium im Einklang sowohl mit den klassischen als auch mit den quantenmechanischen Realitätsvorstellungen.

Um solche Vorstellungen zu veranschaulichen, wollen wir die quantenmechanische Beschreibung des Verhaltens eines Teilchens mit einem einzigen Freiheitsgrad betrachten. Der grundlegende Begriff der Theorie ist der Begriff des Zustands, dessen vollständige Kennzeichnung durch die Wellenfunktion ψ angenommen wird, die eine Funktion der zur Beschreibung des Verhaltens des Teilchens gewählten Variablen ist. Entsprechend jeder physikalisch observablen Größe A gibt es einen Operator, den man mit dem gleichen Buchstaben bezeichnen kann.

Wenn ψ eine Eigenfunktion des Operators A ist, d.h. wenn

$$\psi' \equiv A\psi = a\psi, \tag{1}$$

wobei a eine Zahl ist, dann hat die physikalische Größe A mit Sicherheit den Wert a, wenn sich das Teilchen in dem durch ψ gegebenen Zustand befindet. In Übereinstimmung mit unserem Realitätskriterium gibt es für ein Teilchen, das sich in dem durch ψ gemäß Gleichung (1) gegebenen Zustand befindet, ein Element der physikalischen Realität, das der physikalischen Größe A entspricht. Es sei z.B.

$$\psi = e^{(2\pi i/h)p_0 x}, \tag{2}$$

wobei h die Plancksche Konstante, p_0 eine konstante Zahl und x die unabhängige Variable ist. Da der Operator, der dem Impuls des Teilchens entspricht,

$$p = \frac{h}{2\pi i} \frac{\partial}{\partial x} \tag{3}$$

ist, erhalten wir

$$\psi' = p\psi = \frac{h}{2\pi i} \frac{\partial \psi}{\partial x} = p_0 \psi. \tag{4}$$

Daher hat in dem durch Gleichung (2) gegebenen Zustand der Impuls des Teilchens sicher den Wert p_0. Es ist daher sinnvoll zu sagen, daß der Impuls des Teilchens in dem durch Gleichung (2) gegebenen Zustand real ist.

Wenn andererseits Gleichung (1) nicht gilt, können wir nicht mehr sagen, daß der physikalischen Größe A ein besonderer Wert zukommt. Das ist z.B. für die Koordinate des Teilchens der Fall. Der Operator, der ihr entspricht, sagen wir q, ist der Operator der Multiplikation mit der unabhängigen Variablen.

Daher gilt

$$q\psi = x\psi \neq a\psi. \tag{5}$$

Im Einklang mit der Quantenmechanik können wir nur sagen, daß die relative Wahrscheinlichkeit, daß eine Messung der Koordinate einen Wert zwischen a und b ergibt, gegeben ist durch

$$P(a, b) = \int_a^b \overline{\psi} \psi \, dx = \int_a^b dx = b - a. \tag{6}$$

Da diese Wahrscheinlichkeit unabhängig von a ist und nur von der Differenz $b-a$ abhängt, sehen wir, daß alle Werte der Koordinate gleich wahrscheinlich sind.

Ein bestimmter Wert der Koordinate läßt sich daher für ein Teilchen, das sich in einem durch Gleichung (2) gegebenen Zustand befindet, nicht vorhersagen, sondern kann nur durch eine direkte Messung gewonnen werden. Solch eine Messung aber stört das Teilchen und ändert damit seinen Zustand. Nachdem die Koordinate bestimmt ist, befindet sich das Teilchen nicht mehr in dem durch Gleichung (2) gegebenen Zustand. Daraus wird in der Quantenmechanik üblicherweise geschlossen, *daß der Koordinate des Teilchens, sobald dessen Impuls bekannt ist, keine physikalische Realität zukommt.*

Allgemeiner wird in der Quantenmechanik gezeigt, daß in dem Fall, in dem die den beiden physikalischen Größen, sagen wir A und B, entsprechenden Operatoren nicht miteinander kommutieren, d.h. $AB \neq BA$, die genaue Kenntnis des einen von ihnen eine solche Kenntnis des anderen ausschließt. Darüber hinaus wird jeder Versuch, den letzteren experimentell zu bestimmen, den Zustand des Systems auf solche Weise verändern, daß die Kenntnis vom ersteren zerstört wird. Daraus ergibt sich, daß entweder (1) *die quantenmechanische Beschreibung der Realität, wie sie durch die Wellenfunktion gegeben ist, nicht vollständig ist* oder (2), *wenn die den beiden physikalischen Größen entsprechenden Operatoren nicht miteinander kommutieren, den beiden Größen nicht zugleich Realität zukommt.* Wären nämlich beide Größen zugleich real — und hätten damit bestimmte Werte —, so gingen diese Werte in die vollständige Beschreibung ein, wie es die Vollständigkeitsbedingung verlangt. Würde die Wellenfunktion dann eine solche vollständige Beschreibung der Realität leisten, so würde sie diese Werte enthalten; diese wären dann vorhersagbar. Da dies nicht der Fall ist, verbleiben uns nur die genannten Alternativen.

In der Quantenmechanik wird üblicherweise angenommen, daß die Wellenfunktion tatsächlich eine vollständige Beschreibung der physikalischen Realität des Systems in dem Zustand, dem sie entspricht, beinhaltet. Auf den ersten Blick erscheint diese Annahme als völlig vernünftig, da die aus der Wellenfunktion erhältliche Information genau dem zu entsprechen scheint, was ohne Änderung des Zustands des Systems gemessen werden kann. Wir werden jedoch zeigen, daß diese Annahme zusammen mit dem oben formulierten Realitätskriterium zu einem Widerspruch führt.

2.

Zu diesem Zweck wollen wir annehmen, daß zwei Systeme, I und II, vorliegen, die von der Zeit $t = 0$ bis $t = T$ miteinander wechselwirken mögen, danach aber keinerlei Wechselwirkung mehr zwischen den beiden Teilen herrscht. Wir nehmen ferner an, daß die Zustände der beiden Systeme vor $t = 0$ bekannt waren. Wir können dann mit Hilfe der Schrödingergleichung den Zustand des kombinierten Systems I + II zu jeder folgenden Zeit berechnen, insbesondere für jedes $t > T$. Die entsprechende Wellenfunktion sei mit ψ bezeichnet.

Wir können jedoch nicht den Zustand berechnen, in dem sich eines der beiden Systeme nach der Wechselwirkung befindet. Entsprechend der Quantenmechanik kann dies nur gestützt auf weitere Messungen getan werden und zwar in einem Vorgang, der als *Reduktion* des Wellenpakets bekannt ist. Wir wollen nun diesen Vorgang in seinen wesentlichen Zügen betrachten.

Es seien $a_1, a_2, a_3, \ldots$ die Eigenwerte einer physikalischen Größe A, die zu dem System I gehört, und $u_1(x_1), u_2(x_1), u_3(x_1) \ldots$ die entsprechenden Eigenfunktionen, wobei x_1 für die Variablen steht, die zur Beschreibung des ersten Systems verwendet werden. Dann kann ψ, betrachtet als eine Funktion von x_1, ausgedrückt werden als

$$\psi(x_1 x_2) = \sum_{n=1}^{\infty} \psi_n(x_2) u_n(x_1), \tag{7}$$

wobei x_2 für die Variablen steht, die zur Beschreibung des zweiten Systems verwendet werden. Hier sind die Funktionen $\psi_n(x_2)$ nur als die Koeffizienten der Entwicklung von ψ in eine Reihe orthogonaler Funktionen $u_n(x_1)$ zu betrachten. Nehmen wir nun an, daß die Größe A gemessen und so ihr Wert a_k gefunden wurde. Es wird dann geschlossen, daß sich nach der Messung das erste System in dem durch die Wellenfunktion $u_k(x_1)$ gegebenen Zustand und das zweite System in dem durch die Wellenfunktion $\psi_k(x_2)$ gegebenen Zustand befindet. Dies ist der Vorgang der Reduktion des Wellenpakets; das Wellenpaket, das die unendliche Reihe (7) darstellt, wird auf einen einzigen Ausdruck

$$\psi_k(x_2)\,u_k(x_1)$$

reduziert.

Der Satz von Funktionen $u_n(x_1)$ ist durch die Wahl der physikalischen Größe A bestimmt. Hätten wir stattdessen eine andere Größe, sagen wir B, gewählt, die die Eigenwerte $b_1, b_2, b_3, \ldots$ und Eigenfunktionen $v_1(x_1), v_2(x_1), v_3(x_1), \ldots$ besitzt, so hätten wir an Stelle von Gleichung (7) die Entwicklung

$$\psi(x_1, x_2) = \sum_{s=1}^{\infty} \varphi_s(x_2)\,v_s(x_1), \tag{8}$$

erhalten, wobei die ψ_s die neuen Koeffizienten sind. Wenn nun die Größe B gemessen und ihr Wert b_r gefunden wird, schließen wir, daß sich nach der Messung das erste System in dem durch $v_r(x_1)$ gegebenen Zustand und das zweite System in dem durch $\varphi_r(x_2)$ gegebenen Zustand befindet.

Wir sehen daher, daß als Folge zweier verschiedener Messungen, die an dem ersten System ausgeführt werden, das zweite System in Zuständen mit zwei verschiedenen Wellenfunktionen vorliegt. Da andererseits die beiden Systeme zum Zeitpunkt der Messung nicht mehr miteinander in Wechselwirkung stehen, kann nicht wirklich eine Änderung in dem zweiten System als Folge von irgendetwas auftreten, das dem ersten System zugefügt werden mag. Es handelt sich hierbei natürlich nur um eine Äußerung dessen, was mit der Abwesenheit der Wechselwirkung zwischen den beiden Systemen gemeint ist. *Es ist daher möglich, zwei verschiedene Wellenfunktionen* (in unserem Beispiel ψ_k und φ_r) *der gleichen Wirklichkeit zuzuordnen* (nämlich dem zweiten System nach der Wechselwirkung mit dem ersten).

Nun kann es vorkommen, daß die beiden Wellenfunktionen, ψ_k und φ_r, Eigenfunktionen von zwei nicht-kommutierenden Operatoren sind, die jeweils gewissen physikalischen Größen P und Q entsprechen. Daß dieser Fall tatsächlich auftreten kann, läßt sich am besten an einem Beispiel zeigen. Angenommen, die beiden Systeme sind zwei Teilchen, und es gelte

$$\psi(x_1, x_2) = \int_{-\infty}^{\infty} e^{\frac{2\pi i}{h}(x_1 - x_2 + x_0)p}\,dp, \tag{9}$$

wobei x_0 eine Konstante ist. Es sei A der Impuls des ersten Teilchens; dann wird sich, wie wir in Gleichung (4) gesehen haben, seine Eigenfunktion zu

$$u_p(x_1) = e^{\frac{2\pi i}{h} p x_1} \qquad (10)$$

ergeben mit dem entsprechenden Eigenwert p. Da hier der Fall eines kontinuierlichen Spektrums vorliegt, läßt sich Gleichung (7) nun schreiben

$$\psi(x_1, x_2) = \int_{-\infty}^{\infty} \psi_p(x_2) u_p(x_1) dp, \qquad (11)$$

wobei

$$\psi_p(x_2) = e^{-\frac{2\pi i}{h}(x_2 - x_0)p}. \qquad (12)$$

Dies ψ_p jedoch ist die Eigenfunktion des Operators

$$P = \frac{h}{2\pi i} \frac{\partial}{\partial x_2} \qquad (13)$$

mit dem entsprechenden Eigenwert $-p$ des Impulses des zweiten Teilchens. Wenn andererseits B die Koordinate des zweiten Teilchens ist, sind die dazu gehörigen Eigenfunktionen

$$v_x(x_1) = \delta(x_1 - x) \qquad (14)$$

mit dem entsprechenden Eigenwert x, wobei $\delta(x_1 - x)$ die bekannte Diracsche Deltafunktion ist. Gleichung (8) wird in diesem Fall

$$\psi(x_1, x_2) = \int_{-\infty}^{\infty} \varphi_x(x_2) v_x(x_1) dx, \qquad (15)$$

wobei

$$\varphi_x(x_2) = \int_{-\infty}^{\infty} e^{\frac{2\pi i}{h}(x - x_2 + x_0)p} dp = h\delta(x - x_2 + x_0). \qquad (16)$$

Dieses φ_x ist jedoch die Eigenfunktion des Operators

$$Q = x_2 \qquad (17)$$

entsprechend dem Eigenwert $x + x_0$ der Koordinate des zweiten Teilchens. Da

$$PQ - QP = \frac{h}{2\pi i}, \qquad (18)$$

haben wir gezeigt, daß es i.a. möglich ist, daß ψ_k und φ_r Eigenfunktionen zweier nicht-kommutierender Operatoren sind, die physikalischen Größen entsprechen.

Kehren wir nun zu dem allgemeinen Fall zurück, der in den Gleichungen (7) und (8) betrachtet wird, und nehmen wir an, daß ψ_k und φ_r tatsächlich Eigenfunktionen gewisser nicht-kommutierender Operatoren P und Q mit entsprechenden Eigenwerten p_k und q_r sind. Wir werden daher durch die Messungen von A oder B in die Lage versetzt, mit Sicherheit, und ohne auf irgendeine Weise das zweite System zu stören, entweder die Größe P (d. h. p_k) oder den Wert der Größe Q (d. h. q_r) vorherzusagen. Im Einklang mit unserem Realitätskriterium müssen wir im ersten Fall die Größe P als ein Element der Realität betrachten, im zweiten Fall ist die Größe Q als ein Element der Realität anzusehen. Wie wir aber gesehen haben, gehören beide Wellenfunktionen ψ_k und φ_r zur gleichen Realität.

Zunächst bewiesen wir, daß entweder (1) die quantenmechanische Beschreibung der Realität, wie sie die Wellenfunktion gibt, nicht vollständig ist oder (2) bei Vorliegen zweier nicht-kommutierender Operatoren den entsprechenden beiden physikalischen Größen nicht zugleich Realität zukommt. Indem wir dann mit der Annahme begannen, daß die Wellenfunktion eine vollständige Beschreibung der physikalischen Realität liefert, gelangten wir zu dem Schluß, daß zwei physikalischen Größen mit nicht-kommutierenden Operatoren zugleich Realität zukommen kann. Auf diese Weise führt die Negation von (1) auf die Negation der einzigen anderen Alternative (2). Wir werden so gezwungen zu schließen, daß die durch die Wellenfunktionen vermittelte quantenmechanische Beschreibung der physikalischen Realität nicht vollständig ist.

Man könnte Einwände gegen diesen Schluß erheben unter Berufung darauf, daß unser Realitätskriterium nicht hinreichend restriktiv ist. Tatsächlich würde man nicht zu unserer Schlußfolgerung gelangen, bestünde man darauf, zwei oder mehr physikalische Größen *nur dann* zugleich als Elemente der Realität zu betrachten, *wenn sie gleichzeitig gemessen oder vorhergesagt werden können*. Aus dieser Sicht sind die Größen P und Q nicht zugleich real, da entweder die eine oder die andere der Größen, nicht aber beide zugleich vorhergesagt werden können. Dadurch wird der Realitätsanspruch von P und Q vom Vorgang der Messung abhängig, die am ersten System ausgeführt wird und die auf keine Weise das zweite System beeinflußt. Man darf nicht erwarten, daß dies irgendeine vernünftige Definition der Realität zuläßt.

Während wir somit gezeigt haben, daß die Wellenfunktion keine vollständige Beschreibung der physikalischen Realität liefert, lassen wir die Frage offen, ob eine solche Beschreibung existiert oder nicht. Wir glauben jedoch, daß eine solche Theorie möglich ist.

4 Niels Bohr
Kann man die quantenmechanische Beschreibung der physikalischen Wirklichkeit als vollständig betrachten? (1935)

Es wird gezeigt, daß ein gewisses „Kriterium der physikalischen Realität", das in einem unter dem obigen Titel kürzlich erschienenen Artikel von *A. Einstein, B. Podolsky* und *N. Rosen* formuliert wurde, eine wesentliche Mehrdeutigkeit aufweist, wenn man es auf Quantenphänomene anwendet. In diesem Zusammenhang wird ein mit „Komplementarität" bezeichneter Gesichtspunkte erklärt, unter dem die quantenmechanische Beschreibung physikalischer Systeme innerhalb ihres Geltungsbereiches allen rationalen Erfordernissen der Vollständigkeit genügt.

In einem kürzlich unter dem obigen Titel erschienenen Artikel [1] legen *A. Einstein, B. Podolsky* und *N. Rosen* Argumente dar, die sie zu einer negativen Beantwortung der oben gestellten Frage führen. Die Richtung ihrer Argumentation scheint mir jedoch der tatsächlichen Situation, der wir in der Atomphysik gegenüberstehen, nicht gerecht zu werden. Ich freue mich daher, die Gelegenheit zu einer etwas genaueren Erklärung des allgemeinen Gesichtspunkts ergreifen zu können, der passend mit „Komplementarität" bezeichnet wurde, worauf ich bei verschiedenen früheren Gelegenheiten hingewiesen habe [2], und unter dem die Quantenmechanik innerhalb ihres Anwendungsbereichs als eine völlig rationale Beschreibung physikalischer Phänomene, wie wir ihnen in atomaren Prozessen begegnen, erscheint.

Der Grad, bis zu dem einem Ausdruck wie „physikalische Realität" eine eindeutige Bedeutung beigemessen werden kann, kann natürlich nicht aus a priori philosophischen Vorstellungen hergeleitet werden, sondern muß – wie die Autoren des zitierten Artikels selbst betonen – durch unmittelbare Berufung auf Experimente und Messungen begründet werden. Zu diesem Zweck schlagen sie folgendes „Realitätskriterium" vor: „Wenn wir, ohne auf irgendeine Weise ein System zu stören, den Wert einer physikalischen Größe mit Sicherheit vorhersagen können, dann gibt es ein Element der physikalischen Realität, das dieser physikalischen Größe entspricht." Mit Hilfe eines interessanten Beispiels, auf das wir weiter unten zurückkommen, gehen sie dann dazu über, zu zeigen, daß es in der Quantenmechanik ebenso wie in der klassischen Mechanik unter geeigneten Bedingungen möglich ist, den Wert irgendeiner gegebenen Variablen vorherzusagen, die zur Beschreibung eines mechanischen Systems gehört und aus Messungen gewonnen ist, die vollständig an anderen Systemen durchgeführt wurden, welche zuvor in Wechselwirkung mit dem zu untersuchenden System standen. Gemäß ihrem Kriterium wollen daher die Autoren jeder der durch solche Variablen dargestellten Größen ein Element der Realität zuordnen. Da es ferner ein wohlbekanntes Charakteristikum des gegenwärtigen Formalismus der Quantenmechanik ist, daß es bei der Beschreibung eines quantenmechanischen Systems niemals möglich ist, zwei kanonisch konjugierten Variablen zugleich definierte Werte zuzuschreiben, beurteilen sie diesen Formalismus folglich als unvollständig und äußern die Überzeugung, daß eine befriedigende Theorie entwickelt werden kann.

Solch eine Argumentation dürfte jedoch kaum geeignet sein, die Zuverlässigkeit einer quantenmechanischer Beschreibung in Frage zu stellen, die sich auf einen kohärenten mathematischen Formalismus stützt, der automatisch für jeden Meßvorgang wie den erwähnten aufkommt[1]. Der scheinbare Widerspruch deckt lediglich eine wesentliche Schwäche des üblichen Gesichtspunkts der Naturphilosophie auf hinsichtlich einer rationalen Beschreibung von physikalischen Phänomenen des Typs, mit dem wir uns in der Quantenmechanik befassen. In der Tat hat die *endliche Wechselwirkung zwischen Objekt und Meßvorrichtungen*, die durch die bloße Existenz des Wirkungsquantums bedingt ist, die Notwendigkeit einer letztlichen Aufgabe des klassischen Kausalitätsideals und eine grundlegende Revision unserer Haltung gegenüber dem Problem der physikalischen Realität zur Folge — und zwar wegen der Unmöglichkeit, die Rückwirkung des Objekts auf die Meßinstrumente zu kontrollieren, sofern diese ihrem Zwecke dienen sollen. Tatsächlich enthält, wie wir sehen werden, ein Realitätskriterium wie das von den Autoren vorgeschlagene — wie vorsichtig auch immer seine Formulierung erscheinen mag — eine wesentliche Mehrdeutigkeit, wenn es auf die wirklichen Probleme, mit denen wir uns hier befassen, angewandt wird. Um zu diesem Zweck das Argument so deutlich wie möglich zu machen, werde ich zuerst etwas ausführlicher einige einfache Beispiele von Meßvorrichtungen betrachten.

Wir wollen mit dem einfachen Fall eines Teilchens beginnen, welches den Schlitz eines Diaphragmas passiert, das Bestandteil einer mehr oder weniger komplizierten experimentellen Anordnung ist. Auch wenn der Impuls des Teilchens vollständig bekannt ist, bevor es auf das Diaphragma stößt, wird die durch den Schlitz verursachte Beugung der ebenen Welle, die den Teilchenzustand symbolisch darstellt, eine Impulsunschärfe des Teilchens nach seinem Durchtritt durch das Diaphragma bedingen, die um so größer ist, je enger der Schlitz ist. Nun kann die Breite des Schlitzes, solange sie nur groß ist im Vergleich zur Wellenlänge, als die Ortsunschärfe Δq des Teilchens in bezug auf das Diaphragma in der Richtung senkrecht zum Schlitz betrachtet werden.

Ferner sieht man leicht aus der de Broglie'schen Beziehung zwischen Impuls und Wellenlänge, daß in dieser Richtung die Impulsunschärfe des Teilchens Δp korreliert ist mit Δq über Heisenbergs allgemeines Prinzip

$$\Delta p \cdot \Delta q \sim h,$$

das im quantenmechanischen Formalismus eine unmittelbare Folge der Vertauschungsrelation für ein Paar konjugierter Variabler ist. Offensichtlich ist die Unschärfe Δp untrennbar verbunden mit der Möglichkeit eines Impulsaustausches zwischen dem Teilchen und dem Diaphragma; und die für unsere Diskussion besonders interessante Frage ist nun, in welchem Maße der auf diese Weise ausgetauschte Impuls bei der Beschreibung des Phänomens, das mit der betreffenden experimentellen Anordnung zu untersuchen ist und als dessen Anfangsstadium sich der Teilchendurchgang durch den Schlitz betrachten läßt, berücksichtigt werden kann.

Wir wollen zunächst wie bei den entsprechenden Experimenten über die bemerkenswerten Phänomene der Elektronenbeugung annehmen, daß das Diaphragma ebenso wie die anderen Teile der Anordnung – nehmen wir etwa ein zweites Diaphragma mit mehreren Schlitzen parallel zum ersten und eine photographische Platte an – starr verbunden ist mit einem Ständer, der das räumliche Bezugssystem festlegt. Dann wird der zwischen Teilchen und Diaphragma ausgetauschte Impuls zusammen mit der Rückwirkung des Teilchens auf die anderen Körper diesem gemeinsamen Ständer übertragen, und wir haben damit freiwillig auf jede Möglichkeit verzichtet, diese Rückwirkung zum Vorhersagen des Endresultats des Experiments gesondert zu berücksichtigen – wie etwa des Ortes des von dem Teilchen auf der photographischen Platte erzeugten Flecks. Die Unmöglichkeit einer genaueren Analyse der Wechselwirkungen zwischen dem Teilchen und dem Meßinstrument ist in der Tat keine Besonderheit des beschriebenen experimentellen Verfahrens, sondern vielmehr eine wesentliche Eigenschaft jeder Anordnung, die zum Studium der Phänomene des betreffenden Typs geeignet ist, wobei wir es mit einem Zug der *Individualität* zu tun haben, der der klassischen Physik völlig fremd ist. Tatsächlich würde uns jede Möglichkeit, den zwischen dem Teilchen und den einzelnen Teilen der Apparatur ausgetauschten Impuls zu berücksichtigen, sofort erlauben, Schlüsse hinsichtlich des „Ablaufs" solcher Phänomene zu ziehen – etwa durch welchen Schlitz des zweiten Diaphragmas das Teilchen auf seinem Weg zur Photoplatte hindurchfliegt –, was völlig unverträglich mit der Tatsache wäre, daß die Wahrscheinlichkeit des Teilchens, ein bestimmtes Flächenelement dieser Platte zu erreichen, nicht durch die Existenz irgendeines einzelnen Schlitzes bestimmt ist, sondern durch die Positionen aller Schlitze des zweiten Diaphragmas, die sich in der Reichweite der zugeordneten und an dem Schlitz des ersten Diaphragmas gebeugten Welle befinden.

Mit Hilfe einer anderen Anordnung, bei der das erste Diaphragma nicht starr mit den anderen Teilen der Apparatur verbunden ist, wäre es zumindest im Prinzip[2] möglich, den Teilchenimpuls mit jeder gewünschten Genauigkeit vor und nach seinem Durchgang zu messen und so den Impuls des Teilchens vorherzusagen, nachdem es durch den Schlitz hindurchgetreten ist. Tatsächlich erfordern solche Impulsmessungen nur eine eindeutige Anwendung des klassischen Gesetzes der Impulserhaltung, angewandt z.B. auf einen Stoßprozeß zwischen dem Diaphragma und einem Testkörper, dessen Impuls vor und nach dem Stoß geeignet kontrolliert wird. Freilich wird solch eine Kontrolle wesentlich von einer Prüfung des raum-zeitlichen Verlaufs eines Prozesses abhängen, auf den die Vorstellungen der klassischen Mechanik angewandt werden können; wenn jedoch alle räumlichen Ausmaße und Zeitintervalle hinreichend groß gewählt werden, enthält dies selbstverständlich keine Einschränkung hinsichtlich der genauen Impulskontrolle der Testkörper, sondern nur einen Verzicht hinsichtlich der Genauigkeit der Kontrolle ihrer Raum-Zeit-Koordination. Dieser letztere Umstand ist in der Tat völlig analog zu dem Verzicht auf die Kontrolle des Impulses des befestigten Diaphragmas, das in der experimentellen Anordnung oben erläutert wurde, und hängt letztlich von der Forderung einer rein klassischen Beschreibung der Meßapparatur ab, welche die Notwendigkeit in sich birgt, einen Spielraum entsprechend den quantenmechanischen Unbestimmtheitsrelationen in unserer Beschreibung einzuräumen.

Der Hauptunterschied zwischen den beiden betrachteten experimentellen Anordnungen besteht jedoch darin, daß in der Anordnung, die zur Kontrolle des Impulses des ersten Diaphragmas geeignet ist, dieser Körper aus dem gleichen Grund wie in dem vorigen Fall nicht mehr als Meßinstrument verwendet werden kann, sondern hinsichtlich seiner relativen Lage zu der übrigen Apparatur ebenso wie das Teilchen, das den Schlitz passiert, als ein Untersuchungsobjekt behandelt werden muß und zwar in dem Sinne, daß die quantenmechanischen Unbestimmtheitsrelationen bezüglich seiner Lage und seines Impulses explizit in Rechnung gestellt werden müssen. Auch wenn wir die Lage des Diaphragmas relativ zu dem räumlichen Bezugssystem vor der ersten Messung seines Impulses kennen würden und obwohl sein Ort nach der letzten Messung genau bestimmt werden kann, würden wir wegen der unkontrollierbaren Verschiebung des Diaphragmas während jedes Stoßvorgangs mit den Testkörpern die Kenntnis des Ortes des Teilchens verlieren, wenn es durch den Schlitz hindurchtritt. Die ganze Anordnung ist daher offensichtlich nicht dazu geeignet, die gleiche Art von Phänomenen wie im vorigen Fall zu untersuchen. Insbesondere kann gezeigt werden, daß — wenn der Impuls des Diaphragmas mit hinreichender Genauigkeit gemessen wird, um genaue Schlüsse hinsichtlich des Teilchendurchgangs durch einen bestimmten Schlitz des zweiten Diaphragmas zuzulassen — dann sogar die minimale, mit solcher Kenntnis verträgliche Ortsunschärfe des ersten Diaphragmas das völlige Auswischen jedes Interferenzeffektes — bezüglich der Zonen erlaubter Aufschläge des Teilchens auf der Photoplatte — zur Folge hat, wie es das Vorhandensein mehr als eines Schlitzes im zweiten Diaphragma im Falle fester relativer Positionen aller Apparaturenteile bewirken würde. Bei einer zu Messungen des Impulses des ersten Diaphragmas geeigneten Anordnung ist ferner klar, daß wir, auch wenn wir diesen Impuls vor dem Durchgang des Teilchens durch den Schlitz gemessen haben, nach diesem Durchtritt *freie Wahl* haben, ob wir den Teilchenimpuls oder seine Anfangslage relativ zu der übrigen Apparatur kennen wollen. Im ersten Fall müssen wir nur eine zweite Bestimmung des Diaphragmaimpulses vornehmen, die seinen genauen Ort ein für allemal unbestimmbar läßt, wenn das Teilchen durchgegangen ist. Im zweiten Fall müssen wir nur seinen Ort relativ zu dem räumlichen Bezugssystem bestimmen bei unvermeidbarem Verlust der Kenntnis des Impulses, der zwischen Diaphragma und Teilchen ausgetauscht wurde. Wenn das Diaphragma im Vergleich zu dem Teilchen hinreichend massiv ist, können wir den Meßvorgang sogar so gestalten, daß das Diaphragma nach der ersten Bestimmung seines Impulses in irgendeiner unbekannten Lage relativ zu den anderen Apparateteilen in Ruhe bleibt und die nachfolgende Festlegung dieses Ortes kann daher einfach darin bestehen, eine feste Verbindung zwischen dem Diaphragma und dem gemeinsamen Ständer herzustellen.

Mein Hauptanliegen bei der Wiederholung dieser einfachen und in ihrem Wesen wohlbekannten Betrachtungen ist zu betonen, daß wir es bei den betreffenden Phänomenen nicht mit einer unvollständigen Beschreibung zu tun haben, die durch das willkürliche Herausgreifen verschiedener Elemente physikalischer Realität auf Kosten anderer solcher Elemente charakterisiert ist, sondern mit einer rationalen Unterscheidung zwischen wesentlich verschiedenen experimentellen Anordnungen und Verfahren, die entweder zu einer eindeutigen Anwendung der Vorstellung der Ortsbestimmung oder zu einer Anwendung des Impulserhaltungssatzes geeignet sind. Jeder verbleibende Anschein von Willkür widerspiegelt nur unsere Freiheit, mit den Meßinstrumenten umzugehen, wie sie ja überhaupt für den Begriff Experiment selber charakteristisch ist. In der Tat ist bei jeder experimentellen Anordnung der Verzicht auf den einen oder den anderen der beiden Aspekte der Beschreibung physikalischer Phänomene − deren Kombination die Methode der klassischen Physik kennzeichnet und die daher in diesem Sinne als *komplementär* zueinander betrachtet werden können − im wesentlichen durch die Unmöglichkeit begründet, auf dem Gebiet der Quantentheorie die Rückwirkung des Objektes auf die Meßinstrumente, d.h. die Impulsübertragung im Falle von Ortsbestimmungen und die örtliche Verschiebung im Falle von Impulsbestimmungen, zu kontrollieren. Gerade in dieser letzten Hinsicht ist jeder Vergleich zwischen Quantenmechanik und gewöhnlicher statistischer Mechanik − wie nützlich er für die formale Darlegung der Theorie auch immer sein mag − dem Wesen nach belanglos. Tatsächlich haben wir es bei jeder experimentellen Anordnung, die zum Studium reiner Quantenphänomene geeignet ist, nicht nur mit einer Unkenntnis des Wertes gewisser physikalischer Größen zu tun, sondern mit der Unmöglichkeit, diese Größen auf eindeutige Weise zu definieren.

Die soeben gemachten Bemerkungen gelten in gleichem Maße für das spezielle, von *Einstein, Podolsky* und *Rosen* behandelte Problem, auf das oben verwiesen wurde und das in der Tat keine größeren Schwierigkeiten aufweist als die oben diskutierten Beispiele. Der besondere quantenmechanische Zustand von zwei freien Teilchen, für den die Autoren einen expliziten mathematischen Ausdruck angeben, kann, zumindest im Prinzip, durch eine einfache experimentelle Anordnung wiedergegeben werden, bestehend aus einem starren Diaphragma mit zwei parallelen und im Vergleich zu ihrem Abstand sehr engen Schlitzen, die jeweils ein Teilchen — und zwar unabhängig vom anderen — passiert. Wenn der Impuls des Diaphragmas sowohl vor als auch nach den Teilchendurchtritten genau gemessen wurde, kennen wir in der Tat die Summe der senkrecht zu den Schlitzen stehenden Impulskomponenten der beiden durchgegangenen Teilchen ebenso wie die Differenz ihrer anfänglichen Ortskoordinaten in der gleichen Richtung; indessen sind natürlich die konjugierten Größen, d.h. die Differenz ihrer Impulskomponenten und die Summe ihrer Ortskoordinaten, vollständig unbekannt[3]. Bei dieser Anordnung ist es daher klar, daß eine nachfolgende getrennte Messung entweder des Ortes oder des Impulses eines der beiden Teilchen automatisch den Ort bzw. den Impuls des anderen Teilchens mit jeder gewünschten Genauigkeit bestimmt — zumindest jedenfalls, wenn die der freien Bewegung jedes Teilchens entsprechende Wellenlänge genügend klein ist im Vergleich zur Breite der Schlitze. Wie von den genannten Autoren ausgeführt wurde, haben wir deshalb in diesem Stadium vollständig freie Wahl, ob wir die eine oder andere der letzteren Größen durch einen Prozeß bestimmen wollen, der nicht direkt auf das betroffene Teilchen einwirkt.

Ebenso wie bei dem obigen einfachen Fall der Wahl zwischen experimentellen Verfahren, die zur Vorhersage des Ortes oder des Impulses eines einzigen Teilchens nach seinem Durchgang durch einen Diaphragmaschlitz geeignet sind, stehen wir gerade in der „Freiheit der Wahl", die uns die letzte Anordnung beläßt, *einer Unterscheidung zwischen verschiedenen experimentellen Verfahren gegenüber, die den unzweideutigen Gebrauch von komplementären klassischen Begriffen erlaubt.* Tatsächlich kann das Messen des Ortes eines der Teilchen nichts anderes bedeuten, als eine Korrelation zwischen seinem Verhalten und einem starr mit dem Ständer, der das räumliche Bezugssystem definiert, verbundenen Instrument zu errichten. Unter den beschriebenen experimentellen Bedingungen wird uns deshalb solch eine Messung auch die Kenntnis des andernfalls völlig unbekannten Ortes des Diaphragmas bezüglich dieses räumlichen Bezugssystems verschaffen, als die Teilchen die Schlitze passiert haben. In der Tat erhalten wir nur auf diese Weise eine Grundlage für Schlüsse über die anfängliche Lage des anderen Teilchens relativ zu der übrigen Apparatur. Indem wir jedoch eine im wesentlichen unkontrollierbare Impulsübertragung von dem ersten Teilchen auf den erwähnten Ständer zulassen, haben wir uns jeglicher zukünftiger Möglichkeit beraubt, das Impulserhaltungsgesetz auf das aus dem Diaphragma und den beiden Teilchen bestehende System anzuwenden, und daher unsere einzige Basis verloren für eine unzweideutige Anwendung des Impulsbegriffes bei den Vorhersagen hinsichtlich des Verhaltens des zweiten Teilchens. Wenn wir umgekehrt die Wahl treffen, den Impuls eines der Teilchen zu messen, verlieren wir durch die in einer solchen Messung unvermeidbare Verschiebung jegliche Möglichkeit, aus dem Verhalten dieses Teilchens die Lage des Diaphragmas relativ zur übrigen Apparatur herzuleiten, und haben daher keinerlei Grundlage für Vorhersagen hinsichtlich des Ortes des anderen Teilchens.

Von unserem Gesichtspunkt aus erkennen wir nun, daß die Formulierung des oben erwähnten, von *Einstein, Podolsky* und *Rosen* vorgeschlagenen Kriteriums der physikalischen Realität eine Mehrdeutigkeit in bezug auf den Sinn des Ausdrucks „ohne ein System irgendwie zu stören" enthält. Natürlich ist in einem Fall wie dem soeben betrachteten nicht die Rede von einer mechanischen Störung des zu untersuchenden Systems während der letzten kritischen Phase des Meßverfahrens. Aber selbst in dieser Phase handelt es sich wesentlich um *einen Einfluß auf die tatsächlichen Bedingungen, welche die möglichen Arten von Voraussagen über das zukünftige Verhalten des Systems definieren.* Da diese Bedingungen ein immanentes Element der Beschreibung jeglichen Phänomens ausmachen, dem man mit Recht den Begriff „physikalische Wirklichkeit" zuschreiben kann, sehen wir, daß die Argumentation der genannten Verfasser nicht ihre Schlußfolgerung rechtfertigt, die quantenmechanische Beschreibung sei wesentlich unvollständig. Im Gegenteil kann diese Beschreibung, wie die obige Diskussion zeigt, als eine rationale Ausnutzung aller Möglichkeiten eindeutiger Interpretation von Messungen charakterisiert werden, wie sie auf dem Gebiet der Quantentheorie mit der endlichen und unkontrollierbaren Wechselwirkung zwischen den Objekten und den Meßgeräten vereinbar ist. Tatsächlich ist es nur der gegenseitige Ausschluß von je zwei die eindeutige Definition komplementärer physikalischer Größen gestattenden Versuchsanordnungen, der neuen physikalischen Gesetzen Raum schafft, deren Koexistenz auf den ersten Blick mit den Grundprinzipien der Naturwissenschaften unvereinbar zu sein scheint. Es ist gerade diese völlig neue Situation bezüglich der Beschreibung physikalischer Phänomene, deren Kennzeichnung mit dem Begriff *Komplementarität* angestrebt wird.

Die bislang erörterten experimentellen Anordnungen sind durch besondere Einfachheit gekennzeichnet um der untergeordneten Rolle willen, die der Zeitbegriff bei der Beschreibung der in Rede stehenden Phänomene spielt. Gewiß haben wir freien Gebrauch gemacht von solchen Worten wie „vor" und „nach" bezüglich zeitlicher Beziehungen; auf jeden Fall aber muß eine gewisse Ungenauigkeit eingeräumt werden, die jedoch so lange bedeutungslos ist, wie die betreffenden Zeitintervalle hinreichend groß sind im Vergleich zu den eigentlichen Zeiträumen, die in die engere Analyse des untersuchten Phänomens eingehen. Sobald wir eine genauere Beschreibung von Quantenphänomenen versuchen, stoßen wir auf wohlbekannte neue Paradoxa, zu deren Aufklärung weitere Züge der Wechselwirkung zwischen den Objekten und den Meßinstrumenten berücksichtigt werden müssen. In der Tat haben wir es bei solchen Phänomenen nicht mehr mit experimentellen Anordnungen zu tun, die aus Apparaturen bestehen, die sich relativ zueinander im wesentlichen in Ruhe befinden, sondern mit Anordnungen, die bewegte Teile enthalten — wie Verschlüsse vor den Schlitzen der Diaphragmen — und von Mechanismen kontrolliert werden, die als Uhren dienen. Außer dem oben diskutierten Impulsübertrag zwischen dem Objekt und den Körpern, die das räumliche Bezugssystem definieren, werden wir daher in solchen Anordnungen einen eventuell auftretenden Energieaustausch zwischen dem Objekt und diesen uhrenähnlichen Mechanismen betrachten.

Der entscheidende Punkt hinsichtlich der Zeitmessung in der Quantentheorie steht nunmehr in völliger Analogie zu dem oben ausgeführten, die Ortsmessung betreffenden Argument. Genau wie sich der Impulsübertrag auf die verschiedenen Teile der Apparatur — deren relative Lager zur Beschreibung des Phänomens bekannt sein muß — als völlig unkontrollierbar herausgestellt hat, entzieht sich auch der Energieaustausch zwischen dem Objekt und den verschiedenen Körpern, deren relative Bewegung für die beabsichtigte Verwendung der Apparatur bekannt sein muß, jeder eingehenden Analyse. In der Tat ist es *prinzipiell ausgeschlossen, die auf die Uhren übertragene Energie zu kontrollieren, ohne ihre Verwendung als Zeitanzeiger wesentlich zu beeinträchtigen.* Diese Verwendung beruht tatsächlich vollständig auf der Voraussetzung der Möglichkeit, daß das Funktionieren jeder Uhr ebenso wie ihr etwaiger Vergleich mit anderen Uhren auf der Grundlage der Methoden der klassischen Physik zu verstehen ist. In dieser Beschreibung müssen wir offensichtlich eine Breite in der Energiebilanz berücksichtigen, die der quantenmechanischen Unbestimmtheitsrelation zwischen den konjugierten Zeit- und Energievariablen entspricht. Genau wie in der oben erörterten Frage des gegenseitigen Ausschlusses eines eindeutigen Gebrauchs der Begriffe von Ort und Impuls in der Quantentheorie ist es letztlich dieser Umstand, der die komplementäre Beziehung zur Folge hat zwischen irgendeiner genauen Zeitangabe über atomare Phänomene einerseits und den nicht-klassischen Zügen der inneren Stabilität von Atomen andererseits, wie sie beim Studium der Energieübertragung in atomaren Reaktionen zu Tage treten.

Von dieser Notwendigkeit, in jeder experimentellen Anordnung zwischen denjenigen Teilen des physikalischen Systems zu unterscheiden, die als Meßinstrumente betrachtet werden sollen und denjenigen, die die zu untersuchenden Objekte ausmachen, läßt sich in der Tat sagen, daß sie einen *prinzipiellen Unterschied zwischen klassischer und quantenmechanischer Beschreibung physikalischer Phänomene* darstellt. Freilich ist die Stelle innerhalb jedes

Meßvorgangs, an der diese Unterscheidung getroffen wird, in beiden Fällen größenteils eine Frage der Zweckmäßigkeit. Während jedoch in der klassischen Physik die Unterscheidung zwischen Objekt und Meßvorrichtungen keinerlei Unterschied im Charakter der Beschreibung der betreffenden Phänomene zur Folge hat, wurzelt ihre grundlegende Bedeutung in der Quantentheorie, wie wir gesehen haben, im unumgänglichen Gebrauch klassischer Begriffe zur Interpretation aller eigentlichen Messungen, obwohl die klassischen Theorien nicht hinreichen, die neuen Typen von Gesetzmäßigkeiten zu erklären, mit denen wir uns in der Atomphysik befassen. Entsprechend diesem Sachverhalt ist die einzige in Frage kommende eindeutige Interpretation der quantenmechanischen Symbole in den wohlbekannten Regeln enthalten, welche die Vorhersage von Ergebnissen ermöglichen, wie sie mit Hilfe einer gegebenen und auf völlig klassische Weise beschreibbaren experimentellen Anordnung erhalten werden, und die ihren allgemeinen Ausdruck in den schon erwähnten Transformationstheoremen finden. Indem man ihre geeignete Korrespondenz zur klassischen Theorie sicherstellt, schließen diese Theoreme insbesondere jede denkbare Inkonsistenz in der quantenmechanischen Beschreibung aus, die verknüpft ist mit einem Wechsel der Stelle, an der die Trennung zwischen Objekt und Meßvorrichtung vorgenommen wird. Tatsächlich ist es eine offensichtliche Konsequenz der obigen Argumentation, daß wir bei allen experimentellen Anordnungen und Meßverfahren freie Wahl dieser Stelle nur innerhalb eines Gebietes haben, in dem die quantenmechanische Beschreibung des betreffenden Vorgangs wirklich äquivalent ist zur klassischen Beschreibung.

Bevor ich schließe, möchte ich noch die Bedeutung der großen Belehrung hervorheben, die aus der allgemeinen Relativitätstheorie hinsichtlich der Frage der physikalischen Realität auf dem Gebiet der Quantentheorie abzuleiten ist. Tatsächlich weisen ungeachtet aller charakteristischer Unterschiede die Situationen, mit denen wir uns in diesen Verallgemeinerungen der klassischen Theorie befassen, auffallende Analogien auf, die oft bemerkt worden sind. Insbesondere erscheint die einzigartige Rolle der Meßinstrumente in der Beschreibung der soeben diskutierten Quantenphänomene in enger Analogie zu der wohlbekannten Notwendigkeit, in der Relativitätstheorie eine gewöhnliche Beschreibung aller Meßprozesse aufrechtzuerhalten, die eine strenge Unterscheidung zwischen Raum- und Zeitkoordinaten einschließt, obwohl gerade das Wesentliche dieser Theorie in der Aufstellung neuer physikalischer Gesetze besteht, zu deren Verständnis wir die übliche Trennung von Raum- und Zeitvorstellungen aufgeben müssen[4]. Die in der Relativitätstheorie bestehende Abhängigkeit der Maßstab- und Uhrenablesung vom Bezugssystem kann sogar verglichen werden mit dem wesentlich unkontrollierbaren Impuls- oder Energieaustausch zwischen den Objekten der Messung und allen das raum-zeitliche Bezugssystem definierenden Instrumenten, was uns in der Quantentheorie mit der durch den Begriff der Komplementarität charakterisierten Situation konfrontiert. In der Tat bedeutet dieser neue Zug der Naturphilosophie eine radikale Revision unserer Einstellung zur physikalischen Realität, die sich mit der grundlegenden Änderung aller Vorstellungen hinsichtlich des absoluten Charakters physikalischer Phänomene vergleichen läßt, wie sie die allgemeine Relativitätstheorie mit sich brachte.

Anmerkungen

1 Die in dem zitierten Artikel enthaltenen Herleitungen können in diesem Zusammenhang als eine unmittelbare Folge des Transformationstheorems der Quantenmechanik betrachtet werden, das vielleicht mehr als irgendein anderes Charakteristikum des Formalismus dazu beiträgt, seine mathematische Vollständigkeit und seine vernünftige Korrespondenz mit der klassischen Mechanik zu sichern. In der Tat ist es bei der Beschreibung eines mechanischen Systems, das aus zwei Teilsystemen (1) und (2) besteht, mögen sie nun wechselwirken oder nicht, immer möglich, beliebige zwei den Systemen (1) und (2) zugehörige Paare kononischer Variabler $(q_1, p_1), (q_2, p_2)$, die den üblichen Vertauschungsregeln

$$[q_1, p_1] = [q_2, p_2] = \frac{ih}{2\pi},$$

$$[q_1, q_2] = [p_1, p_2] = [q_1, p_2] = [q_2, p_1] = 0$$

genügen, durch zwei Paare neuer kanonischer Variabler $(Q_1, P_1), (Q_2, P_2)$ zu ersetzen, welche aus den ersteren Variablen durch eine einfache orthogonale Transformation hervorgehen, die einer Drehung um den Winkel θ in den Ebenen (q_1, q_2), (p_1, p_2) entspricht

$$q_1 = Q_1 \cos\theta - Q_2 \sin\theta \qquad p_1 = P_1 \cos\theta - P_2 \sin\theta$$
$$q_2 = Q_1 \sin\theta + Q_2 \cos\theta \qquad p_2 = P_1 \sin\theta + P_2 \cos\theta.$$

Daraus, daß diese Variablen analogen Vertauschungsregeln genügen, insbesondere

$$[Q_1, P_1] = \frac{ih}{2\pi}, \quad [Q_1, P_2] = 0,$$

folgt, daß man bei der Beschreibung des Zustands des kombinierten Systems Q_1 und P_1 nicht zugleich bestimmte numerische Werte zuordnen kann, sondern daß wir solche Werte klar nur Q_1 und P_2 zuordnen können. In diesem Fall ergibt sich ferner, wenn man diese Variablen durch (q_1, p_1) und (q_2, p_2) ausdrückt, nämlich

$$Q_1 = q_1 \cos\theta + q_2 \sin\theta, \qquad P_2 = -p_1 \sin\theta + p_2 \cos\theta,$$

daß eine nachfolgende Messung von entweder q_2 oder p_2 uns gestatten würde, die Werte von q_1 bzw. p_1 vorherzusagen.

2 Die offensichtliche Unmöglichkeit, mit der zu unserer Verfügung stehenden experimentellen Technik solche Meßverfahren, wie sie hier und im folgenden diskutiert werden, wirklich durchzuführen, beeinflußt selbstverständlich nicht die theoretische Argumentation, da die fraglichen Vorgänge wesentlich äquivalent sind zu atomaren Prozessen wie etwa dem Compton-Effekt, wobei eine entsprechende Anwendung des Impulserhaltungstheorems gesichert ist.

3 Wie gezeigt wird, entspricht diese Beschreibung bis auf einen trivialen Normierungsfaktor genau der in der vorangegangenen Fußnote beschriebenen Transformation von Variablen, wenn (q_1, p_1), (q_2, p_2) die Ortskoordinaten und Impulskomponenten der beiden Teilchen darstellen, und wenn $\theta = -\pi/4$. Es sei auch bemerkt, daß die durch Formel (9) des zitierten Artikels gegebene Wellenfunktion der speziellen Wahl von $P_2 = 0$ und dem Grenzfall zweier infinitesmal enger Schlitze entspricht.

4 Gerade dieser Umstand im Verein mit der relativistischen Invarianz der Unschärferelation der Quantenmechanik stellt die Vereinbarkeit von der im vorliegenden Artikel skizzierten Argumentation und allen Erfordernissen der Relativitätstheorie sicher. Diese Frage wird eingehender in einer zur Veröffentlichung vorbereiteten Abhandlung behandelt werden, in der der Verfasser insbesondere ein sehr interessantes, von *Einstein* aufgeworfenes Paradoxon diskutieren wird, das die Anwendung der Gravitationstheorie auf Energiemessungen betrifft und dessen Lösung eine besonders lehrreiche Illustration der Allgemeingültigkeit des Komplentaritätsarguments bietet. Bei derselben Gelegenheit wird eine gründlichere Erörterung der Raum-Zeit-Messungen in der Quantentheorie mit allen nötigen mathematischen Entwicklungen und Diagrammen experimenteller Anordnung gegeben, die in diesem Artikel, in dem das Hauptgewicht auf den dialektischen Aspekt der Titelfrage gelegt wurde, ausgelassen werden mußten.

Literaturangaben

[1] A. *Einstein*, B. *Podolsky* and N. *Rosen*, Phys. Rev. **47**, 777 (1935).
[2] *Cf.* N. *Bohr*, Atomic Theory and Description of Nature (Cambridge, 1934).

5 Erwin Schrödinger
Die gegenwärtige Situation in der Quantenmechanik (1935)

Inhaltsübersicht.
- § 1. Die Physik der Modelle.
- § 2. Die Statistik der Modellvariablen in der Quantenmechanik.
- § 3. Beispiele für Wahrscheinlichkeitsvoraussagen.
- § 4. Kann man der Theorie ideale Gesamtheiten unterlegen?
- § 5. Sind die Variablen wirklich verwaschen?
- § 6. Der bewußte Wechsel des erkenntnistheoretischen Standpunktes.
- § 7. Die ψ-Funktion als Katalog der Erwartung.
- § 8. Theorie des Messens, erster Teil.
- § 9. Die ψ-Funktion als Beschreibung des Zustandes.
- § 10. Theorie des Messens, zweiter Teil.
- § 11. Die Aufhebung der „Verschränkung". Das Ergebnis abhängig vom Willen des Experimentators.
- § 12. Ein Beispiel
- § 13. Fortsetzung des Beispiels: alle möglichen Messungen sind eindeutig verschränkt.
- § 14. Die Änderung der Verschränkung mit der Zeit. Bedenken gegen die Sonderstellung der Zeit.
- § 15. Naturprinzip oder Rechenkunstgriff?

§ 1. Die Physik der Modelle.

In der zweiten Hälfte des vorigen Jahrhunderts war aus den großen Erfolgen der kinetischen Gastheorie und der mechanischen Theorie der Wärme ein Ideal der exakten Naturbeschreibung hervorgewachsen, das als Krönung jahrhundertelangen Forschens und Erfüllung jahrtausendealter Hoffnung einen Höhepunkt bildet und das klassische heißt. Dieses sind seine Züge.

Von den Naturobjekten, deren beobachtetes Verhalten man erfassen möchte, bildet man, gestützt auf die experimentellen Daten, die man besitzt, aber ohne der intuitiven Imagination zu wehren, eine Vorstellung, die in allen Details genau ausgearbeitet ist, *viel* genauer als irgendwelche Erfahrung in Ansehung ihres begrenzten Umfangs je verbürgen kann. Die Vorstellung in ihrer absoluten Bestimmtheit gleicht einem mathematischen Gebilde oder einer geometrischen Figur, welche aus einer Anzahl von *Bestimmungsstücken* ganz und gar berechnet werden kann; wie z.B. an einem Dreieck eine Seite und die zwei ihr anliegenden Winkel, als Bestimmungsstücke, den dritten Winkel, die anderen zwei Seiten, die drei Höhen, den Radius des eingeschriebenen Kreises usw. mit bestimmen. Von einer geometrischen Figur unterscheidet sich die Vorstellung ihrem Wesen nach bloß durch den wichtigen Umstand, daß sie auch noch in der *Zeit* als vierter Dimension ebenso klar bestimmt ist wie jene in den drei Dimensionen des Raumes. Das heißt, es handelt sich (was ja selbstverständlich ist) stets um ein Gebilde, das sich mit der Zeit verändert, das verschiedene *Zustände* annehmen kann; und wenn ein Zustand durch die nötige Zahl von Bestimmungsstücken bekannt gemacht ist, so sind nicht nur alle anderen Stücke in diesem Augenblick mit gegeben (wie oben am Dreieck erläutert), sondern ganz ebenso alle Stücke, der genaue Zustand, zu jeder bestimmten späteren Zeit; ähnlich wie die Beschaffenheit eines Dreiecks an der Basis seine Beschaffenheit an der Spitze bestimmt. Es gehört mit zum inneren Gesetz des Gebildes, sich in bestimmter Weise zu verändern, das heißt, wenn es in einem bestimmten Anfangszustand sich selbst überlassen wird, eine bestimmte Folge von Zuständen kontinuierlich zu durchlaufen, deren jeden es zu ganz bestimmter Zeit erreicht. Das ist seine Natur, das ist die Hypothese, die man, wie ich oben sagte, auf Grund intuitiver Imagination setzt.

Natürlich ist man nicht so einfältig zu denken, daß solchermaßen zu erraten sei, wie es auf der Welt wirklich zugeht. Um anzudeuten, daß man das nicht denkt, nennt man den präzisen Denkbehelf, den man sich geschaffen hat, gern ein *Bild* oder ein *Modell*. Mit seiner nachsichtslosen Klarheit, die ohne Willkür nicht herbeizuführen ist, hat man es lediglich darauf abgesehen, daß eine ganz bestimmte Hypothese in ihren Folgen geprüft werden kann, ohne neuer Willkür Raum zu geben während der langwierigen Rechnungen, durch die man Folgerungen ableitet. Da hat man gebundene Marschroute und errechnet eigentlich nur, was ein kluger Hans aus den Daten direkt herauslesen würde! Man weiß dann wenigstens, wo die Willkür steckt und wo man zu bessern hat, wenn's mit der Erfahrung nicht stimmt: in der Ausgangshypothese, im Modell. Dazu muß man stets bereit sein. Wenn bei vielen verschiedenartigen Experimenten das Naturobjekt sich wirklich so benimmt wie das Modell, so freut man sich und denkt, daß unser Bild in den wesentlichen Zügen der Wirklichkeit gemäß ist. Stimmt es bei einem neuartigen Experiment oder bei Verfeinerung der Meßtechnik nicht mehr, so ist nicht gesagt, daß man sich *nicht* freut. Denn im Grunde ist das die Art, wie allmählich eine immer bessere Anpassung des Bildes, das heißt unserer Gedanken, an die Tatsachen gelingen kann.

Die klassische Methode des präzisen Modells hat den Hauptzweck, die unvermeidliche Willkür in den Annahmen sauber isoliert zu halten, ich möchte fast sagen wie der Körper das Keimplasma, für den historischen Anpassungsprozeß an die fortschreitende Erfahrung. Vielleicht liegt der Methode der Glaube zugrunde, daß *irgendwie* der Anfangszustand den Ablauf *wirklich* eindeutig bestimmt, oder daß ein *vollkommenes* Modell, welches mit der Wirklichkeit *ganz genau* übereinstimmte, den Ausgang aller Experimente ganz genau vorausberechnen lassen würde. Vielleicht auch gründet sich umgekehrt dieser Glaube auf die Methode. Es ist aber ziemlich wahrscheinlich, daß die

Anpassung des Denkens an die Erfahrung ein infiniter Prozeß ist und daß „vollkommenes Modell" einen Widerspruch im Beiwort enthält, etwa wie „größte ganze Zahl".

Eine klare Vorstellung davon, was unter einem klassischen *Modell*, seinen *Bestimmungsstücken*, seinem *Zustand* gemeint sei, ist die Grundlage für alles Folgende. Vor allem darf *ein bestimmtes Modell* und *ein bestimmter Zustand desselben* nicht vermengt werden. Am besten wird ein Beispiel dienen. Das *Rutherfordsche* Modell des Wasserstoffatoms besteht aus zwei Massenpunkten. Als Bestimmungsstücke kann man beispielsweise die zwei mal drei rechtwinkeligen Koordinaten der zwei Punkte und die zweimal drei Komponenten ihrer Geschwindigkeiten in Richtung der Koordinatenachsen verwenden − also zwölf im ganzen. Statt dessen könnte man auch wählen: die Koordinaten und Geschwindigkeitskomponenten des *Schwerpunktes*, dazu die *Entfernung* der zwei Punkte, *zwei Winkel*, welche die Richtung ihrer Verbindungslinie im Raum festlegen, und die *Geschwindigkeiten* (= Differentialquotienten nach der Zeit), mit welchen die Entfernung und die zwei Winkel sich in dem betreffenden Augenblick verändern; das sind natürlich wieder zwölf. Es gehört *nicht* mit zum Begriff „R.sches Modell des H-Atoms", daß die Bestimmungsstücke bestimmte Zahlwerte haben sollen. Indem man ihnen solche zuschreibt, gelangt man zu einem *bestimmten Zustand* des Modells. Die klare Übersicht über die Gesamtheit der möglichen Zustände − noch ohne Beziehung zueinander − bildet „das Modell" oder „das Modell in *irgendeinem Zustand*". Aber zum Begriff des Modells gehört dann noch mehr als bloß: die zwei Punkte in beliebiger Lage und mit beliebigen Geschwindigkeiten begabt. Es gehört dazu noch, daß für *jeden* Zustand bekannt ist, wie er sich mit der Zeit verändern wird, solange kein äußerer Eingriff stattfindet. (Für die eine Hälfte der Bestimmungsstücke gibt zwar die andere darüber Auskunft, aber für die andere muß es erst gesagt werden.) *Diese* Kenntnis ist latent in den Aussagen: die Punkte haben die Massen m bzw. M und die Ladungen $-e$ bzw. $+e$ und ziehen sich daher mit der Kraft e^2/r^2 an, wenn ihre Entfernung r ist.

Diese Angaben, mit bestimmten Zahlwerten für m, M und e (aber natürlich *nicht* für r), gehören mit zur Beschreibung *des Modells* (nicht erst zu der eines bestimmten Zustands). m, M und e heißen *nicht* Bestimmungsstücke. Dagegen ist die Entfernung r eines. In dem zweiten „Satz", den wir oben beispielsweise angeführt hatten, kommt sie als siebentes vor. Auch wenn man den ersten verwendet, ist r kein unabhängiges dreizehntes, es läßt sich ja aus den 6 rechtwinkeligen Koordinaten ausrechnen:

$$r = \sqrt{(x_1 - x_2)^2 + (y_1 - y_2)^2 + (z_1 - z_2)^2}.$$

Die Zahl der Bestimmungsstücke (die oft auch *Variable* genannt werden im Gegensatz zu den *Modellkonstanten* wie m, M, e) ist unbegrenzt. Zwölf passend ausgewählte bestimmen alle übrigen oder den *Zustand*. Keine zwölf haben das Privileg, *die* Bestimmungsstücke zu sein. Beispiele anderer, besonders wichtiger Bestimmungsstücke sind: die Energie, die drei Komponenten des Impulsmomentes bezüglich des Schwerpunktes, die kinetische Energie der Schwerpunktsbewegung. Die eben genannten haben noch eine besondere Eigenart. Sie sind zwar *Variable*, d.h. sie haben in verschiedenen Zuständen verschiedene Werte. Aber in jeder *Reihe* von Zuständen, die im Laufe der Zeit wirklich durchlaufen wird, behalten sie denselben Wert bei. Sie heißen darum auch *Konstante der Bewegung* — im Unterschied von den Modellkonstanten.

§ 2. *Die Statistik der Modellvariablen in der Quantenmechanik.*

Im Angelpunkt der heutigen Quantenmechanik (Q.M.) steht eine Lehrmeinung, die vielleicht noch manche Umdeutung erfahren, aber, wie ich fest überzeugt bin, nicht aufhören wird, den Angelpunkt zu bilden. Sie besteht darin, daß Modelle mit Bestimmungsstücken, die einander, so wie die klassischen, eindeutig determinieren, der Natur nicht gerecht werden können.

Man würde denken, daß für den, der das glaubt, die klassischen Modelle ihre Rolle ausgespielt haben. Aber so ist es nicht. Vielmehr verwendet man gerade *sie*, nicht nur um das Negative der neuen Lehrmeinung auszudrücken; sondern auch die herabgeminderte gegenseitige Determinierung, die danach noch übrigbleibt, wird so beschrieben, als bestehe sie zwischen denselben Variablen derselben Modelle, die früher benützt wurden. Folgendermaßen.

A. Der klassische Begriff des *Zustandes* geht verloren, indem sich höchstens einer wohlausgewählten *Hälfte* eines vollständigen Satzes von Variablen bestimmte Zahlwerte zuweisen lassen; beim *Rutherfordschen* Modell beispielsweise den 6 rechtwinkligen Koordinaten *oder* den Geschwindigkeitskomponenten (es sind noch andere Gruppierungen möglich). Die andere Hälfte bleibt dann völlig unbestimmt, während überzählige Stücke die verschiedensten Grade von Unbestimmtheit aufweisen können. Im allgemeinen werden in einem vollständigen Satz (beim R.schen Modell zwölf Stücke) *alle* nur unscharf bekannt sein. Über den Grad der Unschärfe läßt sich am besten Auskunft geben, wenn man, der klassischen Mechanik folgend, bei der Auswahl der Variablen dafür Sorge trägt, daß sie sich *zu Paaren* sog. kanonisch konjugierter ordnen, wofür das einfachste Beispiel: eine Ortskoordinate x eines Massenpunktes und die Komponente p_x, in derselben Richtung geschätzt, seines linearen Impulses (d.i. Masse mal Geschwindigkeit). Solche zwei beschränken einander in der Schärfe, mit der sie gleichzeitig bekannt sein können, indem das Produkt ihrer Toleranz- oder Variationsbreiten (die man durch ein der Größe vorangesetztes Δ zu bezeichnen pflegt) nicht *unter* den Betrag einer gewissen universellen Konstante[1] herabsinken kann, etwa

$$\Delta x \cdot \Delta p_x \geqslant h.$$

(*Heisenbergs* Ungenauigkeitsbeziehung.)

B. Wenn nicht einmal in jedem Augenblick alle Variable durch einige von ihnen bestimmt sind, dann natürlich auch nicht in einem späteren Augenblick aus erlangbaren Daten eines früheren. Man kann das einen Bruch mit dem Kausalitätsprinzip nennen, aber es ist gegenüber A nichts wesentlich Neues. Wenn in keinem Augenblick ein klassischer Zustand feststeht, kann er sich auch nicht zwangsläufig verändern. Was sich verändert, sind die *Statistiken* oder *Wahrscheinlichkeiten, die* übrigens zwangsläufig. Einzelne Variable können dabei schärfer, andere unschärfer werden. Im ganzen läßt sich behaupten, daß sich die Gesamtschärfe der Beschreibung mit der Zeit nicht ändert, was darauf beruht, daß die durch A auferlegten Beschränkungen in jedem Augenblick dieselben sind. —

Was bedeuten nun die Ausdrücke „unscharf", „Statistik", „Wahrscheinlichkeit"? Darüber gibt die Q.M. folgende Auskunft. Sie entnimmt die ganze unendliche Musterkarte denkbarer Variablen oder Bestimmungsstücke unbedenklich dem klassischen Modell und erklärt jedes Stück für *direkt meßbar*, ja sogar mit beliebiger Genauigkeit meßbar, wenn es nur auf es allein ankommt. Hat man sich durch eine passend ausgewählte beschränkte Zahl von Messungen eine Objektkenntnis von jenem maximalen Typus verschafft, wie sie nach A gerade noch möglich ist, dann gibt der mathematische Apparat der neuen Theorie die Mittel an die Hand, um für denselben Zeitpunkt oder für irgendeinen späteren *jeder* Variablen eine ganz bestimmte *statistische Verteilung* zuzuweisen, d.h. eine Angabe darüber, in welchem Bruchteil der Fälle sie bei diesem oder jenem Wert, oder in diesem oder jenem kleinen Intervall angetroffen werden wird (was man auch Wahrscheinlichkeit nennt). Es ist die Meinung, daß dies in der Tat die Wahrscheinlichkeit sei, die betreffende Variable, wenn man sie in dem betreffenden Zeitpunkt mißt, bei diesem oder jenem Wert anzutreffen. Durch einen einzelnen Versuch läßt sich die Richtigkeit dieser *Wahrscheinlichkeitsvoraussage* höchstens angenähert prüfen, nämlich dann, wenn sie einigermaßen scharf ist, d.h. nur einen kleinen Wertebereich für überhaupt möglich erklärt. Um sie vollinhaltlich zu prüfen, muß man den ganzen Versuch *ab ovo* (d.h. einschließlich der orientierenden oder präparativen Messungen) *sehr* oft wiederholen und darf bloß die Fälle verwenden, wo die *orientierenden* Messungen genau dieselben Resultate ergeben haben. An diesen Fällen soll sich dann die für eine bestimmte Variable aus den orientierenden Messungen vorausberechnete Statistik durch Messung bestätigen — das ist die Meinung.

Man muß sich hüten, diese Meinung deshalb zu kritisieren, weil sie so schwer auszusprechen ist; das liegt an unserer Sprache. Aber eine andere Kritik drängt sich auf. Kaum ein Physiker der klassischen Epoche hat wohl beim Ausdenken eines Modells sich erdreistet zu glauben, daß dessen Bestimmungsstücke am Naturobjekt meßbar sind. Nur viel abgeleitetere Folgerungen aus dem Bild waren tatsächlich der experimentellen Prüfung zugänglich. Und man durfte nach aller Erfahrung überzeugt sein: lange bevor die fortschreitende Experimentierkunst die weite Kluft überbrückt haben würde, wird das Modell durch allmähliche Anpassung an neue Tatsachen sich erheblich verändert haben. — Während nun die neue Theorie das klassische Modell für unzuständig erklärt, den *Zusammenhang der Bestimmungsstücke untereinander* wiederzugeben (wofür seine Ersinner es gemeint hatten), hält sie es andererseits für geeignet, uns darüber zu orientieren, was für *Messungen* an dem betreffenden Naturobjekt prinzipiell ausführbar sind; was denen, die das Bild ausgedacht, eine unerhörte Überspannung ihres Denkbehelfs, eine leichtfertige Vorwegnahme künftiger Entwicklung geschienen hätte. Wär' das nicht prästabilierte Harmonie von eigner Art, wenn die Forscher der klassischen Epoche, die, wie man heute hört, damals noch gar nicht wußten, was *Messen* eigentlich ist, uns gleichwohl als Vermächtnis ihnen unbewußt einen Orientierungsplan überantwortet hätten, aus dem zu entnehmen ist, was man alles z.B. an einem Wasserstoffatom grundsätzlich messen kann!?

Ich hoffe später klarzumachen, daß die herrschende Lehrmeinung aus Bedrängnis geboren ist. Vorläufig fahre ich in ihrer Darlegung fort.

§ 3. *Beispiele für Wahrscheinlichkeitsvoraussagen.*

Also alle Voraussagen beziehen sich nach wie vor auf Bestimmungsstücke eines klassischen Modells, auf Orte und Geschwindigkeiten von Massenpunkten, auf Energien, Impulsmomente u. dgl. m. Unklassisch ist bloß, daß nur Wahrscheinlichkeiten vorausgesagt werden. Sehen wir uns das genauer an. Offiziell handelt es sich stets darum, daß vermittels einiger *jetzt* angestellter Messungen und ihrer Resultate über die zu erwartenden Resultate anderer Messungen, die entweder augenblicklich oder zu bestimmter Zeit darauf folgen sollen, die bestmöglichen Wahrscheinlichkeitsangaben gewonnen werden, welche die Natur zuläßt. Wie sieht die Sache nun aber wirklich aus? In wichtigen und typischen Fällen folgendermaßen.

Wenn man die Energie eines *Planckschen* Oszillators mißt, dann ist die Wahrscheinlichkeit, dafür einen Wert zwischen E und E' zu finden, nur dann möglicherweise von Null verschieden, wenn zwischen E und E' ein Wert aus der Reihe

$3\pi h\nu, 5\pi h\nu, 7\pi h\nu, 9\pi h\nu, \ldots\ldots$

liegt. Für jedes Intervall, das keinen dieser Werte enthält, ist die Wahrscheinlichkeit Null. Auf deutsch: andere Meßwerte sind ausgeschlossen. Die Zahlen sind ungerade Multipla der *Modellkonstante* $\pi h\nu$ ($h = $ *Plancksche* Zahl, $\nu = $ Frequenz des Oszillators). Zwei Dinge fallen auf. Erstens fehlt die Bezugnahme auf vorangehende Messungen — die sind gar nicht nötig. Zweitens: die Aussage leidet wirklich nicht an einem übertriebenen Mangel an Präzision, ganz im Gegenteil, sie ist schärfer als eine wirkliche Messung je sein kann.

Ein anderes typisches Beispiel ist der Betrag des Impulsmoments. In Fig. 1 sei M ein bewegter Massenpunkt, der Pfeil soll seinen Impuls (Masse mal Geschwindigkeit) nach Größe und Richtung darstellen. O ist irgendein fester Punkt im Raum, sagen wir der Koordinatenursprung; also nicht ein

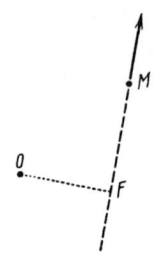

Fig, 1 *Impulsmoment:* M ist ein materieller Punkt, O ein geometrischer Bezugspunkt. Der Pfeil soll den Impuls (= Masse mal Geschwindigkeit) von M darstellen. Dann ist das *Impulsmoment* das Produkt aus der Länge des Pfeils und der Länge OF.

Punkt mit physikalischer Bedeutung, sondern ein geometrischer Bezugspunkt. Als Betrag des Impulsmoments von M bezüglich O bezeichnet die klassische Mechanik das Produkt aus der Länge des Impulspfeiles und der Länge des *Lotes OF*.
In der Q.M. gilt für den Betrag des Impulsmoments ganz Ähnliches wie für die Energie des Oszillators. Wieder ist die Wahrscheinlichkeit Null für jedes Intervall, das keinen Wert aus der folgenden Reihe enthält.

$$0, h\sqrt{2}, h\sqrt{2 \times 3}, h\sqrt{3 \times 4}, h\sqrt{4 \times 5}, \ldots$$

d.h. nur einer dieser Werte kann herauskommen. Das gilt wieder ganz ohne Bezug auf vorangehende Messungen. Und man kann sich wohl vorstellen, wie wichtig diese präzise Aussage ist, *viel* wichtiger als die Kenntnis, welcher von diesen Werten oder welche Wahrscheinlichkeit für jeden von ihnen im Einzelfall wirklich vorliegt. Außerdem fällt hier aber noch auf, daß vom Bezugspunkt gar nicht die Rede ist: wie immer man ihn wählt, man wird einen Wert aus dieser Reihe finden. Am Modell ist diese Behauptung unsinnig, denn das Lot *OF* veränder sich *stetig*, wenn man den Punkt *O* verschiebt, und der Impulspfeil bleibt ungeändert. Wir sehen an diesem Beispiel, wie die Q.M. das Modell zwar benützt, um an ihm die Größen abzulesen, welche man messen kann und über welche Voraussagen zu machen für sinnvoll gehalten wird, während es für unzuständig erklärt werden muß, den Zusammenhang dieser Größen untereinander zum Ausdruck zu bringen.

Hat man nun nicht in beiden Fällen das Gefühl, daß der wesentliche Inhalt dessen, was gesagt werden soll, sich nur mit einiger Mühe zwängen läßt in die spanischen Stiefel einer Voraussage über die Wahrscheinlichkeit, für eine Variable des klassischen Modells diesen oder jenen Meßwert anzutreffen? Hat man nicht den Eindruck, daß hier von grundlegenden Eigenschaften *neuer* Merkmalgruppen die Rede ist, die mit den klassischen nur noch den Namen gemein haben? Es handelt sich keineswegs um Ausnahmefälle, gerade die wahrhaft wertvollen Aussagen der neuen Theorie haben diesen Charakter. Es gibt wohl auch Aufgaben, die sich dem Typus nähern, auf den die Ausdrucksweise eigentlich zugeschnitten ist. Aber sie haben nicht annähernd dieselbe Wichtigkeit. Und vollends die, die man sich naiverweise als Schulbeispiele konstruieren würde, die haben gar keine. „Gegeben der Ort des Elektrons im Wasserstoffatom zur Zeit $t = 0$; man konstruiere seine Ortsstatistik zu einer späteren Zeit." Das interessiert keinen Menschen.

Dem Wortlaut nach beziehen sich alle Aussagen auf das anschauliche Modell. Aber die wertvollen Aussagen sind an ihm wenig anschaulich und seine anschaulichen Merkmale sind von geringem Wert.

§ 4. *Kann man der Theorie ideale Gesamtheiten unterlegen?*

Das klassische Modell spielt in der Q.M. eine Proteus-Rolle. Jedes seiner Bestimmungsstücke kann unter Umständen Gegenstand des Interesses werden und eine gewisse Realität erlangen. Aber niemals alle zugleich — bald sind es diese, bald sind es jene und zwar immer höchstens die *Hälfte* eines vollständigen Variablensatzes, der ein klares Bild von dem augenblicklichen Zustand erlauben würde. Wie steht es jeweils mit den übrigen? *Haben* die dann keine Realität, vielleicht (s.v.v.) eine verschwommene Realität; oder haben stets alle eine und ist bloß, nach Satz A von § 2 ihre gleichzeitige *Kenntnis* unmöglich?

Die zweite Auffassung ist außerordentlich naheliegend für den, der die Bedeutung der *statistischen Betrachtungsweise* kennt, die in der zweiten Hälfte des vorigen Jahrhunderts entstanden ist; zumal wenn er gedenkt, daß am Vorabend des neuen *aus ihr*, aus einem zentralen Problem der statistischen Wärmelehre, die Quantentheorie geboren wurde (*Max Plancks* Theorie der Wärmestrahlung, Dezember 1899). Das Wesen jener Denkrichtung besteht gerade darin, daß man praktisch niemals alle Bestimmungsstücke des Systems kennt, sondern *viel* weniger. Zur Beschreibung eines wirklichen Körpers in einem gegebenen Augenblick zieht man darum nicht *einen* Zustand des Modells, sondern ein sog. *Gibbssches Ensemble* heran. Damit ist gemeint eine ideale, das heißt bloß gedachte, Gesamtheit von Zuständen, welche genau unsere beschränkte Kenntnis vom wirklichen Körper widerspiegelt. Der Körper soll sich dann so benehmen wie ein *beliebig aus dieser Gesamtheit herausgegriffener* Zustand. Diese Auffassung hat die allergrößten Erfolge gehabt. Ihren höchsten Triumph bildeten solche Fälle, in denen *nicht* alle in der Gesamtheit vorkommenden Zustände *dasselbe* beobachtbare Verhalten des Körpers erwarten lassen. Der Körper benimmt sich nämlich dann wirklich bald so, bald so, genau der Voraussicht entsprechend (thermodynamische Schwankungen). Es liegt nahe, daß man versuche, die stets unscharfe Aussage der Q.M. auch zu beziehen auf eine ideale Gesamtheit von Zuständen, von denen im konkreten Einzelfall ein ganz bestimmter vorliege — aber man weiß nicht welcher.

Daß das nicht geht, zeigt uns das *eine* Beispiel vom Impulsmoment, als eines für viele. Man denke sich in Fig. 1 den Punkt M in die verschiedensten Lagen gegenüber O gebracht und mit den verschiedensten Impulspfeilen versehen und vereinige alle diese Möglichkeiten zu einer idealen Gesamtheit. Dann kann man wohl die Lagen und die Pfeile so auswählen, daß in jedem Fall das Produkt aus der Länge des Pfeils und der Länge des Lotes *OF* einen oder den anderen von den zulässigen Werten hat — bezüglich des bestimmten Punktes *O*. Aber für einen beliebigen anderen Punkt O' treten selbstverständlich unzulässige Werte auf. Das Heranziehen der Gesamtheit hilft also keinen Schritt weiter. — Ein anderes Beispiel ist die Energie des Oszillators. Es gibt den Fall, daß sie einen scharf bestimmten Wert hat, z. B. den niedersten $3\pi h\nu$. Die Entfernung der zwei Massenpunkte (die den Oszillator bilden) erweist sich dann als sehr *unscharf*. Um diese Aussage auf ein statistisches Kollektiv von Zuständen beziehen zu können, müßte dann aber in diesem Fall die Statistik der Entfernungen wenigstens nach oben hin scharf begrenzt sein durch diejenige Entfernung, bei der schon die *potentielle Energie* den Wert $3\pi h\nu$ erreicht bzw. überschreitet. So ist es aber nicht, sogar beliebig große Entfernungen kommen vor, wenn auch mit stark abnehmender Wahrscheinlichkeit. Und das ist nicht etwa ein nebensächliches Rechenergebnis, das irgendwie beseitigt werden könnte, ohne die Theorie ins Herz zu treffen: neben vielem anderen gründet sich auf diesen Sachverhalt die quantenmechanische Erklärung der Radioaktivität (Gamow). — Die Beispiele ließen sich ins Unbegrenzte vermehren. Man beachte, daß von zeitlichen Veränderungen gar nicht die Rede war. Es würde nichts helfen, wenn man dem Modell erlauben wollte, sich ganz „unklassisch" zu verändern, etwa zu „springen". Schon für den einzelnen Augenblick klappt es nicht. Es gibt in keinem Augenblick ein Kollektiv klassischer Modellzustände, auf das die Gesamtheit der quantenmechanischen Aussagen dieses Augenblicks zutrifft. Dasselbe läßt sich auch so ausdrücken: wenn ich dem Modell in jedem Augenblick einen bestimmten (mir bloß nicht genau bekannten) Zustand zuschreiben wollte oder (was dasselbe ist) *allen* Bestimmungsstücken bestimmte (mir bloß nicht genau bekannte) Zahlwerte, so ist keine Annahme über diese Zahlwerte *denkbar*, die nicht mit einem Teil der quantentheoretischen Behauptungen im Widerspruch stünde.

Das ist nicht ganz, was man erwartet, wenn man hört, daß die Angaben der neuen Theorie immer unscharf sind im Vergleich zu den klassischen.

§ 5. *Sind die Variablen wirklich verwaschen?*

Die andere Alternative bestand darin, daß man bloß den jeweils scharfen Bestimmungsstücken Realität zugestehe — oder allgemeiner gesprochen einer jeden Variablen eine solche Art der Verwirklichung, die genau der quantenmechanischen Statistik dieser Variablen in dem betreffenden Augenblick entspricht.

Daß es nicht etwa unmöglich ist, Grad und Art der Verwaschenheit *aller* Variablen in *einem* vollkommen *klaren* Bilde zum Ausdruck zu bringen, geht schon daraus hervor, daß die Q.M. ein solches Instrument tatsächlich besitzt und verwendet, die sog. Wellenfunktion oder ψ-Funktion, auch Systemvektor genannt. Von ihr wird weiter unten noch viel die Rede sein. Daß sie ein abstraktes, unanschauliches mathematisches Gebilde sei, ist ein Bedenken, das gegenüber neuen Denkbehelfen fast immer auftaucht und nicht viel zu sagen hätte. Jedenfalls ist sie ein Gedankending, das die Verwaschenheit aller Variablen in jedem Augenblick ebenso klar und exakt konterfeit, wie das klassische Modell deren scharfe Zahlwerte. Auch ihr Bewegungsgesetz, das Gesetz ihrer zeitlichen Änderung, solange das System sich selbst überlassen ist, steht an Klarheit und Bestimmtheit hinter den Bewegungsgleichungen des klassischen Modells um kein Jota zurück. Mithin könnte die ψ-Funktion geradezu an dessen Stelle treten, solange die Verwaschenheit sich auf atomare, der direkten Kontrolle entzogene Dimensionen beschränkt. In der Tat hat man aus der Funktion ganz anschauliche und bequeme Vorstellungen abgeleitet, beispielsweise die „Wolke negativer Elektrizität" um den positiven Kern u. dgl. Ernste Bedenken erheben sich aber, wenn man bemerkt, daß die Unbestimmtheit grob tastbare und sichtbare Dinge ergreift, wo die Bezeichnung Verwaschenheit dann einfach falsch wird. Der Zustand eines radioaktiven Kerns ist vermutlich in solchem Grade und in solcher Art verwaschen, daß weder der Zeitpunkt des Zerfalls noch die Richtung feststeht, in der die α-Partikel, die dabei austritt, den Kern verläßt. Im Innern des Atomkerns stört uns die Verwaschenheit nicht. Die austretende Partikel wird, wenn man anschaulich deuten will, als Kugelwelle beschrieben, die nach allen Richtungen und fortwährend vom Kern emaniert und einen benachbarten Leuchtschirm fortwährend in seiner ganzen Ausdehnung trifft. Der Schirm aber zeigt nicht etwa ein beständiges mattes Flächenleuchten, sondern blitzt in *einem* Augenblick an einer Stelle auf — oder, um der Wahrheit die Ehre zu geben, er blitzt bald hier, bald dort auf, weil es unmöglich ist, den Versuch mit bloß einem einzigen radioaktiven Atom auszuführen. Benützt man statt des Leuchtschirms einen räumlich ausgedehnten Detektor, etwa ein Gas, das von den α-Teilchen ionisiert wird, so findet man die Ionenpaare längs geradliniger Kolonnen angeordnet[1], die rückwärts verlängert das radioaktive Materiekörnchen treffen, von dem die α-Strahlung ausgeht (*C. T. R. Wilson*sche Bahnspuren, durch Nebeltröpfchen sichtbar gemacht, die auf den Ionen kondensieren).

Man kann auch ganz burleske Fälle konstruieren. Eine Katze wird in eine Stahlkammer gesperrt, zusammen mit folgender Höllenmaschine (die man gegen den direkten Zugriff der Katze sichern muß): in einem *Geiger*schen Zählrohr befindet sich eine winzige Menge radioaktiver Substanz, *so* wenig, daß im Lauf einer Stunde *vielleicht* eines von den Atomen zerfällt, ebenso wahrscheinlich aber auch keines; geschieht es, so spricht das Zählrohr

---

[1] Zur Veranschaulichung kann Fig. 5 oder 6 auf S. 375 des Jg. 1927 dieser Zeitschrift dienen; oder auch Fig. 1, S. 734 des vorigen Jahrganges (1934), da sind es aber Bahnspuren von Wasserstoffkernen.

an und betätigt über ein Relais ein Hämmerchen, das ein Kölbchen mit Blausäure zertrümmert. Hat man dieses ganze System eine Stunde lang sich selbst überlassen, so wird man sich sagen, daß die Katze noch lebt, *wenn* inzwischen kein Atom zerfallen ist. Der erste Atomzerfall würde sie vergiftet haben. Die ψ-Funktion des ganzen Systems würde das so zum Ausdruck bringen, daß in ihr die lebende und die tote Katze (s.v.v.) zu gleichen Teilen gemischt oder verschmiert sind.

Das Typische an diesen Fällen ist, daß eine ursprünglich auf den Atombereich beschränkte Unbestimmtheit sich in grobsinnliche Unbestimmtheit umsetzt, die sich dann durch direkte Beobachtung *entscheiden* läßt. Das hindert uns, in so naiver Weise ein „verwaschenes Modell" als Abbild der Wirklichkeit gelten zu lassen. An sich enthielte es nichts Unklares oder Widerspruchvolles. Es ist ein Unterschied zwischen einer verwackelten oder unscharf eingestellten Photographie und einer Aufnahme von Wolken und Nebelschwaden.

§ 6. *Der bewußte Wechsel des erkenntnistheoretischen Standpunkts.*

Im vierten Abschnitt hatten wir gesehen, daß es nicht möglich ist, die Modelle glatt zu übernehmen und den jeweils unbekannten oder nicht genau bekannten Variablen doch auch bestimmte Werte zuzuschreiben, die wir bloß nicht kennen. Im § 5 sahen wir, daß die Unbestimmtheit auch nicht eine wirkliche Verwaschenheit ist, denn es gibt jedenfalls Fälle, wo eine leicht ausführbare Beobachtung die fehlende Kenntnis verschafft. Was bleibt nun übrig? Aus diesem sehr schwierigen Dilemma hilft sich oder uns die herrschende Lehrmeinung durch Zuflucht zur Erkenntnistheorie. Man bedeutet uns, daß kein Unterschied zu machen sei zwischen dem wirklichen Zustand des Naturobjekts und dem, was ich darüber weiß, oder besser vielleicht dem, was ich darüber wissen kann, wenn ich mir Mühe gebe. *Wirklich* — so sagt man — sind ja eigentlich nur Wahrnehmung, Beobachtung, Messung. Habe ich mir durch sie in einem gegebenen Augenblick die bestmögliche Kenntnis vom Zustande des physikalischen Objekts verschafft, die naturgesetzlich erlangbar ist, so darf ich jede darüber hinausgehende Frage nach dem „wirklichen Zustand" als *gegenstandslos* abweisen, sofern ich überzeugt bin, daß keine weitere Beobachtung meine Kenntnis davon erweitern kann — wenigstens nicht, ohne sie in anderer Hinsicht um ebensoviel zu schmälern (nämlich durch Veränderung des Zustandes, s.w.u.).

Das wirft nun einiges Licht auf die Genesis der Behauptung, die ich am Ende von § 2 als etwas sehr weitgehend bezeichnete: daß alle Modellgrößen prinzipiell meßbar sind. Man kann dieses Glaubenssatzes kaum entraten, wenn man sich gezwungen sieht, den eben erwähnten philosophischen Grundsatz, dem als obersten Schirmherrn aller Empirie kein Verständiger die Achtung versagen wird, als Diktator zu Hilfe zu rufen in den Nöten physikalischer Methodik.

Die Wirklichkeit widerstrebt der gedanklichen Nachbildung durch ein Modell. Man läßt darum den naiven Realismus fahren und stützt sich direkt auf die unbezweifelbare These, daß *wirklich* (für den Physiker) letzten Endes nur die Beobachtung, die Messung ist. Dann hat hinfort all unser physikalisches Denken als einzige Basis und als einzigen Gegenstand die Ergebnisse prinzipiell ausführbarer Messungen, denn auf eine andere Art von Wirklichkeit oder auf ein Modell soll unser Denken sich ja jetzt ausdrücklich *nicht* mehr beziehen. Alle Zahlen, die in unseren physikalischen Berechnungen vorkommen, müssen für Maßzahlen erklärt werden. Da wir aber nicht frisch auf die Welt kommen und unsere Wissenschaft neu aufzubauen beginnen, sondern einen ganz bestimmten Rechenapparat in Gebrauch haben, von dem wir uns seit den großen Erfolgen der Q.M. weniger denn je trennen möchten, sehen wir uns gezwungen, vom Schreibtisch aus zu diktieren, welche Messungen prinzipiell möglich sind, das heißt möglich sein müssen, um unser Rechenschema ausreichend zu stützen. Dieses erlaubt einen scharfen Wert für jede Modellvariable einzeln (ja sogar für einen „halben Satz"), also muß jede einzeln beliebig genau meßbar sein. Wir dürfen uns nicht mit weniger begnügen, denn wir haben unsere naiv-realistische Unschuld verloren. Wir haben nichts als unser Rechenschema, um anzugeben, wo die Natur die Ignorabimus-Grenze zieht, d.h. was eine *bestmögliche* Kenntnis vom Objekt ist. Und könnten wir das nicht, dann würde unsere Meßwirklichkeit doch etwa sehr vom Fleiß oder der Faulheit des Experimentators abhängen, wie viel Mühe er daran wendet, sich zu informieren. Wir müssen ihm also schon sagen, wie weit er kommen könnte, wenn er nur geschickt genug wäre. Sonst wäre ernstlich zu befürchten, daß es dort, wo wir das Weiterfragen verbieten, wohl doch noch einiges Wissenswerte zu fragen gibt.

§ 7. Die ψ-Funktion als Katalog der Erwartung.

In der Darlegung der offiziellen Lehre fortfahrend, wenden wir uns der schon oben (§ 5) erwähnten ψ-Funktion zu. Sie ist jetzt das Instrument zur Voraussage der Wahrscheinlichkeit von Maßzahlen. In ihr ist die jeweils erreichte Summe theoretisch begründeter Zukunftserwartung verkörpert, gleichsam wie in einem *Katalog* niedergelegt. Sie ist die Beziehungs- und Bedingtheitsbrücke zwischen Messungen und Messungen, wie es in der klassischen Theorie das Modell und sein jeweiliger Zustand war. Mit diesen hat die ψ-Funktion auch sonst viel gemein. Sie wird, im Prinzip, eindeutig festgelegt durch eine endliche Zahl passend ausgewählter Messungen am Objekt, halb soviele als in der klassischen Theorie nötig waren. So wird der Katalog der Erwartungen erstmalig angelegt. Von da verändert er sich mit der Zeit, genau wie der Zustand des Modells in der klassischen Theorie, zwangsläufig und eindeutig („kausal") — das Abrollen der ψ-Funktion wird beherrscht durch eine partielle Differentialgleichung (erster Ordnung in der Zeit und aufgelöst nach $\partial\psi/\partial t$). Das entspricht der ungestörten Bewegung des Modells in der klassischen Theorie. Aber das geht nur so lange, bis man wieder irgendeine Messung vornimmt. Bei jeder Messung ist man genötigt, der ψ-Funktion (= dem Voraussagenkatalog) eine eigenartige, etwas plötzliche Veränderung zuzuschreiben, die *von der gefundenen Maßzahl* abhängt und sich darum *nicht vorhersehen läßt;* woraus allein schon deutlich ist, daß diese zweite Art von Veränderung der ψ-Funktion mit ihrem regelmäßigen Abrollen *zwischen* zwei Messungen nicht das mindeste zu tun hat. Die abrupte Veränderung durch die Messung hängt eng mit den im § 5 besprochenen Dingen zusammen und wird uns noch eingehend beschäftigen, sie ist der interessanteste Punkt der ganzen Theorie. Es ist genau *der* Punkt, der den Bruch mit dem naiven Realismus verlangt. Aus *diesem* Grund kann man die ψ-Funktion *nicht* direkt an die Stelle des Modells oder des Realdings setzen. Und zwar nicht etwa weil man einem Realding oder einem Modell nicht abrupte unvorhergesehene Änderungen zumuten dürfte, sondern weil vom realistischen Standpunkt die Beobachtung ein Naturvorgang ist wie jeder andere und nicht per se eine Unterbrechung des regelmäßigen Naturlaufs hervorrufen darf.

§ 8. Theorie des Messens, erster Teil.

Die Ablehnung des Realismus hat logische Konsequenzen. Eine Variable *hat* im allgemeinen keinen bestimmten Wert, bevor ich ihn messe: dann heißt, ihn messen, *nicht,* den Wert ermitteln, den sie *hat.* Was heißt es aber dann? Es muß doch ein Kriterium dafür geben, ob eine Messung richtig oder falsch, eine Methode gut oder schlecht, genau oder ungenau ist — ob sie überhaupt den Namen Meßverfahren verdient. Jedes Herumspielen mit einem Zeigerinstrument in der Nähe eines anderen Körpers, wobei man dann irgendeinmal eine Ablesung macht, kann doch nicht eine Messung an diesem Körper genannt werden. Nun, es ist ziemlich klar; wenn nicht die Wirklichkeit den Meßwert, so muß wenigstens der Meßwert die Wirklichkeit bestimmen, er muß *nach* der Messung wirklich vorhanden sein in *dem* Sinne, der allein noch anerkannt wird. Das heißt, das verlangte Kriterium kann bloß dieses sein: bei Wiederholung der Messung muß wieder dasselbe herauskommen. Durch öftere Wiederholung kann ich die Genauigkeit des Verfahrens prüfen und zeigen, daß ich nicht bloß spiele. Es ist sympathisch, daß sich diese Anweisung genau mit dem Vorgehen des Experimentators deckt, dem der „wahre Wert" ja auch nicht von vornherein bekannt ist. Wir formulieren das Wesentliche folgendermaßen:

Die planmäßig herbeigeführte Wechselwirkung zweier Systeme (Meßobjekt und Meßinstrument) heißt eine Messung an dem ersten System, wenn sich ein direkt sinnenfälliges variables Merkmal des zweiten (Zeigerstellung) bei sofortiger Wiederholung des Vorganges (an demselben Meßobjekt, das inzwischen keinen anderweitigen Einflüssen ausgesetzt worden sein darf) stets innerhalb gewisser Fehlergrenzen reproduziert.

Dieser Erklärung wird noch manches hinzuzufügen sein, sie ist keine tadellose Definition. Empirie ist komplizierter als Mathematik und läßt sich nicht so leicht in glatte Sätze einfangen.

Vor der ersten Messung kann *für* sie eine beliebige quantentheoretische Voraussage bestanden haben. *Nach* ihr lautet die Voraussage *jedenfalls*: innerhalb der Fehlergrenzen wieder derselbe Wert. Der Voraussagenkatalog (= die ψ-Funktion) wird also durch die Messung verändert in bezug auf die Variable, die wir messen. Wenn das Meßverfahren schon von früher her als *verläßlich* bekannt ist, dann reduziert gleich die erste Messung die theoretische Erwartung innerhalb der Fehlergrenzen auf den gefundenen Wert selbst, welche Erwartung auch immer vorher bestanden haben mag. Das ist die typische abrupte Veränderung der ψ-Funktion bei der Messung, wovon oben die Rede war. Aber nicht nur für die gemessene Variable selbst ändert sich im allgemeinen der Erwartungskatalog in unvorhergesehener Weise, sondern auch für andere, insbesondere für ihre „kanonisch konjugierte". Wenn etwa vorher eine ziemlich scharfe Vorhersage für den *Impuls* eines Teilchens vorlag und man mißt jetzt seinen *Ort* genauer als damit, nach Satz A von § 2, verträglich ist, so muß das die Impulsvorhersage modifizieren. Der quantenmechanische Rechenapparat besorgt das übrigens ganz von selbst: es gibt gar keine ψ-Funktion, die, wenn man vereinbarungsgemäß die Erwartungen an ihr abliest, dem Satz A widersprechen würde.

Da sich der Erwartungskatalog bei der Messung radikal verändert, ist das Objekt dann nicht mehr geeignet, um die statistischen Voraussagen, die vorher gemacht waren, in ihrer ganzen Ausdehnung zu prüfen; am allerwenigsten für die gemessene Variable selbst, denn für die wird ja jetzt immer wieder (nahezu) derselbe Wert kommen. *Das* ist der Grund für die Vorschrift, die schon in § 2 gegeben wurde: man kann die Wahrscheinlichkeitsvorhersage zwar schon vollinhaltlich prüfen, aber man muß dazu den ganzen Versuch *ab ovo* wiederholen. Man muß das Meßobjekt (oder ein ihm gleiches) wieder genau so vorbehandeln, wie das erstemal, damit wieder derselbe Erwartungskatalog (= ψ-Funktion) gelte wie vor der ersten Messung. Dann „wiederholt" man sie. (Dieses Wiederholen bedeutet also jetzt ganz etwas anderes als früher!) Alles das muß man nicht zweimal, sondern sehr oft tun. Dann wird sich die vorausgesagte Statistik einstellen – das ist die Meinung.

Man beachte den Unterschied zwischen den Fehlergrenzen und der Fehlerstatistik *der Messung* einerseits und der theoretisch vorausgesagten Statistik anderseits. Sie haben nichts miteinander zu schaffen. Sie stellen sich ein bei den zwei ganz verschiedenen Arten von *Wiederholung*, von denen soeben die Rede war.

Hier ergibt sich die Gelegenheit, die oben versuchte Umgrenzung des *Messens* noch etwas zu vertiefen. Es gibt Meßinstrumente, die in der Stellung stehen bleiben, in der die Messung sie gelassen. Auch könnte der Zeiger durch einen Unfall stecken bleiben. Man würde dann immer wieder genau

111

dieselbe Ablesung machen, und nach unserer Anweisung wäre das eine ganz besonders genaue Messung. Das ist es auch, bloß nicht am Objekt, sondern am Instrument selbst! In der Tat fehlt in unserer Anweisung noch ein wichtiger Punkt, der aber nicht gut vorher gegeben werden konnte, nämlich was eigentlich den Unterschied ausmacht zwischen dem *Objekt* und dem *Instrument* (daß an dem letzten die Ablesung gemacht wird, ist mehr eine Äußerlichkeit). Wir sahen soeben, das Instrument muß unter Umständen, wenn nötig, wieder in seinen neutralen Anfangszustand zurückversetzt werden, bevor man eine Kontrollmessung macht. Dem Experimentator ist das wohlbekannt. Theoretisch erfaßt man die Sache am besten, indem man vorschreibt, daß grundsätzlich das Meßinstrument vor jeder Messung der gleichen Vorbehandlung zu unterwerfen ist, so daß *für es* jedesmal derselbe Erwartungskatalog (= ψ-Funktion) gilt, wenn es an das Objekt herangebracht wird. Am Objekt dagegen ist geradezu jeder Eingriff verboten, wenn eine *Kontrollmessung* gemacht werden soll, eine „Wiederholung erster Art" (die zur *Fehler*statistik führt). Das ist der charakteristische Unterschied zwischen Objekt und Instrument. Für eine „Wiederholung zweiter Art" (welche zur Prüfung der Quantenvorhersage dient) verschwindet er. Da ist der Unterschied zwischen den beiden auch wirklich sehr unbedeutend.

Wir entnehmen daraus noch, daß man bei einer zweiten Messung auch ein anderes gleichgebautes und gleichvorbereitetes Instrument verwenden darf, es muß nicht notwendig *dasselbe* sein; man tut das ja auch zuweilen, zur Kontrolle des ersten. Ja es kann vorkommen, daß zwei ganz verschieden gebaute Instrumente zueinander in der Beziehung stehen, daß, wenn man mit ihnen nacheinander mißt (Wiederholung erster Art!) ihre beiden Anzeigen einander ein-eindeutig zugeordnet sind. Sie messen dann am Objekt wesentlich dieselbe Variable – d.h. dieselbe bei passender Beschriftung der Skalen.

§ 9. Die ψ-Funktion als Beschreibung des Zustandes.

Die Ablehnung des Realismus legt auch Verpflichtungen auf. Vom Standpunkt des klassischen Modells ist der jeweilige Aussageinhalt der ψ-Funktion sehr unvollständig, er umfaßt nur etwa 50 % einer vollständigen Beschreibung. Vom neuen Standpunkt aus muß er vollständig sein aus Gründen, die schon am Ende von § 6 gestreift wurden. Es muß unmöglich sein, ihm neue richtige Aussagen hinzuzufügen, ohne ihn sonst zu verändern; sonst hat man nicht das Recht, alle Fragen, die über ihn hinausgehen, als gegenstandslos zu bezeichnen.

Daraus folgt, daß zwei verschiedene Kataloge, die für dasselbe System unter verschiedenen Umständen oder zu verschiedenen Zeiten gelten, sich wohl teilweise überdecken können, aber nie so, daß der eine ganz in dem anderen enthalten ist. Denn sonst wäre er einer Ergänzung durch weitere richtige Aussagen fähig, nämlich durch diejenigen, um die der andere ihn übertrifft. – Die mathematische Struktur der Theorie genügt dieser Forderung automatisch. Es gibt keine ψ-Funktion, welche genau dieselben Aussagen wiedergibt wie eine andere und noch einige mehr.

Daher müssen, wenn die ψ-Funktion eines Systems sich verändert, sei es von selbst, sei es durch Messungen, in der neuen Funktion stets auch Aussagen fehlen, die in der früheren enthalten waren. Im Katalog können nicht bloß Neueintragungen, es müssen auch Streichungen stattgefunden haben. Nun können Kenntnisse wohl *erworben*, aber nicht *eingebüßt* werden. Die Streichungen heißen also, daß die vorhin richtigen Aussagen jetzt falsch geworden sind. Eine richtige Aussage kann bloß falsch werden, wenn sich der *Gegenstand* verändert, auf den sie sich bezieht. Ich halte es für einwandfrei, diese Schlußfolgerung so auszudrücken:

Satz 1: *Wenn verschiedene ψ-Funktionen vorliegen, befindet sich das System in verschiedenen Zuständen.*

Wenn man bloß von Systemen spricht, für die überhaupt eine ψ-Funktion vorliegt, so lautet die Umkehrung dieses Satzes:

Satz 2: *Bei gleicher ψ-Funktion befindet sich das System im gleichen Zustand.*

Diese Umkehrung folgt nicht aus Satz 1, sondern ohne Verwendung desselben direkt aus der Vollständigkeit oder Maximalität. Wer bei gleichem Erwartungskatalog noch eine Verschiedenheit für möglich hält, würde zugeben, daß jener nicht über alle berechtigten Fragen Auskunft gibt. − Der Sprachgebrauch fast aller Autoren heißt obige zwei Sätze gut. Sie konstruieren natürlich eine Art neuer Realität, ich glaube, auf völlig legitime Art. Sie sind übrigens nicht trivial tautologisch, nicht bloße Worterklärungen für „Zustand". Ohne die Voraussetzung der Maximalität des Erwartungskataloges könnte die Veränderung der ψ-Funktion durch bloßes Einholen neuer Informationen bewirkt sein.

Wir müssen sogar noch einem Einwand gegen die Ableitung des Satzes 1 begegnen. Man könnte sagen, jede einzelne von den Aussagen oder Kenntnissen, um die es sich da handelt, ist doch eine Wahrscheinlichkeitsaussage, der die Kategorie *richtig* oder *falsch* gar nicht in bezug auf den Einzelfall zukommt, sondern in bezug auf ein Kollektiv, das zustande kommt, indem man das System tausendmal in derselben Weise präpariert (um alsdann dieselbe Messung folgen zu lassen; vgl. § 8). Das stimmt, aber wir müssen ja alle Mitglieder dieses Kollektivs als identisch gelagert erklären, weil für jedes dieselbe ψ-Funktion, derselbe Aussagenkatalog gilt und wir nicht Unterschiede zugeben dürfen, die im Katalog nicht zum Ausdruck kommen (vgl. die Begründung des Satzes 2). Das Kollektiv besteht also aus identischen Einzelfällen. Wenn eine Aussage für *es* falsch wird, muß auch der Einzelfall sich geändert haben, sonst wäre auch das Kollektiv wieder das gleiche.

§ 10. Theorie des Messens, zweiter Teil.

Nun war vorhin gesagt (§ 7) und erläutert (§ 8) worden, daß jede *Messung* das Gesetz, das die stetige zeitliche Veränderung der ψ-Funktion sonst beherrscht, suspendiert und an ihr eine ganz andere Veränderung hervorbringt, die von keinem Gesetz beherrscht, sondern vom Resultat der Messung diktiert wird. Während einer Messung können aber nicht andere Naturgesetze gelten als sonst, denn sie ist, objektiv betrachtet, ein Naturvorgang wie jeder andere, sie kann den regelmäßigen Ablauf der Natur nicht unterbrechen. Da sie den der ψ-Funktion unterbricht, kann die letztere − so hatten wir in § 7 gesagt − *nicht* als versuchsweises Abbild einer objektiven Wirklichkeit gelten wie das klassische Modell. Aber im letzten Abschnitt hat sich nun doch so etwas herauskristallisiert.

Ich versuche nochmals, schlagwortartig pointiert, zu kontrastieren: 1. Das Springen des Erwartungskataloges bei der Messung ist *unvermeidlich*, denn wenn das Messen irgendeinen Sinn behalten soll, so *muß* nach einer guten Messung *der Meßwert* gelten. 2. Die sprunghafte Änderung wird sicher *nicht* von dem sonst geltenden zwangläufigen Gesetz beherrscht, denn sie hängt vom Meßwert ab, der unvorhergesehen ist. 3. Die Änderung schließt (wegen der ,,Maximalität") bestimmt auch *Verlust* an Kenntnis ein, Kenntnis ist unverlierbar, also *muß* der *Gegenstand* sich verändern − *auch* bei den sprunghaften Änderungen und bei ihnen *auch* in unvorhergesehener Weise, *anders* als sonst.

Wie reimt sich das? Die Dinge liegen nicht ganz einfach. Es ist der schwierigste und interessanteste Punkt der Theorie. Wir müssen offenbar versuchen, die Wechselwirkung zwischen Meßobjekt und Meßinstrument objektiv zu erfassen. Dazu müssen wir einige sehr abstrakte Überlegungen vorausschicken.

Die Sache ist die. Wenn man für zwei vollkommen getrennte Körper, oder besser gesagt, für jeden von ihnen einzeln je einen vollständigen Erwartungskatalog − eine maximale Summe von Kenntnis − eine ψ-Funktion − besitzt, so besitzt man sie selbstverständlich auch für die beiden Körper zusammen, d.h. wenn man sich denkt, daß nicht jeder von ihnen einzeln, sondern beide zusammen den Gegenstand unseres Interesses, unserer Fragen an die Zukunft bilden[1].

Aber das Umgekehrte ist nicht wahr. *Maximale Kenntnis von einem Gesamtsystem schließt nicht notwendig maximale Kenntnis aller seiner Teile ein, auch dann nicht, wenn dieselben völlig voneinander abgetrennt sind und einander zur Zeit gar nicht beeinflussen.* Es kann nämlich sein, daß ein Teil

---

[1] Selbstverständlich. Es können uns nicht etwa Aussagen über die Beziehung der beiden zueinander fehlen. Denn das wäre, mindestens für den einen der beiden, etwas, das zu seiner ψ-Funktion hinzutritt. Und das kann es nicht geben.

dessen, was man weiß, sich auf Beziehungen oder Bedingtheiten zwischen den zwei Teilsystemen bezieht (wir wollen uns auf zwei beschränken), folgendermaßen: wenn eine bestimmte Messung am ersten System *dieses* Ergebnis hat, so gilt für eine bestimmte Messung am zweiten diese und diese Erwartungsstatistik; hat aber die betreffende Messung am ersten System *jenes* Ergebnis, so gilt wieder eine andere Erwartung am zweiten; und so weiter, in der Art einer vollständigen Disjunktion aller Maßzahlen, welche die eine gerade ins Auge gefaßte Messung am ersten System überhaupt liefern kann. Solchermaßen kann irgendein Meßprozeß oder, was dasselbe ist, irgendeine Variable des zweiten Systems an den noch nicht bekannten Wert irgendeiner Variablen des ersten geknüpft sein, und natürlich auch umgekehrt. Wenn das der Fall ist, wenn solche Konditionalsätze im Gesamtkatalog stehen, *dann kann er bezüglich der Einzelsysteme gar nicht maximal sein.* Denn der Inhalt von zwei maximalen Einzelkatalogen würde für sich schon ausreichen zu einem maximalen Gesamtkatalog, es könnten nicht noch die Konditionalsätze hinzutreten.

Diese bedingten Vorhersagen sind übrigens nicht etwas, das hier plötzlich neu hereingeschneit kommt. Es gibt sie in jedem Erwartungskatalog. Wenn man die ψ-Funktion kennt und eine bestimmte Messung macht und die hat ein bestimmtes Ergebnis, so kennt man wieder die ψ-Funktion, voilà tout. Bloß im vorliegenden Fall, weil das Gesamtsystem aus zwei völlig getrennten Teilen bestehen soll, hebt sich die Sache als etwas Besonderes ab. Denn dadurch bekommt es einen Sinn, zu unterscheiden zwischen Messungen an dem einen und Messungen an dem anderen Teilsystem. Das verschafft jedem von ihnen die volle Anwartschaft auf einen privaten Maximalkatalog; andererseits bleibt es möglich, daß ein Teil des erlangbaren Gesamtwissens auf Konditionalsätze, die zwischen den Teilsystemen spielen, sozusagen verschwendet ist und so die privaten Anwartschaften unbefriedigt läßt — obwohl der Gesamtkatalog maximal ist, das heißt obwohl die ψ-Funktion des Gesamtsystems bekannt ist.

Halten wir einen Augenblick inne. Diese Feststellung in ihrer Abstraktheit sagt eigentlich schon alles: Bestmögliches Wissen um ein Ganzes schließt nicht notwendig das gleiche für seine Teile ein. Übersetzen wir das in die Sprechweise von § 9: Das Ganze ist in einem bestimmten Zustand, die Teile für sich genommen nicht.

— Wieso? In irgendeinem Zustand muß ein System doch sein.

= Nein. Zustand ist ψ-Funktion, ist maximale Kenntnissumme. Die muß ich mir ja nicht verschafft haben, ich kann ja faul gewesen sein. Dann ist das System in keinem Zustand.

— Schön, dann ist aber auch das agnostische Frageverbot noch nicht in Kraft und ich darf mir in unserem Falle denken: in irgendeinem Zustand (= ψ-Funktion) wird das Teilsystem schon sein, ich kenne ihn bloß nicht.

= Halt. Leider nein. Es gibt kein „ich kenne bloß nicht". Denn für das Gesamtsystem liegt maximale Kenntnis vor. —

Die Insuffizienz der ψ-Funktion als Modellersatz beruht ausschließlich darauf, daß man sie nicht immer hat. Hat man sie, so darf sie gut und gern als Beschreibung des Zustands gelten. Aber man hat sie zuweilen nicht, in Fällen, wo man es billig erwarten dürfte. Und dann darf man nicht postulieren, daß sie „in Wirklichkeit schon eine bestimmte sei, man kenne sie bloß nicht"; der einmal gewählte Standpunkt verbietet das. „Sie" ist nämlich eine Summe von Kenntnissen und Kenntnisse, die niemand kennt, sind keine. —

Wir fahren fort. Daß ein Teil des Wissens in Form disjunktiver Bedingungssätze *zwischen* den zwei Systemen schwebt, kann gewiß nicht vorkommen, wenn wir die beiden von entgegengesetzten Enden der Welt heranschaffen und ohne Wechselwirkung juxtaponieren. Denn dann „wissen" die zwei ja voneinander nichts. Eine Messung an dem einen kann unmöglich einen Anhaltspunkt dafür geben, was von dem anderen zu erwarten steht. Besteht eine „Verschränkung der Voraussagen", so kann sie offenbar nur darauf zurückgehen, daß die zwei Körper früher einmal im eigentlichen Sinn *ein* System gebildet, das heißt in Wechselwirkung gestanden, und *Spuren* aneinander hinterlassen haben. Wenn zwei getrennte Körper, die einzeln maximal bekannt sind, in eine Situation kommen, in der sie aufeinander einwirken, und sich wieder trennen, dann kommt regelmäßig das zustande, was ich eben *Verschränkung* unseres Wissens um die beiden Körper nannte. Der gemeinsame Erwartungskatalog besteht anfangs aus einer logischen Summe der Einzelkataloge; während des Vorgangs entwickelt er sich zwangläufig nach bekanntem Gesetz (von Messung ist ja gar nicht die Rede). Das Wissen bleibt maximal, aber es hat sich zum Schluß, wenn die Körper sich wieder getrennt haben, nicht wieder aufgespalten in eine logische Summe von Wissen um die Einzelkörper. Was *davon* noch erhalten ist, kann, eventuell sehr stark, untermaximal geworden sein. — Man beachte den großen Unterschied gegenüber der klassischen Modelltheorie, wo natürlich bei bekannten Anfangszuständen und bekannter Einwirkung die Endzustände einzeln genau bekannt wären.

Der im § 8 beschriebene Meßprozeß fällt nun genau unter dieses allgemeine Schema, wenn wir es anwenden auf das Gesamtsystem Meßobjekt + Meßinstrument. Indem wir so ein objektives Bild dieses Vorganges, wie von irgendeinem anderen, konstruieren, dürfen wir hoffen, das seltsame Springen der ψ-Funktion aufzuklären, wenn schon nicht zu beseitigen. Also der eine Körper ist jetzt das Meßobjekt, der andere das Instrument. Um jeden Eingriff von außen zu vermeiden, richten wir es so ein, daß das Instrument mittels eines eingebauten Uhrwerks automatisch an das Objekt herankriecht und ebenso wieder fortkriecht. Die Ablesung selbst verschieben wir, weil wir doch zunächst untersuchen wollen, was „objektiv" geschieht; aber wir lassen das Ergebnis zu späterer Verwendung automatisch im Instrument sich aufzeichnen, wie das ja heute oft gemacht wird.

Wie steht es jetzt, nach automatisch vollzogener Messung? Wir besitzen nach wie vor einen maximalen Erwartungskatalog für das Gesamtsystem. Der registrierte Meßwert steht natürlich nicht darin. Mit Bezug auf das Instrument ist der Katalog also sehr unvollständig, er sagt uns nicht einmal, wo die Schreibfeder ihre Spur hinterlassen hat. (Man erinnere sich der vergifteten Katze!) Das macht, unser Wissen hat sich in Konditionalsätze sublimiert: *wenn* die Marke bei Teilstrich 1 ist, *dann* gilt für das Meßobjekt dies und das, *wenn* sie bei 2 ist, dann dies und jenes, wenn sie bei 3 ist, dann ein drittes usw. Hat nun die ψ-Funktion des Meß*objektes* einen Sprung gemacht? Hat sie sich nach dem zwangläufigen Gesetz (nach der partiellen Differentialgleichung) weiterentwickelt? Keines von beiden. Sie ist nicht mehr. Sie hat sich, nach dem zwangläufigen Gesetz für die *Gesamt-ψ*-Funktion, mit der des Meßinstruments verheddert. *Der Erwartungskatalog des Objekts hat sich in eine konditionale Disjunktion von Erwartungskatalogen aufgespalten* wie ein Baedeker, den man kunstgerecht zerlegt. Bei jeder Sektion steht außerdem noch die Wahrscheinlichkeit, daß sie zutrifft — abgeschrieben aus dem ursprünglichen Erwartungskatalog des Objekts. Aber *welche* zutrifft — welcher Abschnitt des Baedekers für die Weiterreise zu benützen ist, das läßt sich nur durch wirkliche Inspektion der Marke ermitteln.

Und wenn wir *nicht* nachsehen? Sagen wir, es wurde photographisch registriert und durch ein Malheur bekommt der Film Licht, bevor er entwickelt wird. Oder wir haben aus Versehen statt eines Films schwarzes Papier eingelegt. Ja dann haben wir durch die mißglückte Messung nicht nur nichts Neues erfahren, sondern haben Kenntnis eingebüßt. Das ist nicht erstaunlich. Durch einen äußeren Eingriff wird natürlich die Kenntnis, die man von einem System hat, zunächst immer verdorben. Man muß den Eingriff schon sehr behutsam organisieren, damit sie sich nachher wieder zurückgewinnen läßt.

Was haben wir durch diese Analyse gewonnen? *Erstens* den Einblick in das disjunktive Aufspalten des Erwartungskataloges, welches noch ganz stetig erfolgt und durch Einbetten in einen gemeinsamen Katalog für Instrument und Objekt ermöglicht wird. Aus dieser Verquickung kann das Objekt nur dadurch wieder herausgelöst werden, daß das lebende Subjekt vom Resultat der Messung wirklich Kenntnis nimmt. Irgendeinmal muß das geschehen, wenn das, was sich abgespielt hat, wirklich eine Messung heißen soll, — wie sehr es uns auch am Herzen liege, den Vorgang so objektiv wie möglich herauszupräparieren. Und das ist der *zweite* Einblick, den wir gewinnen: *erst bei diesem Inspizieren*, welches die Disjunktion entscheidet, passiert etwas Unstetiges, Sprunghaftes. Man ist geneigt, es einen *mentalen* Akt zu nennen, denn das Objekt ist ja schon abgeschaltet, wird nicht mehr physisch ergriffen; was ihm widerfahren, ist schon vorbei. Aber es wäre nicht ganz richtig, zu sagen, daß die ψ-Funktion des Objekts, die sich *sonst* nach einer partiellen Differentialgleichung, unabhängig vom Beobachter, verändert, *jetzt* infolge eines mentalen Aktes sprunghaft wechselt. Denn sie war verlorengegangen, es

117

gab sie nicht mehr. Was nicht ist, kann sich auch nicht verändern. Sie wird wiedergeboren, wird restituiert, wird aus der verwickelten Kenntnis, die man besitzt, herausgelöst durch einen Wahrnehmungsakt, der in der Tat bestimmt nicht mehr eine physische Einwirkung auf das Meßobjekt ist. Von der Form, in der man die ψ-Funktion zuletzt gekannt, zu der neuen, in der sie wieder auftritt, führt kein stetiger Weg — er führte eben durch die Vernichtung. Kontrastiert man die zwei Formen, so erscheint die Sache als Sprung. In Wahrheit liegt wichtiges Geschehen dazwischen, nämlich die Einwirkung der zwei Körper aufeinander, während welcher das Objekt keinen privaten Erwartungskatalog besaß und auch keinen Anspruch darauf hatte, weil es nicht selbständig war.

§ 11. *Die Aufhebung der „Verschränkung". Das Ergebnis abhängig vom Willen des Experimentators.*

Wir kehren wieder zum allgemeinen Fall der „Verschränkung" zurück, ohne gerade den besonderen Fall eines Meßvorgangs im Auge zu haben, wie soeben. Die Erwartungskataloge zweier Körper A und B sollen sich durch vorübergehende Wechselwirkung verschränkt haben. Jetzt sollen die Körper wieder getrennt sein. Dann kann ich einen davon, etwa B, hernehmen und meine untermaximal gewordene Kenntnis von ihm durch Messungen sukzessive zu einer maximalen ergänzen. Ich behaupte: sobald mir das zum erstenmal gelingt, und nicht eher, wird erstens die Verschränkung gerade gelöst sein und werde ich zweitens durch die Messungen an B unter Ausnützung der Konditionalsätze, die bestanden, maximale Kenntnis auch von A erworben haben.

Denn erstens bleibt die Kenntnis vom Gesamtsystem immer maximal, weil sie durch gute und genaue Messungen keinesfalls verdorben wird. Zweitens: Konditionalsätze von der Form „wenn an A ....., dann an B .....", kann es nicht mehr geben, sobald wir von B einen Maximalkatalog erlangt haben. Denn der ist *nicht* bedingt und zu ihm kann überhaupt nichts auf B Bezügliches mehr hinzutreten. Drittens: Konditionalsätze in umgekehrter Richtung („wenn an B ....., dann an A .....") lassen sich in Sätze über A allein umwandeln, weil ja alle Wahrscheinlichkeiten für B schon bedingungslos bekannt sind. Die Verschränkung ist also restlos beseitigt, und da die Kenntnis vom Gesamtsystem maximal geblieben ist, kann sie nur darin bestehen, daß zum Maximalkatalog für B ein ebensolcher für A hinzutritt.

Es kann aber auch nicht etwa vorkommen, daß A indirekt, durch die Messungen an B, schon maximal bekannt wird, bevor B es noch ist. Denn dann funktionieren alle Schlüsse in umgekehrter Richtung, d.h. B ist es auch. Die Systeme werden gleichzeitig maximal bekannt, wie behauptet. Nebenbei bemerkt, würde das auch gelten, wenn man das Messen nicht gerade auf eines der beiden Systeme beschränkt. Aber das Interessante ist gerade, daß man es auf eines der beiden beschränken *kann;* daß man damit ans Ziel kommt.

Welche Messungen an *B* und in welcher Reihenfolge sie vorgenommen werden, ist ganz der Willkür des Experimentators anheimgestellt. Er braucht nicht besondere Variable auszuwählen, um die Konditionalsätze ausnützen zu können. Er darf sich ruhig einen Plan machen, der ihn zu maximaler Kenntnis von *B* führen würde, auch wenn er über *B* gar nichts wüßte. Es kann auch nichts schaden, wenn er diesen Plan zu Ende führt. Wenn er sich nach jeder Messung überlegt, ob er etwa schon am Ziel ist, so nur, um sich weitere überflüssige Arbeit zu ersparen.

Welcher *A*-Katalog sich solchermaßen indirekt ergibt, hängt selbstverständlich von den Maßzahlen ab, die an *B* auftreten (bevor die Verschränkung ganz gelöst ist; von den späteren, falls überflüssigerweise weitergemessen wird, nicht mehr). Gesetzt nun, ich hätte in einem bestimmten Fall auf solche Art einen *A*-Katalog erschlossen. Dann kann ich nachdenken und mir überlegen, ob ich vielleicht einen *anderen* gefunden haben würde, wenn ich einen *anderen* Meßplan an *B* ins Werk gesetzt hätte. Weil ich aber doch das System *A* weder wirklich berührt habe noch in dem gedachten anderen Fall berührt haben würde, so müssen die Aussagen des anderen Kataloges, welche es nun auch sein mögen, alle *auch* richtig sein. Sie müssen also ganz in dem ersten enthalten sein, da der erste maximal ist. Das würde der zweite aber auch sein. Also muß er mit dem ersten identisch sein.

Seltsamerweise genügt die mathematische Struktur der Theorie dieser Forderung keineswegs automatisch. Ja noch mehr, es lassen sich Beispiele konstruieren, wo die Forderung notwendigerweise verletzt wird. Zwar kann man bei jedem Versuch nur *eine* Anordnung der Messungen (immer an *B*!) wirklich ausführen, denn sobald das gesehehen ist, ist die Verschränkung gelöst und man erfährt durch weitere Messungen an *B* nichts mehr über *A*. Aber es gibt Fälle von Verschränkung, in welchen für die Messungen an *B zwei bestimmte Programme* angebbar sind, deren jedes 1. zur Auflösung der Verschränkung führen muß, 2. zu einem *A*-Katalog führen muß, zu dem das *andere* überhaupt nicht führen *kann* — welche Maßzahlen auch immer sich im einen oder im anderen Falle einstellen mögen. Es steht nämlich einfach so, daß die *zwei Reihen* von *A*-Katalogen, die sich bei dem einen oder bei dem anderen Programm überhaupt einstellen können, reinlich getrennt sind und kein einziges Mitglied gemein haben.

Das sind besonders zugespitzte Fälle, in denen der Schluß so offen zutage liegt. Im allgemeinen muß man genauer überlegen. Wenn zwei Programme für die Messungen an *B* vorgelegt sind und die zwei Reihen von *A*-Katalogen, zu denen sie führen können, dann genügt es keineswegs, daß die zwei Reihen ein oder einige Mitglieder gemein haben, um sagen zu dürfen: na, dann wird also wohl immer eines von diesen sich einstellen — und so die Forderung als „vermutlich erfüllt" hinzustellen. Das genügt nicht. Denn *man kennt ja die* Wahrscheinlichkeit jeder Messung an *B*, als Messung am Gesamtsystem betrachtet, und bei vielen ab-ovo-Wiederholungen muß jede mit der ihr zugedachten Häufigkeit sich einstellen. Die zwei Reihen von A-Katalogen müßten also, Mitglied für Mitglied, übereinstimmen und überdies müßten die Wahrscheinlichkeiten in jeder Reihe dieselben sein. Und das nicht bloß für diese zwei Programme, sondern für jedes der unendlich vielen, die man ausdenken kann. Davon ist nun nicht im entferntesten die Rede. Die Forderung, daß der A-Katalog, den man erhält, immer derselbe sein sollte, durch welche Messungen an B man ihn auch zutage fördert, diese Forderung ist ganz und gar niemals erfüllt.

Wir wollen jetzt ein einfaches „zugespitztes" Beispiel besprechen.

§ 12. Ein Beispiel[1].

Der Einfachheit halber betrachten wir zwei Systeme mit nur je *einem* Freiheitsgrad. D.h., jedes von ihnen soll durch *eine* Koordinate q und einen dazu kanonisch konjugierten Impuls p charakterisiert sein. Das klassische Bild wäre ein Massenpunkt, der nur auf einer Geraden beweglich ist, so wie die Kugeln jener Spielzeuge, an denen kleine Kinder das Rechnen lernen. p ist das Produkt Masse mal Geschwindigkeit. Für das zweite System bezeichnen wir die zwei Bestimmungsstücke mit großem Q und P. Ob die zwei auf „denselben Draht aufgefädelt" sind, davon werden wir in unserer abstrakten Überlegung gar nicht zu reden haben. Aber wenn sie es auch sind, so kann es deshalb doch bequem sein, q und Q nicht vom selben Fixpunkt an zu rechnen. Die Gleichheit $q = Q$ braucht darum nicht Koinzidenz zu bedeuten. Die zwei Systeme können trotzdem ganz getrennt sein.

In der zitierten Arbeit ist gezeigt, daß zwischen diesen zwei Systemen eine Verschränkung bestehen kann, die *in einem bestimmten Augenblick, auf den sich alles Folgende bezieht,* kurz durch die beiden Gleichungen

$$q = Q \quad \text{und} \quad p = -P$$

bezeichnet wird. Das heißt: *ich weiß,* wenn eine Messung von q am ersten System einen gewissen Wert ergibt, wird eine sogleich darauf ausgeführte Q-Messung am zweiten *denselben* Wert geben und vice versa; *und ich weiß,* wenn eine p-Messung am ersten System einen gewissen Wert ergibt, so wird eine sogleich darauf ausgeführte P-Messung den entgegengesetzten Wert geben und vice versa.

Eine *einzige* Messung von q oder p oder Q oder P hebt die Verschränkung auf und macht *beide* Systeme maximal bekannt. Eine zweite Messung an demselben System modifiziert nunmehr die Aussage über *es,* lehrt nichts mehr über das andere. Man kann also nicht beide Gleichheiten in einem Ver-

---

[1] A. Einstein, B. Podolsky u. N. Rosen, Physic. Rev. **47**, 777 (1935). Das Erscheinen dieser Arbeit gab den Anstoß zu dem vorliegenden — soll ich sagen Referat oder Generalbeichte?

such prüfen. Aber man kann den Versuch tausendmal ab ovo wiederholen; immer wieder dieselbe Verschränkung herstellen; je nach Laune die eine oder die andere Gleichheit prüfen; die man jeweils zu prüfen geruht, bestätigt finden. Wir setzen voraus, daß das geschehen ist.

Wenn man dann beim tausendundersten Versuch Lust bekommt, auf weitere Prüfungen zu verzichten und statt dessen am ersten System q und am zweiten P zu messen, und man findet

$q = 4; \; P = 7;$

kann man dann zweifeln, daß

$q = 4; \; p = -7$

eine richtige Voraussage für das erste System gewesen sein würde, oder

$Q = 4; \; P = 7$

eine richtige Voraussage für das zweite? Nicht vollinhaltlich im Einzelversuch prüfbar, das sind Quantenvoraussagen ja nie, aber richtig, weil, wer sie besessen hätte, keiner Enttäuschung ausgesetzt war, welche Hälfte er auch zu prüfen beschloß.

Mann kann daran nicht zweifeln. Jede Messung ist an ihrem System die erste. Direkt beeinflussen können einander Messungen an getrennten Systemen nicht, das wäre Magie. Zufallszahlen können es auch nicht sein, wenn aus tausend Versuchen feststeht, daß Jungfernmessungen koinzidieren.

Der Voraussagenkatalog $q = 4, p = -7$ wäre natürlich hypermaximal.

§ 13. *Fortsetzung des Beispiels: alle möglichen Messungen sind eindeutig verschränkt.*

Nun ist eine *Voraussage* in diesem Umfang nach den Lehren der Q.M., die wir hier bis in ihre letzten Konsequenzen verfolgen, auch gar nicht möglich. Viele meiner Freunde halten sich dadurch beruhigt und erklären: was ein System dem Experimentator geantwortet *haben würde, wenn ...*, – hat nichts mit einer wirklichen Messung zu tun und geht uns daher von unserem erkenntnistheoretischen Standpunkt aus nichts an.

Aber machen wir uns die Sache noch einmal ganz klar. Konzentrieren wir die Aufmerksamkeit auf das durch die kleinen Buchstaben p, q bezeichnete System, nennen wir es kurz das „kleine". Die Sache steht doch so. Ich kann dem kleinen System, durch direkte Messung an ihm, *eine* von zwei Fragen vorlegen, entweder die nach q oder die nach p. Bevor ich das tue, kann ich mir, wenn ich will, durch eine Messung an dem völlig abgetrennten anderen System (das wir als Hilfsapparat auffassen wollen) die Antwort auf *eine* dieser Fragen verschafft haben, oder ich kann die Absicht haben, das nachher zu besorgen. Mein kleines System, wie ein Schüler in der Prüfung, *kann unmöglich wissen*, ob ich das getan habe und für welche Frage, oder ob und für welche ich es nachher beabsichtige. Aus beliebig vielen Vorversuchen weiß ich, daß der Schüler die erste Frage, die ich ihm vorlege, stets richtig beantwortet. Daraus folgt, daß er in jedem Falle die Antwort auf *beide* Fragen *weiß*. Daß das Antworten auf die erste Frage, die mir zu stellen beliebt, den Schüler dergestalt ermüdet oder verwirrt, daß seine weiteren Antworten nichts wert sind, ändert an dieser Feststellung gar nichts. Kein Gymnasialdirektor würde, wenn diese Situation sich bei Tausenden von Schülern gleicher Provenienz wiederholt, anders urteilen, so sehr er sich auch wundern würde, *was* alle Schüler nach der Beantwortung der ersten Frage so blöd oder renitent macht. Er würde nicht auf den Gedanken kommen, daß sein, des Lehrers, Nachschlagen in einem Hilfsbuch dem Schüler die richtige Antwort erst eingibt, oder gar daß in den Fällen, wo es dem Lehrer beliebt, erst nach erfolgter Schülerantwort nachzuschlagen, die Schülerantwort den Text des Notizbuches zu des Schülers Gunsten abgeändert hat.

Mein kleines System hält also auf die q-Frage und auf die p-Frage je eine ganz bestimmte Antwort bereit für den Fall, daß die betreffende die erste ist, die man ihm direkt stellt. An dieser Bereitschaft kann sich kein Tüttelchen dadurch ändern, daß ich etwa am Hilfssystem das Q messe (im Bilde: daß der Lehrer in seinem Notizbuch eine der Fragen nachschlägt und dabei allerdings *die* Seite, wo die andere Antwort steht, durch einen Tintenklecks verdirbt). Der Quantenmechaniker behauptet, daß nach einer Q-Messung am Hilfssystem meinem kleinen System eine ψ-Funktion zukommt, in welcher „q völlig scharf, p aber völlig unbestimmt ist". Und doch hat sich, wie schon gesagt, kein Tüttelchen daran geändert, daß mein kleines System auch auf die p-Frage eine ganz bestimmte Antwort bereit hat, und zwar dieselbe wie früher.

Die Sache ist aber noch viel schlimmer. Nicht nur auf die q-Frage und auf die p-Frage hat mein kluger Schüler je eine ganz bestimmte Antwort bereit, sondern noch auf tausend andere, und zwar ohne daß ich die Mnemotechnik, mit der ihm das gelingt, im geringsten durchschauen kann. p und q sind nicht die einzigen Variablen, die ich messen kann. Irgendeiner Kombination von ihnen zum Beispiel

$$p^2 + q^2$$

entspricht nach der Auffassung der Q.M. auch eine ganz bestimmte Messung. Es zeigt sich nun[1], daß auch für diese die Antwort durch eine Messung am Hilfssystem auszumachen ist, nämlich durch die Messung von $P^2 + Q^2$, und zwar sind die Antworten geradezu gleich. Nach allgemeinen Regeln der Q.M. kann für diese Quadratsumme nur ein Wert aus der Reihe

$h, 3h, 5h, 7h, \ldots\ldots$

---

[1] E. Schrödinger, Proc. Cambridge philos. Soc. (im Druck).

herauskommen. Die Antwort, die mein kleines System auf die $(p^2 + q^2)$-Frage bereit hat (für den Fall, daß dies die erste sein sollte, die an es herantritt), muß eine Zahl aus dieser Reihe sein. — Ganz genau so steht es mit der Messung von

$$p^2 + a^2 q^2,$$

wobei a eine beliebige positive Konstante sein soll. In diesem Fall muß nach der Q.M. die Antwort eine Zahl aus der folgenden Reihe sein:

$ab, 3ab, 5ab, 7ab, \ldots \ldots$

Für jeden Zahlwert von a erhält man eine neue Frage, auf jede hält mein kleines System eine Antwort aus der (mit dem betreffenden a gebildeten) Reihe bereit.

Das Erstaunlichste ist nun: diese Antworten können untereinander unmöglich in dem durch die Formeln gegebenen Zusammenhang stehen! Denn sei q' die Antwort, die für die q-Frage, p' die Antwort, die für die p-Frage bereit gehalten wird, dann kann unmöglich

$$\frac{p'^2 + a^2 q'^2}{ab} = \text{einer ungeraden ganzen Zahl}$$

sein für bestimmte Zahlwerte q' und p' und für *jede beliebige positive Zahl* a. Das ist nicht etwa nur ein Operieren mit gedachten Zahlen, die man nicht wirklich ermitteln kann. Zwei von den Maßzahlen kann man sich ja verschaffen, z.B. q' und p', die eine durch direkte, die andere durch indirekte Messung. Und dann kann man sich (s.v.v.) davon überzeugen, daß obiger Ausdruck, aus den Maßzahlen q' und p' und einem willkürlichen a gebildet, keine ungerade ganze Zahl ist.

Der Mangel an Einblick in den Zusammenhang der verschiedenen bereit gehaltenen Antworten (in die „Mnemotechnik" des Schülers) ist ein vollkommener, die Lücke wird nicht etwa durch eine neuartige Algebra der Q.M. ausgefüllt. Der Mangel ist um so befremdender, als man anderseits beweisen kann: die Verschränkung ist schon durch die Forderungen $q = Q$ und $p = -P$ eindeutig festgelegt. Wenn wir wissen, daß die Koordinaten gleich und die Impulse entgegengesetzt gleich sind, so folgt quantenmechanisch eine *ganz bestimmte* ein-eindeutige Zuordnung *aller möglichen* Messungen an den beiden Systemen. Für *jede* Messung am „kleinen" kann man sich die Maßzahl durch eine passend angeordnete Messung am „großen" verschaffen, und jede Messung am großen orientiert zugleich über das Ergebnis, das eine bestimmte Art von Messung am kleinen geben wird oder gegeben hat. (Natürlich in demselben Sinn wie bisher immer: nur die jungfräuliche Messung an jedem System zählt.) Sobald wir die zwei Systeme in die Situation gebracht haben, daß sie (kurz gesagt) in Koordinate und Impuls übereinstimmen, stimmen sie (kurz gesagt) auch in bezug auf alle anderen Variablen überein.

Aber wie die Zahlwerte all dieser Variablen an *einem* System untereinander zusammenhängen, wissen wir gar nicht, obwohl das System für jede einen ganz bestimmten in Bereitschaft haben muß: denn wir können, wenn wir wollen, gerade ihn am Hilfssystem in Erfahrung bringen und finden ihn dann bei direkter Messung stets bestätigt.

Soll man sich nun denken, weil wir über die Beziehung zwischen den in *einem* System bereitgestellten Variablenwerten so gar nichts wissen, daß keine besteht, daß weitgehend beliebige Kombinationen vorkommen können? Das würde heißen, daß solch ein System von „*einem* Freiheitsgrad" nicht bloß *zwei* Zahlen zu seiner ausreichenden Beschreibung nötig hätte, wie die klassische Mechanik wollte, sondern viel mehr, vielleicht unendlich viele. Aber dann ist es doch seltsam, daß *zwei* Systeme immer gleich in *allen* Variablen übereinstimmen, wenn sie in zweien übereinstimmen. Man müßte also zweitens annehmen, daß dies an unserer Ungeschicklichkeit liegt; müßte denken, daß wir praktisch nicht imstande sind, zwei Systeme in eine Situation zu bringen, in der sie bezüglich zweier Variablen übereinstimmen, ohne nolens volens die Übereinstimmung auch für alle übrigen Variablen mit herbeizuführen, obwohl das an sich nicht nötig wäre. Diese *beiden* Annahmen müßte man machen, um den völligen Mangel an Einsicht in den Zusammenhang der Variablenwerte innerhalb eines Systems nicht als eine große Verlegenheit zu empfinden.

§ 14. Die Änderung der Verschränkung mit der Zeit. Bedenken gegen die Sonderstellung der Zeit.

Es ist vielleicht nicht überflüssig, daran zu erinnern, daß alles, was in den Abschnitten 12 und 13 gesagt worden ist, sich auf einen einzigen Augenblick bezieht. Die Verschränkung ist nicht zeitbeständig. Sie bleibt zwar dauernd eine eindeutige Verschränkung *aller* Variablen, aber die Zuordnung wechselt. Das heißt folgendes: Zu einer späteren Zeit t kann man wohl auch wieder die Werte von q oder von p, die *dann* gelten, durch eine Messung am Hilfssystem in Erfahrung bringen, aber die Messungen, die man dazu am Hilfssystem vornehmen muß, sind *andere*. Welche es sind, kann man in einfachen Fällen leicht sehen. Es kommt jetzt natürlich auf die Kräfte an, die innerhalb jedes der beiden Systeme wirken. Nehmen wir an, es wirken keine Kräfte. Die Masse wollen wir, einfachheitshalber, für beide gleich setzen und m nennen. Dann würden im klassischen Modell die Impulse p und P konstant bleiben, weil es doch die mit der Masse multiplizierten Geschwindigkeiten sind; und die Koordinaten zur Zeit t, die wir zur Unterscheidung mit dem Index t behaften wollen (q_t, Q_t), würden sich aus den anfänglichen, die auch weiterhin q, Q heißen sollen, so berechnen:

$$q_t = q + \frac{p}{m} t$$

$$Q_t = Q + \frac{P}{m} t.$$

Sprechen wir zuerst von dem kleinen System. Die natürlichste Art, es klassisch zur Zeit t zu beschreiben, ist durch Angabe von Koordinate und Impuls *zu dieser Zeit*, d.i. durch q_t und p. Aber man kann es auch anders machen. Man kann statt q_t auch q angeben. Auch q ist ein „Bestimmungsstück zur Zeit t", und zwar zu jeder Zeit t, und zwar eines, daß sich mit der Zeit nicht ändert. Das ist so ähnlich, wie ich ein gewisses Bestimmungsstück meiner eigenen Person, nämlich mein *Alter*, entweder durch die Zahl 48 angeben kann, welche sich mit der Zeit verändert und beim System der Angabe von q_t entspricht, oder durch die Zahl 1887, was in Dokumenten üblich ist und der Angabe von q entspricht. Nun ist nach obigem

$$q = q_t - \frac{p}{m} t.$$

Ähnlich für das zweite System. Wir nehmen also als Bestimmungsstücke

für das erste System $\quad q_t - \frac{p}{m} t$ und p

für das zweite System $\quad Q_t - \frac{P}{m} t$ und P.

Der Vorteil ist, daß *zwischen diesen dauern dieselbe Verschränkung fortbesteht*:

$$q_t - \frac{p}{m} t = Q_t - \frac{P}{m} t$$

$$p = -P$$

oder aufgelöst:

$$q_t = Q_t - \frac{2t}{m} P; \; p = -P.$$

Was mit der Zeit anders wird, ist also nur dies: die Koordinate des „kleinen" Systems wird nicht einfach durch eine Koordinatenmessung am Hilfssystem ermittelt, sondern durch eine Messung des Aggregates

$$Q_t - \frac{2t}{m} P.$$

Darunter darf man sich aber nicht etwa vorstellen, daß man Q_t und P mißt, denn das geht ja nicht. Sondern man hat sich zu denken, wie man es sich in der Q.M. immer zu denken hat, daß es ein direktes Meßverfahren für dieses Aggregat gibt. Im übrigen gilt, mit dieser Änderung, *alles*, was in den Abschnitten 12 und 13 gesagt worden ist, für jeden Zeitpunkt; insbesondere besteht in jedem Zeitpunkt die ein-eindeutige Verschränkung *aller* Variablen samt ihren üblen Konsequenzen.

Genau so steht es auch, wenn innerhalb jedes Systems eine Kraft wirkt, aber q_t und p verschränken sich dann mit Variablen, die komplizierter aus Q_t und P zusammengesetzt sind.

Ich habe das kurz erklärt, damit wir uns folgendes überlegen können. Daß die Verschränkung sich mit der Zeit ändert, macht uns doch ein wenig nachdenklich. Müssen etwa alle Messungen, von denen die Rede war, in ganz kurzer Zeit, eigentlich *momentan*, zeitlos, vollzogen werden, um die unerbittlichen Konsequenzen zu rechtfertigen? Läßt sich der Spuk bannen durch den Hinweis, daß die Messungen Zeit gebrauchen? Nein. Man hat ja bei jedem einzelnen Versuch bloß je *eine* Messung an jedem System nötig; bloß die jungfräuliche gilt, weitere würden ohnehin belanglos sein. Wie lange die Messung dauert, braucht uns also nicht zu kümmern, da wir doch keine zweite folgen lassen wollen. Man muß bloß die zwei Jungfernmessungen so einrichten können, daß sie die Variablenwerte für denselben bestimmten, uns vorher bekannten Zeit*punkt* liefern, vorher bekannt, weil wir doch die Messungen auf ein Variablenpaar richten müssen, das gerade in diesem Zeitpunkt verschränkt ist.

— Vielleicht ist es nicht möglich, die Messungen so einzurichten?

= Vielleicht. Ich vermute es sogar. Bloß: die *heutige* Q.M. muß das fordern. Denn sie ist nun einmal so eingerichtet, daß ihre Voraussagen stets für einen bestimmten Zeit*punkt* gemacht sind. Da sie sich auf Maßzahlen beziehen sollen, hätten sie gar keinen Inhalt, wenn sich die betreffenden Variablen nicht *für* einen bestimmten Zeitpunkt messen ließen, mag nun die Messung selber lang oder kurz dauern.

Wann wir das Resultat *erfahren*, ist uns natürlich ganz gleichgültig. Das hat theoretisch so wenig Belang wie etwa die Tatsache, daß man einige Monate braucht, um die Differentialgleichungen des Wetters für die nächsten drei Tage zu integrieren. — Der drastische Vergleich mit dem Schülerexamen wird dem Buchstaben nach in einigen Punkten unzutreffend, dem Geist nach besteht er zu Recht. Der Ausdruck „das System *weiß*" wird vielleicht nicht mehr die Bedeutung haben, daß die Antwort aus der Situation eines Augenblicks entspringt, sie mag vielleicht geschöpft sein aus einer Sukzession von Situationen, die einen endlichen Zeitraum umfaßt. Aber selbst wenn dem so wäre, brauchte es uns nicht zu bekümmern, wenn nur das System seine Antwort irgendwie aus sich heraus schöpft ohne eine andere Hilfe, als daß wir ihm (durch die Versuchsanordnung) sagen, *welche* Frage wir beantwortet wünschen; und wenn nur die Antwort selber einem Zeit*moment* eindeutig zugeordnet ist; was bei jeder Messung, von welcher die heutige Q.M. spricht, wohl oder übel vorausgesetzt werden muß, sonst hätten die quantenmechanischen Voraussagen keinen Inhalt.

Wir sind aber bei unserer Diskussion auf eine Möglichkeit gestoßen. Wenn sich die Auffassung durchführen ließe, daß die quantenmechanischen Vorhersagen sich nicht oder nicht immer auf einen ganz bestimmten scharfen

Zeitpunkt beziehen, dann brauchte man das auch von den Maßzahlen nicht zu fordern. Dadurch würde, da die verschränkten Variablen mit der Zeit wechseln, die Aufstellung der antinomischen Behauptungen außerordentlich erschwert.

Daß die zeitlich scharfe Voraussage ein Mißgriff ist, ist auch aus anderen Gründen wahrscheinlich. Die Maßzahl der Zeit ist wie jede andere das Resultat einer Beobachtung. Darf man gerade der Messung an einer Uhr eine Ausnahmestellung einräumen? Soll sie sich nicht wie jede andere auf eine Variable beziehen, die im allgemeinen keinen scharfen Wert hat und ihn jedenfalls nicht zugleich mit *jeder* anderen Variablen haben kann? Wenn man den Wert einer *anderen* für einen bestimmten *Zeitpunkt* voraussagt, muß man nicht befürchten, daß beide zugleich gar nicht scharf bekannt sein können? Innerhalb der heutigen Q.M. läßt sich der Befürchtung kaum recht nachgeben. Denn die Zeit wird a priori als dauernd genau bekannt angesehen, obwohl man sich sagen müßte, daß jedes Auf-die-Uhr-Sehen den Fortschritt der Uhr in unkontrollierbarer Weise stört.

Ich möchte wiederholen, daß wir eine Q.M., deren Aussagen *nicht* für scharf bestimmte Zeitpunkte gelten sollen, nicht besitzen. Mir scheint, daß dieser Mangel sich gerade in jenen Antinomien kundgibt. Womit ich nicht sagen will, daß es der einzige Mangel ist, der sich in ihnen kundgibt.

§ 15. *Naturprinzip oder Rechenkunstgriff?*

Daß die „scharfe Zeit" eine Inkonsequenz innerhalb der Q.M. ist und daß außerdem, sozusagen unabhängig davon, die Sonderstellung der Zeit ein schweres Hindernis bildet für die Anpassung der Q.M. an das *Relativitätsprinzip*, darauf habe ich in den letzten Jahren immer wieder hingewiesen, leider ohne den Schatten eines brauchbaren Gegenvorschlags machen zu können[1]. Beim Überschauen der ganzen heutigen Situation, wie ich sie hier zu schildern versuchte, drängt sich noch eine Bemerkung ganz anderer Art auf in bezug auf die so heftig angestrebte, aber noch nicht wirklich erreichte „Relativisierung" der Q.M.

Die merkwürdige Theorie des Messens, das scheinbare Umspringen der ψ-Funktion und schließlich die „Antinomien der Verschränkung" entspringen alle aus der einfachen Art, in welcher der Rechenapparat der Quantenmechanik zwei getrennte Systeme gedanklich zu einem einzigen zusammenzufügen erlaubt; wofür er geradezu prädestiniert scheint. Wenn zwei Systeme in Wechselwirkung treten, treten, wie wir gesehen haben, nicht etwa ihre ψ-

---

[1] Berl. Ber. 16. April 1931; Annales de l'Institut H. Poincaré, S. 269 (Paris 1931); Cursos de la universidad internacional de verano en Santander, I, S. 60 (Madrid, Signo, 1935).

Funktionen in Wechselwirkung, sondern die hören sofort zu existieren auf und eine einzige für das Gesamtsystem tritt an ihre Stelle. Sie besteht, um das kurz zu erwähnen, zuerst einfach aus dem *Produkt* der zwei Einzelfunktionen; welches, da die eine Funktion von ganz anderen Veränderlichen abhängt als die andere, eine Funktion von allen diesen Veränderlichen ist oder „in einem Gebiet von viel höherer Dimensionszahl spielt" als die Einzelfunktionen. Sobald die Systeme aufeinander einzuwirken beginnen, hört die Gesamtfunktion auf, ein Produkt zu sein, und zerfällt auch, wenn sie sich wieder getrennt haben, nicht wieder in Faktoren, die sich den Systemen einzeln zuweisen ließen. So verfügt man vorläufig (bis die Verschränkung durch eine wirkliche Beobachtung gelöst wird) nur über eine *gemeinsame* Beschreibung der beiden in jenem Gebiet von höherer Dimensionszahl. Das ist der Grund, weshalb die Kenntnis der Einzelsysteme auf das Notdürftigste, ja auf Null herabsinken kann, während die des Gesamtsystems dauernd maximal bleibt. Bestmögliche Kenntnis eines Ganzen schließt *nicht* bestmögliche Kenntnis seiner Teile ein — und darauf beruht doch der ganze Spuk.

Wer das überlegt, den muß folgende Tatsache doch recht nachdenklich stimmen. Das gedankliche Zusammenfügen zweier oder mehrerer Systeme zu *einem* stößt auf große Schwierigkeit, sobald man in die Q.M. das spezielle Relativitätsprinzip einzuführen sucht. Das Problem eines einzigen Elektrons hat P.A.M. Dirac[1] schon vor nunmehr sieben Jahren verblüffend einfach und schön relativistisch gelöst. Eine Reihe experimenteller Bestätigungen, durch die Schlagworte Elektronendrall, positives Elektron und Paarerzeugung bezeichnet, können an der grundsätzlichen Richtigkeit der Lösung keinen Zweifel lassen. Aber erstens tritt sie doch sehr stark aus dem Denkschema der Q.M. (demjenigen, das ich *hier* zu schildern suchte) heraus[2], zweitens stößt man auf hartnäckigen Widerstand, sobald man von der *Dirac*schen Lösung aus, nach dem Vorbilde der nichtrelativen Theorie, zum Problem mehrerer Elektronen vorzudringen sucht. (Das zeigt schon, daß die Lösung aus dem allgemeinen Schema herausfällt, denn in diesem ist, wie erwähnt, das Zusammenfügen von Teilsystemen das Allereinfachste.) Ich maße mir über die Versuche, die in dieser Richtung vorliegen, kein Urteil an[3]. Daß sie das Ziel erreicht haben, glaube ich schon deshalb nicht, weil die Autoren es nicht behaupten.

---

[1] Proc. Roy. Soc. Lond. A, **117**, 610 (1928).

[2] *P. A. M. Dirac*, The principles of quantum mechanics, 1. Aufl., S. 239; 2. Aufl., S. 252. Oxford: Clarendon Press 1930 bzw. 1935.

[3] Hier einige der wichtigeren Literaturstellen: *G. Breit*, Physic. Rev. **34**, 553 (1929) u. 616 (1932). — *C. Møller*, Z. Physik **70**, 786 (1931). — *P. A. M. Dirac*, Proc. Roy. Soc. Lond. A **136**, 453 (1932) u. Proc. Cambridge Philos. Soc. **30**, 150 (1934). — *R. Peierls*, Proc. Roy. Soc. Lond. A **146**, 420 (1934). — *W. Heisenberg*, Z. Physik **90**, 209 (1934).

Ähnlich steht es mit einem anderen System, dem elektromagnetischen Feld. Seine Gesetze sind „die verkörperte Relativitätstheorie", eine *un*relative Behandlung ist überhaupt unmöglich. Gleichwohl war dieses Feld, das als klassisches Modell der Wärmestrahlung den ersten Anstoß zur Quantentheorie gegeben hat, das erste System, welches „gequantelt" wurde. Daß dies mit einfachen Mitteln gelingen konnte, liegt daran, daß man es hier ein bißchen leichter hat, weil die Photonen, die „Lichtatome", überhaupt nicht direkt aufeinander einwirken[1], sondern bloß unter Vermittlung der geladenen Teilchen. Eine wirklich einwandfreie Quantentheorie des elektromagnetischen Feldes besitzen wir auch heute noch nicht[2]. Man kommt mit dem *Aufbau aus Teilsystemen* nach dem Muster der unrelativen Theorie zwar weit (*Dirac*sche Lichttheorie[3]), aber doch wohl nicht ganz ans Ziel.

Vielleicht ist das einfache Verfahren, das die unrelative Theorie dafür besitzt, doch nur ein bequemer Rechenkunstgriff, der aber heute, wie wir gesehen haben, einen unerhört großen Einfluß auf unsere Grundeinstellung zur Natur erlangt hat.

Für die Muße der Abfassung dieses Referates habe ich Imperial Chemical Industries Limited, London, wärmstens zu danken.

---

[1] Das trifft aber wahrscheinlich nur näherungsweise zu. Vgl. *M. Born u. L. Infeld*, Proc. Roy. Soc. Lond. A **144**, 425 u. **147**, 522 (1934); **150**, 141 (1935). Dies ist der jüngste Versuch einer Quantenelektrodynamik.

[2] Hier wieder die wichtigsten Arbeiten, zum Teil gehörten sie ihrem Inhalt nach auch unter das vorletzte Zitat: *P. Jordan u. W. Pauli*, Z. Physik **47**, 151 (1928). – *W. Heisenberg u. W. Pauli*, Z. Physik **56**, 1 (1929); **59**, 168 (1930). – *P. A. M. Dirac, V. A. Fock u. B. Podolsky*, Physik. Z. d. Sowj. **6**, 468 (1932). – *N. Bohr u. L. Rosenfeld*, Danske Vidensk aberne Selskab, math-phys. Mitt. **12**, 8 (1933).

[3] Ein treffliches Referat: *E. Fermi*, Rev. of Modern Physics **4**, 87 (1932).

6 Wladimir Fock
Kritik der Anschauungen Bohrs über die Quantenmechanik[1] (1952)

Im Jahre 1948 veröffentlichte die Schweizer Zeitschrift „Dialectica" eine Diskussion über die Grundfragen der Quantenmechanik. An dieser Diskussion nahmen viele hervorragende Physiker teil, unter anderen Bohr, Heisenberg, Einstein und Pauli, deren Artikel in den Nummern 7 und 8 der erwähnten Zeitschrift erschienen. Die größte Bedeutung kommt dem Artikel Bohrs „Über die Begriffe Kausalität und Komplementarität" zu. Man kann diesen Aufsatz nicht nur als Ausdruck der Anschauungen der eigentlichen Kopenhagener Schule, sondern auch der Ansichten betrachten, die unter den Wissenschaftlern des Auslands über die Quantenmechanik vorherrschen.

Diese Gedankengänge bewegen sich auf dem Boden einer idealistischen Philosophie, des sogenannten Positivismus, der mit der marxistischen Philosophie des dialektischen Materialismus unvereinbar ist. Nun führt eine unrichtige philosophische Einstellung, wenn sie auf irgendein konkretes Gebiet der Wissenschaft angewandt wird, unausweichlich zu Fehlern in dieser Wissenschaft selbst. Besonders wichtig ist deshalb die Untersuchung, ob außer den nicht akzeptablen allgemein-philosophischen Anschauungen der Vertreter der Kopenhagener Schule, deren Unrichtigkeit dem sowjetischen Leser offenbar ist, nicht auch ihre konkreten Folgerungen fehlerhaft sind und zu einer falschen Deutung der Quantenmechanik selbst führen.

Da der erwähnte Artikel Bohrs die Zusammenfassung der Anschauungen darstellt, die er selbst entwickelt hat, ist er zu einer solchen Analyse geeignet.

Der Genauigkeit halber müssen wir den Inhalt des Bohrschen Artikels eingehend darlegen und ausführliche Zitate bringen.

Im einleitenden Abschnitt seines Artikels spricht Bohr von der kausalen Beschreibungsweise der Erscheinungen in der klassischen Physik und schreibt: „Die Relativitätstheorie, die der klassischen Physik ungeahnte Geschlossenheit und Abrundung verlieh, gestattete, das Kausalitätsprinzip in allgemeinster Weise exakt zu formulieren."

Hierzu kann man folgendes bemerken. Ohne Zweifel hat die Relativitätstheorie den Begriff der Kausalität stark präzisiert. Eine genaue Formulierung des Kausalitätsprinzips in allgemeinster Form ist jedoch ein allgemein-philosophisches Problem, dessen Lösung den Klassikern des Marxismus zu verdanken ist.

Bohr schreibt weiter:

„Eine ganz neue Situation schuf jedoch die Entdeckung des universellen Wirkungsquantums. Diese Entdeckung enthüllte die Unteilbarkeit der atomaren Prozesse als wesentlichen Charakterzug, der weitaus eingreifender ist als die alte Lehre von der

---

[1] В. А. Фок, Критика взглядов Бора на квантовую механику. Aus: Успехи физ. наук (Fortschr. d. Phys.), 1951, Bd. 45, H. 1, S. 3—14.

begrenzten Teilbarkeit der Materie, die anfänglich zur kausalen Erklärung der Eigenschaften der Materie eingeführt wurde und die Grundlage dieser Erklärung bildete. Dieser neue Charakterzug ist nicht nur den klassischen Theorien der Mechanik und des Elektromagnetismus völlig fremd, sondern sogar unvereinbar mit dem Kausalitätsprinzip selbst."

Bohr behauptet also, daß die Existenz des Wirkungsquantums mit der Kausalität unvereinbar sei. Wie begründet er dies? Wir zitieren weiter:

„Tatsächlich ist durch eine vollständige Beschreibung des Zustandes eines physikalischen Systems offenbar noch nicht festgelegt, welcher der verschiedenen Elementarprozesse des Überganges in andere Zustände stattfinden wird. Bei Berücksichtigung der Quanteneffekte muß man wesentlich mit dem Begriff der Wahrscheinlichkeit der verschiedenen möglichen Übergangsprozesse arbeiten."

Das ist richtig, kann aber nicht als Argument für die Ungültigkeit des Kausalitätsprinzips dienen. Vor allem darf man die Kausalität nicht mit eindeutiger Determiniertheit gleichsetzen; sie beinhaltet vielmehr den allgemeineren Begriff der Gesetzmäßigkeit. Außerdem muß man bei den Quantenprozessen unterscheiden zwischen der zeitlichen Entwicklung des Zustandes eines Systems, das sich unter genau bestimmten physikalischen Bedingungen befindet, und den unstetigen Zustandsänderungen, die man bei plötzlichen, keiner genauen Kontrolle zugänglichen Änderungen der physikalischen Bedingungen zulassen muß. (Solche plötzliche Änderungen der physikalischen Bedingungen sind bei der Messung irgendeiner physikalischen Größe unvermeidlich.) Es ist ganz natürlich, daß in der Quantenmechanik die Wellengleichung, die bis zu einem gewissen Genauigkeitsgrade den Zustand eines Systems beschreibt, das sich unter definierten physikalischen Bedingungen befindet, aufhört, verwendbar zu sein, wenn diese Bedingungen sich unstetig ändern und nicht mehr vollständig festgelegt sind. Sind die physikalischen Bedingungen vorgegeben, so erfolgt jede Zustandsänderung nach einem bestimmten Gesetz, in voller Übereinstimmung mit dem Kausalitätsprinzip. Ändern sich jedoch diese Bedingungen plötzlich und in unbestimmter Weise, so kann man nicht verlangen, daß die Zustandsänderung eindeutig vorherbestimmt sei. Aber auch diese Zustandsänderung erfolgt durchaus nicht willkürlich, sondern unterliegt einem ganz bestimmten Wahrscheinlichkeitsgesetz, was ebenfalls im Einklang mit dem Kausalitätsprinzip steht. Der Zustand des Objekts in einem Zeitpunkt, der der äußeren Einwirkung unmittelbar vorhergeht, bestimmt die Wahrscheinlichkeit der verschiedenen Verhaltensweisen des Objektes unter dieser Einwirkung. Man kann sogar sagen, daß der Zustand selbst durch die Wahrscheinlichkeiten für das Verhalten des Objekts bei allen denkbaren äußeren Einwirkungen gekennzeichnet wird. Wir kehren später noch zu dieser Frage zurück.

Weiterhin weist Bohr auf das Vorhandensein von Korpuskel- und Welleneigenschaften der Teilchen hin und sagt, daß „jede Bestimmung der Planckschen Konstante sich auf die Gegenüberstellung der beiden Aspekte der Erscheinung gründet; die Bilder, die ihnen entsprechen, sind im Rahmen der klassischen Theorie unvereinbar". Die letzte Bemerkung scheint uns ziemlich nichtssagend, da bei Versuchen, in denen keine Quanteneffekte zutage treten, selbstverständlich nichts über die Plancksche Konstante ausgesagt werden kann. Bohr jedoch sagt folgendes:

„Bei dieser Lage der Dinge sehen wir uns der Notwendigkeit gegenüber, die Grundlagen der Beschreibung und Erklärung der physikalischen Erscheinungen von Grund auf zu revidieren"; diese Worte schickt er einer Darlegung der Grundgedanken der Quantenmechanik, wie er sie auffaßt, voraus.

Bohr geht nun zur Darstellung der Quantenmechanik über und betont zuerst, „daß die Beschreibung der Versuchsanordnung und die Aufzeichnung der Beobachtung stets in der üblichen Sprache erfolgen muß, welche die Bezeichnungsweise der klassischen Physik benutzt". An sich ist diese Behauptung ohne Zweifel richtig. Man kann aus ihr aber keinesfalls die Schlüsse ziehen, die Bohr daraus folgert, daß nämlich alles übrige, was über die Beschreibung der Meßapparatur und die Aufzeichnung der Beobachtungen hinausgeht, nur symbolischen Charakter besitze. Auf diese Anschauung Bohrs werden wir noch eingehen.

Er sagt weiter:

„Die Tatsache, daß die Quantenerscheinungen nicht im Sinne der klassischen Physik analysiert werden können, bedeutet die Unmöglichkeit, das Verhalten der atomaren Objekte losgelöst von ihrer Wechselwirkung mit den Meßgeräten zu betrachten, die die Bedingungen festlegen, unter denen die Erscheinung abläuft.

Insbesondere drückt sich die Unteilbarkeit der typischen Quanteneffekte darin aus, daß jeder Versuch, die Erscheinung zu analysieren, eine Abänderung der Versuchsanordnung erfordert, die neue Quellen unkontrollierbarer Wechselwirkung zwischen den Objekten und Meßgeräten mit sich bringt."

Im ersten Satz wird richtig darauf hingewiesen, daß der Zustand der atomaren Objekte und ihr „Verhalten", d. h. ihre Zustandsänderung, von den äußeren Bedingungen abhängen, und daß es deshalb notwendig ist, diese äußeren Bedingungen zu fixieren. Der Gedanke, der im zweiten Satz ausgesprochen wird, ist im allgemeinen ebenfalls richtig, obwohl die Worte von der unkontrollierbaren Wechselwirkung streng genommen keinen präzisen Sinn haben. In der Tat handelt es sich hier um die Wechselwirkung beim Meßvorgang selbst. Was bedeutet aber „kontrollieren"? Im wesentlichen hat es den Sinn von „messen". „Unkontrollierbarkeit" bedeutet also unseres Erachtens einfach die Unmöglichkeit, eine zusätzliche Messung anzustellen, ohne die Bedingungen der gegebenen Messung zu stören. Offenbar stellen die Worte Bohrs über die unkontrollierbare Wechselwirkung einen Versuch dar, die Situation, die sich aus den Heisenbergschen Relationen ergibt — diese sind angewandt auf die Wechselwirkung zwischen Objekt und Apparatur —, in der Ausdrucksweise der klassischen Physik zu klären. Was auch immer Bohr mit diesen Worten gemeint hat, von unserem Standpunkt aus gesehen kommt ihnen auf keinen Fall irgendein tieferer Sinn zu; noch viel weniger können sie im Sinne einer Unbestimmtheit des Wechselwirkungsvorganges usw. aufgefaßt werden.

Die Behauptung Bohrs, daß es unmöglich sei, das Verhalten der atomaren Objekte von ihrer Wechselwirkung mit den Meßgeräten zu trennen, kann man ebenfalls nur mit Einschränkungen annehmen. Wie sich aus dem Folgenden ergibt, versteht Bohr diese Behauptung nicht im Sinne eines wechselseitigen Zusammenhanges zwischen untersuchtem Objekt und dem es umgebenden Feld sowie den äußeren Gegenständen, insbesondere den Meßgeräten, sondern in dem Sinne, daß das atomare Objekt sozusagen in der Meßapparatur erst geschaffen wird und weniger Realität besitzt als diese Meßapparatur.

Abgesehen davon gibt Bohr nicht an, was er eigentlich unter dem Meßgerät versteht: ob er annimmt, daß dieses Gerät den Teil umfaßt, in dem sich das Objekt unter festgelegten äußeren Bedingungen befindet und der Vorgang ohne Störung abläuft, oder ob er unter der Apparatur den Mechanismus versteht, der erst im letzten Stadium des Experiments in Tätigkeit tritt und nur zur Registrierung des Meßergebnisses dient.

Bei den Beugungserscheinungen der Elektronen z. B. haben wir fixierte äußere Bedingungen innerhalb des Kristallgitters, durch das sich das Elektron bewegt (reguläre Verteilung der Atome, elastischer Charakter der Stöße des Elektrons mit ihnen). Zur Beobachtung des Beugungsbildes können wir hinter dem Kristall eine photographische Platte, eine Anzahl von Zählrohren oder irgendein anderes Gerät aufstellen, das die Koordinate des Elektrons registriert. Die Einzelheiten dieser letztgenannten Vorrichtung sind gleichgültig; im Falle der Photoplatte oder des Zählrohrs haben wir es mit einer Verstärkeranlage zu tun, in der sich lawinenartige Prozesse entfalten. Wesentlich für die Beugungserscheinung jedoch ist das Vorhandensein des Kristalls: ist keiner da, so tritt auch keine Beugung auf, ist er aber vorhanden, so entsteht eine Beugung, unabhängig davon, wie das Beugungsbild und ob es überhaupt registriert wird. Der Kürze halber werden wir den Teil der Apparatur, in dem sich der Vorgang selbst abspielt, den arbeitenden Teil des Gerätes nennen, und den Teil, wo er registriert wird, den registrierenden Teil. In unserem Beispiel ist der arbeitende Teil der Kristall, der registrierende die Photoplatte oder das Zählrohr. Außer dem arbeitenden und registrierenden Teil kann man noch von einem vorbereitenden[1] Teil sprechen, nämlich von dem Teil, der den Zustand des Objekts vor seinem Eintritt in den arbeitenden Teil fixiert. In unserem Beispiel gehören zum vorbereitenden Teil die Quelle des monochromatischen Elektronenstrahls sowie die Blenden und die anderen Vorrichtungen, die vor dem Kristall aufgebaut sind. Zu bemerken ist hierbei, daß auch der arbeitende Teil selbst fehlen kann, falls die Erscheinung auch unter natürlichen Bedingungen zu realisieren ist; damit entfällt auch der vorbereitende Teil, und nur der registrierende bedarf im allgemeinen besonderer Vorrichtungen.

Die oben erwähnte Ungenauigkeit Bohrs besteht darin, daß er keine scharfe Grenze zwischen den verschiedenen Teilen des Meßgerätes zieht und offen läßt, ob er unter dem Meßgerät nur seinen registrierenden Teil versteht oder diese Bezeichnung auch auf den arbeitenden Teil ausdehnt. Die Worte von der „unkontrollierbaren Wechselwirkung" beziehen sich offenbar auf den registrierenden Teil, während die Feststellung, daß das Meßgerät die Bedingungen fixiere, unter denen sich der Vorgang abspielt, offensichtlich nur auf den arbeitenden Teil zutrifft.

Infolge dieser möglicherweise beabsichtigten Ungenauigkeit wird der sehr wichtige Unterschied zwischen dem Verhalten eines Objekts unter fixierten äußeren Bedingungen und seinem Verhalten unter nicht vollständig definierten Bedingungen verwischt. Das Verhalten des Objekts unter festgelegten äußeren Bedingungen wird durch die Anfangsbedingungen und die Eigenschaften des Objekts selbst vollständig bestimmt und läßt sich in der Sprache der Quantenmechanik ganz genau beschreiben. Das Ergebnis der letzten Etappe der Messung, die mit der Wechselwirkung des Objekts mit dem registrierenden Teil des Meßgerätes verbunden ist, muß in der Sprache der klassischen Physik beschrieben werden, wobei die Wahrscheinlichkeit für die verschiedenen Ergebnisse nach den Formeln der Quantenmechanik zu berechnen ist.

Aus seinen eigenen Gedankengängen zieht Bohr folgende Schlußfolgerung:

„Unter diesen Umständen ist die Zuordnung der üblichen konventionellen physikalischen Attribute (conventional physical attributes) zu atomaren Eigenschaften nicht eindeutig."

---

[1] Wegen der Wichtigkeit des Begriffes für die folgende Diskussion sei hier das russische Original wiedergegeben: приготовляющий, auch gleichbedeutend mit zubereitend, herstellend, herrichtend. — Die Red.

Die etwas dunklen Worte „konventionelle physikalische Attribute" sind erst zu entziffern. Ist hier die Unmöglichkeit gemeint, etwa einem Elektron unter allen Umständen eine bestimmte Koordinate oder einen bestimmten Impuls zuzuschreiben, so kann man zustimmen, da nach der Quantenmechanik alle klassischen Modelle atomarer Objekte nur begrenzte Verwendbarkeit haben.[1] Jedoch ist der Satz in so allgemeiner Form gehalten, daß man unter den physikalischen Attributen auch solche Eigenschaften des Elektrons wie Ladung, Masse oder Spin verstehen kann, Eigenschaften, die mit der Form des Energieoperators zusammenhängen und die Wechselwirkung des Elektrons mit anderen Teilchen und äußeren Feldern bestimmen. Alle diese Eigenschaften sind ganz und gar objektiv und nicht anzuzweifeln; von ihrer Konventionalität kann nicht die Rede sein. Deshalb kann man, falls Bohr hier die Absicht hatte, den atomaren Objekten objektive Eigenschaften wie etwa die aufgezählten streitig zu machen, ihm in keiner Weise beistimmen.

Weiterhin führt Bohr seinen Ausdruck „Komplementarität" ein (zuerst angewandt auf Beobachtungen mit verschiedenen Versuchsanordnungen) und geht zur Charakterisierung der Quantenmechanik über. Außerordentlich aufschlußreich ist die Rolle, die er der Quantenmechanik bei der Beschreibung und Erklärung der atomaren Erscheinungen zuweist. Anstatt einfach anzuerkennen, daß der Gegenstand und der Zweck der Quantenmechanik eine tiefergehende Einsicht in die Eigenschaften der atomaren Objekte ist, sagt er gleich zu Anfang: „Das geeignete Mittel zur komplementären Beschreibung ist der Apparat der Quantenmechanik." Dadurch wird die Rolle der Quantenmechanik sofort auf die Aufstellung formaler Vorschriften zur Berechnung der Wahrscheinlichkeiten für die verschiedenen Beobachtungsergebnisse reduziert, wobei man ihr die Fähigkeit aberkennt, irgendwie in das Wesen der Erscheinungen einzudringen. Bei der Kennzeichnung des Apparats der Quantenmechanik betont Bohr seine angeblich rein symbolische Natur. Er sagt, daß in diesem Apparat „die kanonischen Gleichungen der klassischen Mechanik erhalten bleiben, wobei aber die physikalischen Variablen durch symbolische Operatoren ersetzt werden, die einer nichtkommutativen Algebra genügen". Unverständlich bleibt, wieso der mathematische Apparat der Quantenmechanik mehr symbolisch sein soll als der Apparat irgendeiner anderen physikalischen Theorie. Die Mathematik arbeitet stets mit Symbolen; da aber in einer physikalischen Theorie diese Symbole eine bestimmte physikalische Interpretation zulassen, hören sie auf, abstrakte Symbole zu sein und spiegeln die Wirklichkeit wider. Das gilt unabhängig von der Kompliziertheit des benutzten mathematischen Apparates. Die Schrödingergleichung der Quantenmechanik ist nicht mehr und nicht weniger symbolisch als die Hamilton-Jacobische Gleichung der klassischen Mechanik. Bohr jedoch betont, daß die klassische Mechanik es mit physikalischen Variablen, die Quantenmechanik dagegen angeblich nur mit symbolischen Operatoren zu tun habe. Man kann sich schwer des Gedankens erwehren, daß Bohr diese Gegenüberstellung braucht, um die Realität der Existenz und der Eigenschaften der atomaren Objekte, mit denen die Quantenmechanik arbeitet, anzuzweifeln zu können. Seine Neigung, eine unmittelbare physikalische Deutung des Apparates der Quantenmechanik abzulehnen und dieser nur symbolische Bedeutung zuzumessen, führt Bohr bis zum Absurden. So sagt er: „Diese Symbole

[1] Eine Deutung der Heisenbergschen Unbestimmtheitsrelationen als Prinzip der begrenzten Verwendbarkeit klassischer Modelle findet sich in einer unserer Arbeiten (Bote der Universität Leningrad, 1949, Nr. 4, S. 34).

selbst lassen keine anschauliche Deutung zu, worauf schon die Verwendung imaginärer Zahlen hindeutet." Als seien die imaginären Zahlen irgendeine mystische Angelegenheit, und ihre Verwendung schlösse die Möglichkeit einer anschaulichen Interpretation aus! Auch die klassische Physik arbeitet doch ständig mit ihnen, insbesondere die Elektrotechnik.

Seine Ansicht, daß der mathematische Apparat der Quantenmechanik keine unmittelbare Beziehung zu den Eigenschaften der atomaren Objekte habe (deren Realität Bohr überhaupt nirgends erwähnt), sondern nur eine Hilfsrolle zur Koordinierung der Meßergebnisse spiele, spricht Bohr auch direkt aus. Er schreibt:

„Man muß den ganzen Apparat als Hilfsmittel zur Ableitung von Voraussagen eindeutigen oder statistischen Charakters betrachten, die sich auf Ergebnisse beziehen, die man unter bestimmten experimentellen Bedingungen erhalten kann."

Zu der Ansicht, daß nicht einfach die Kenntnis der objektiven Eigenschaften realer atomarer Objekte, sondern irgend etwas rein Symbolisches die Grundlage für die Voraussagen bilde, ist Bohr zweifellos infolge seiner idealistischen philosophischen Grundeinstellung gelangt. Er ist jedoch kein völlig konsequenter Idealist, da er offenbar immerhin die Realität derjenigen Erscheinungen anerkennt, die in der Sprache der klassischen Physik beschrieben werden können; seine Anschauungen über die Quantenmechanik sind aber zweifellos idealistischer Natur.

Bohr geht dann zur Diskussion der Heisenbergschen Relationen über und weist auf die „sich gegenseitig ausschließenden Bedingungen hin, unter denen man ohne Widersprüche einerseits die Lokalisierung in Raum und Zeit und andererseits die Erhaltungssätze der Mechanik benutzen kann". „Tatsächlich", sagt Bohr, „erfordert jeder Versuch, ein atomares Objekt in Raum und Zeit zu lokalisieren, eine experimentelle Anordnung, in der ein prinzipiell unkontrollierbarer Austausch von Impuls und Energie zwischen dem Objekt und den Maßstäben und Uhren vonstatten geht, die zur Ablesung dienen. Umgekehrt läßt keine Vorrichtung, die zur Kontrolle des Energie- und Impulsgleichgewichts geeignet ist, eine genaue Beschreibung von Erscheinungen und Ereignisreihen zu, die in Raum und Zeit lokalisiert sind."

All das stimmt völlig unter der Voraussetzung, daß die Analyse des Verhaltens des atomaren Objekts auf Grund der klassischen Mechanik vollzogen wird (von der Bohr selbst schon im nächsten Satze spricht). Tatsächlich jedoch erfordert nur die letzte Etappe der Messung (gewöhnlich verbunden mit den Arbeiten irgendeiner Verstärkeranlage) eine solche klassische Analyse. Bis dahin aber kann das Verhalten des Objekts, falls es sich noch unter festgelegten äußeren Bedingungen befindet, bedeutend genauer auf Grund quantenmechanischer Vorstellungen analysiert werden. Man kann deshalb der Behauptung Bohrs, daß „die Unbestimmtheitsrelationen ganz klar auf die Begrenztheit der kausalen Betrachtungsweise hindeuten", keinesfalls zustimmen. Die Unbestimmtheitsrelationen legen der Anwendbarkeit klassischer Modelle eine Beschränkung auf; das Kausalitätsprinzip aber ist kein Monopol der klassischen Physik, und deshalb bedeutet ein Verzicht auf klassische Modelle keinen Verzicht auf Kausalität.

Bohr geht jetzt zur Aufzählung der Erfolge der Quantenmechanik über und scheint dabei zu vergessen, daß er auf den vorhergehenden Seiten ihrem mathematischen Apparat lediglich symbolische Bedeutung beimaß und sie nicht zu den Eigenschaften der atomaren Objekte, sondern zur Koordinierung der Beobachtungsergebnisse in Beziehung setzte.

Er schreibt: „Die Quantenmechanik bildet eine Verallgemeinerung der klassischen Mechanik, die die Existenz des Wirkungsquantums berücksichtigt. Ihr Rahmen ist weit genug, um die Erklärung der im Experiment beobachteten Gesetzmäßigkeiten zu umfassen, die keiner klassischen Beschreibung zugänglich sind. Wir weisen hier auf die charakteristische Stabilität der Atome hin, die den ersten Anstoß zur Entwicklung der Quantenmechanik gab. Außerdem kann man an die eigenartigen Gesetzmäßigkeiten erinnern, die an Systemen zu beobachten sind, die aus gleichartigen Teilchen, beispielsweise Photonen oder Elektronen bestehen. Diese Gesetzmäßigkeiten spielen eine entscheidende Rolle im Strahlungsgleichgewicht und in den Eigenschaften der Materie. Bekanntlich werden sie in angemessener Weise durch die Symmetrieeigenschaften der Wellenfunktionen widergespiegelt, die den Zustand der komplizierten Systeme darstellen."

In diesem Zitat scheint Bohr auf den materialistischen Standpunkt überzugehen, auf den Standpunkt eines echten Naturforschers. Er spricht von den objektiven Eigenschaften der Atome (ihrer Stabilität), von objektiv existierenden Gesetzmäßigkeiten und von ihrer Wiedergabe durch den mathematischen Apparat der Quantenmechanik.

Mit diesen Aussagen kann man völlig einverstanden sein. Gleichzeitig kann man nicht umhin, in ihnen einen Widerspruch zu dem zu sehen, was Bohr einige Seiten vorher gesagt hat.

Sehr bald verläßt jedoch Bohr wieder den materialistischen Standpunkt. Nach der Beschreibung eines Gedankenexperiments, das seinerzeit (im Jahre 1935) den Gegenstand einer Diskussion zwischen Bohr und Einstein bildete, wendet er sich der Frage nach dem Gegenstand der Quantenmechanik zu und sagt, daß es sich in der quantenmechanischen Beschreibungsweise um ein „mathematisch widerspruchsfreies Schema handele, das (innerhalb der Grenzen seiner Anwendbarkeit) auf jeden Meßvorgang paßt". Bohr weist also hier wiederum der Quantenmechanik die Rolle eines Schemas zu, das zur Koordinierung der Meßergebnisse verwendbar ist. Über die Widerspiegelung der objektiven Eigenschaften der realen atomaren Objekte durch die Quantenmechanik verliert er weiter kein Wort.

Besonders deutlich tritt die idealistische philosophische Grundhaltung Bohrs in der von ihm empfohlenen Definition des Begriffs „Erscheinung" zutage. Er schreibt: „Wir müßten darauf bestehen, daß das Wort ‚Erscheinung' nur in einer begrenzten Bedeutung angewendet wird. Es darf sich nur auf Beobachtungen beziehen, die unter genau definierten Bedingungen unter Beschreibung des gesamten Versuchs durchgeführt wurden."

Wegen der Wichtigkeit dieser Definition zur Kennzeichnung der philosophischen Einstellung Bohrs führen wir dies Zitat (auf das Pauli zustimmend in seinem redaktionellen Aufsatz verweist) auch im Original an: „As a more appropriate way of expression, one may strongly advocate limitation of the use of the word phenomenon to refer exclusively to observations obtained under specified circumstances including an account of the whole experiment" (Dialectica, 7/8, 1948, S. 317).

Analysieren wir diese Definition. Erstens fehlt in ihr jeder Hinweis auf das Objekt, das die Erscheinung hervorruft. Der Hinweis auf das Objekt wird ersetzt durch einen Hinweis auf abgeleitete Beobachtungen. Zweitens wird nicht berücksichtigt, daß die Messung selbst nur das letzte Stadium des Experiments darstellt und daß diesem letzten Stadium die Herstellung der Erscheinung selbst in möglichst reiner Form, d. h. unter genau definierten Bedingungen vorhergehen muß; in diesem letzten Stadium aber werden diese Bedingungen anerkanntermaßen gestört, wovon Bohr selbst vielerorts spricht, z. B. wenn er auf die „unkontrollierbare Wechselwirkung" hinweist. In den letzten Worten seiner Definition betont Bohr, daß der Versuch als Ganzes, d. h. ohne Zerlegung in Stadien betrachtet werden muß; offenbar steht das im Zusammenhang mit dem, was er vorher über die Unteilbarkeit der atomaren Prozesse sagte. Verzichtet man aber auf eine Zerlegung des Experimentes in Stadien, so ergibt sich ein Widerspruch zu Bohrs eigenen Worten, in denen einerseits von genau definierten Bedingungen die Rede war, aber andererseits mehrmals betont wurde, daß mit den Messungen eine „unkontrollierbare Wechselwirkung" zwischen Objekt und Apparatur verbunden sei.

Es ist klar, daß die „genau definierten Bedingungen" und die „unkontrollierbare Wechselwirkung" sich nur auf verschiedene Stadien des Versuchs beziehen können.

Die Notwendigkeit, das Experiment in die ungestörte Erscheinung selbst und in den Meßakt zu zerlegen, versteht sich von selbst. Kann doch die ungestörte Erscheinung sich auch unter natürlichen Bedingungen abspielen, auf die wir keinerlei Einfluß haben (z. B. die Strahlung von Atomen in Sternen).

Die von Bohr vorgeschlagene Definition entspricht also nicht einmal den wissenschaftlichen Grundforderungen und ist sowohl vom philosophischen als auch vom physikalischen Standpunkt fehlerhaft. Der philosophische Fehler Bohrs ist offenbar. Seiner positivistisch-idealistischen Philosophie zuliebe, sucht er sogar die Erwähnung des Objekts zu vermeiden, das der Untersuchung im gegebenen Experiment zugrunde liegt; er muß das tun, um dieses Objekt als rein logische Hilfskonstruktion auffassen zu können, die zur Koordination der Angaben der Meßgeräte notwendig ist. Wenn Bohr dies auch nicht direkt ausspricht, so befindet er sich doch auf dem Wege zu einer derartigen Deutung, und auf diesem Wege folgen ihm dann andere, weniger ehrliche Verfechter der idealistischen Philosophie.

Wir wollen aber einen physikalischen Fehler Bohrs besonders herausheben, der vielleicht nicht so offen zutage liegt, aber nicht weniger Bedeutung hat. Namentlich durch falsche Interpretation der physikalischen Tatsachen versuchen die idealistischen Physiker des Auslands ihre Philosophie zu begründen.

Den physikalischen Hauptfehler Bohrs, der sich nicht nur in der von ihm gegebenen Definition des Begriffes „Erscheinung" ausdrückt, sondern auch in seiner Auffassung über die Quantenmechanik, und der sich durch seinen ganzen Aufsatz zieht, erblicken wir in folgendem.

Bohr übersieht, daß in einem physikalischen Experiment außer dem Anfangs- und dem Endzustand (der Vorbereitung des Objektes und dem Meßakt selbst) noch ein Zwischenstadium existiert, in dem das in bestimmter Weise vorbereitete Objekt sich unter festgelegten äußeren Bedingungen befindet.

Die Aufteilung des Experiments in Stadien ist nicht willkürlich, sondern vollkommen real. Ihr entspricht (in denjenigen Fällen, in denen das ganze Experiment unter Laboratoriumsbedingungen vorgenommen wird) eine Aufteilung der experimentellen Anordnung in einen vorbereitenden, einen arbeitenden und einen registrierenden Teil. Wenn er das Zwischenstadium des Experiments übersieht, scheint Bohr unsere Aufmerksamkeit vom Wesen der Erscheinung selbst, von dem Teil ablenken zu wollen, der am besten mit Hilfe der Methoden der Quantenmechanik untersucht werden kann. Gerade in diesem Zwischenstadium aber ist die Wellengleichung der Quantenmechanik anwendbar, während die Vorbereitung des Objekts und das Meßergebnis in der Sprache der klassischen Physik beschrieben werden müssen. Der Zustand des Objekts im Zwischenstadium wird durch die Wellenfunktion beschrieben. Dieser Zustand wird, wie wir schon sagten, durch die Wahrscheinlichkeit für die verschiedenen möglichen Verhaltensweisen des Objekts bei allen möglichen äußeren Einwirkungen gekennzeichnet. Der Zustand gibt sozusagen ein Bild des Objekts wieder, das vollständig real ist, obwohl zu einer Definition dieser Zustand gestört werden muß. Die Tatsache, daß die Wellenfunktion das Verhalten des Objekts nicht im klassischen Sinne, nicht an sich, sondern nur in Beziehung zu einer konkreten äußeren Einwirkung kennzeichnet, gestattet, von dem nicht absoluten Charakter der Wellenfunktion im Gegensatz zum absoluten Charakter der Felder der klassischen Physik zu sprechen. Die Wellenfunktion stellt eine (im Vergleich zur klassischen Physik) neue Form der Beschreibung des Zustandes eines Objekts dar.

Indem er das Zwischenstadium des Experiments übersieht, macht Bohr den Versuch, dieses auf den vorbereitenden und den messenden Teil zu reduzieren, welche beide in der Sprache der klassischen Physik, nur unter Berücksichtigung der Unbestimmtheitsrelation beschrieben werden. Dadurch verringert er die Bedeutung der Quantenmechanik (indem er ihr nur einen symbolischen Sinn beläßt) und übertreibt die Bedeutung der Unbestimmtheitsrelation. Tatsächlich begrenzen diese Relationen die Verwendbarkeit der klassischen Mechanik, aber das sagt nichts über das Wesen der Quantenmechanik aus.

Der wesentliche Teil der Quantenmechanik, der ein tieferes Eindringen in die Eigenschaften der atomaren Objekte ermöglicht, wird nicht mit Hilfe der Unbestimmtheitsrelation, sondern mit Hilfe eines mathematischen Apparates formuliert, der Operatoren im Hilbertraum benutzt, weiterhin Wellengleichungen, Wellenfunktionen u. ä. Die Unbestimmtheitsrelation für Koordinaten und Impulse stellt eine Folgerung aus dem Apparat der Quantenmechanik dar, und nur die Relation für Energie und Zeit, die sich auf den Meßakt bezieht, wird besonders eingeführt, wobei auch hier gezeigt werden muß, daß sie der Schrödingergleichung nicht widerspricht.

Die Überschätzung der Unbestimmtheitsrelation führt Bohr zu einer weitgehenden Überschätzung seines Prinzips der Komplementarität. Anfangs verstand man unter diesem Wort die Situation, die sich unmittelbar aus der Unbestimmtheitsrelation ergab: die Komplementarität bezog sich auf die Unbestimmtheit in Koordinate und Impuls (im Sinne einer umgekehrten Proportionalität), und der Ausdruck „Komplementaritätsprinzip" wurde als gleichbedeutend mit den Heisenbergschen Beziehungen angesehen.[1] Sehr bald jedoch begann Bohr in seinem Komplementaritätsprinzip ein universelles Prinzip zu erblicken, das nicht nur die Möglichkeit einer Beschreibung im Sinne der klassischen Physik, sondern auch die Möglichkeit jeder wissenschaftlichen Beschreibung einschränke, und das nicht nur in der Physik, sondern auch in der Biologie, Psychologie, Soziologie und überhaupt allen Wissenschaften verwendbar sei. Dieser Standpunkt wird auch in dem besprochenen Aufsatz Bohrs (auf den letzten Seiten) eingenommen.

Wegen der offensichtlichen Unbegründetheit dieses Standpunktes werden wir uns hier mit ihnen nicht auseinandersetzen. Da jedoch der Ausdruck „Komplementaritätsprinzip" seinen ursprünglichen Sinn verloren hat und als Bezeichnung für nicht vorhandene Beschränkungen unserer Erkenntnis und andere falsche Begriffe verwendet wird, verzichtet man am besten ganz auf ihn.

---

[1] Insbesondere wird in unserem Artikel in der Zeitschrift „Unter dem Banner des Marxismus", Nr. 1, 1938, S. 149, die Bezeichnung „Komplementaritätsprinzip" ausschließlich im Sinne der Heisenbergschen Relation benutzt.

In den Schlußworten seines Aufsatzes spricht Bohr seinen Gedanken aus, daß es der Komplementarität bestimmt sei, die Stelle der Kausalität einzunehmen, und daß die Quantenmechanik diesen Wechsel auf dem Gebiet der Physik repräsentiere.

Wir sind jedoch der Ansicht, daß die Quantenmechanik gerade das Gegenteil bedeutet. In ihr sind **neue Formen für den Ausdruck des Kausalitätsprinzips** gefunden worden, das neben den anderen Prinzipien der Philosophie des dialektischen Materialismus ein zuverlässiger Wegweiser auf unserem Wege zur Erkenntnis der Natur bleibt.

Übersetzt von H. Vogel

7 Werner Heisenberg
Die Entwicklung der Deutung der Quantentheorie
(1955)

I.

Daß die Plancksche Quantentheorie[1] zu Verschiebungen in den Fundamenten der Physik führen würde, mußte spätestens nach der Arbeit Einsteins[2] über die Lichtquanten im Jahre 1905 als sicher angenommen werden. Trotzdem entwickelte sich die Quantentheorie noch fast 20 Jahre lang ohne eine Klärung ihrer Prinzipien, und die Arbeit von Bohr, Kramers und Slater[3] von 1924 war der erste ernsthafte Versuch, die Paradoxien der Strahlung in rationale Physik aufzulösen. Im folgenden soll die Geschichte dieser Klärung, so wie sie sich von 1924 bis 1927 abgespielt hat, kurz geschildert und dann auf die Kritiken eingegangen werden, die neuerdings gegen die Kopenhagener Deutung der Quantentheorie erhoben werden.

Bohr, Kramers und Slater stellten damals vor allem fest, daß die wellenmäßige Ausbreitung des Lichtes einerseits, seine Absorption und Emission in Quanten andererseits experimentelle Tatsachen sind, die man zur Grundlage jedes Klärungsversuches machen muß und nicht wegdiskutieren darf; daß man also die radikalen Konsequenzen dieser Situation ernstnehmen muß. Sie führten daher die Hypothese ein, daß die Wellen den Charakter von Wahrscheinlichkeitswellen haben; daß sie zwar nicht eine Realität im Sinne der klassischen Physik, aber doch die »Möglichkeit« zu einer solchen Realität darstellen. Die Wellen sollten an jedem Orte die Wahrscheinlichkeit dafür bestimmen, daß ein dort anwesendes Atom Strahlung emittiert oder absorbiert. Die Absorption und Emission sollte in Quanten $h\nu$ stattfinden. Daraus schien zu folgen, daß der Energiesatz nicht im Einzelprozeß aufrechterhalten werden kann, und Bohr, Kramers und Slater nahmen an, daß er nur im statistischen Mittel gelte.

Obwohl sich die Annahme von der Ungültigkeit des Energiesatzes im Einzelprozeß später als falsch herausgestellt hat – die Zusammenhänge waren erheblich unanschaulicher, als man damals voraussehen konnte – so enthielt doch der Bohr-Kramer-Slatersche Deutungsversuch sehr wesentliche Züge der späteren richtigen Interpretation. Der wichtigste war die Einführung der Wahrscheinlichkeit als einer neuen Art von »objektiver« physikalischer Realität. Dieser Wahrscheinlichkeitsbegriff ist eng verwandt mit dem Begriff der Möglichkeit, der »Potentia« in der antiken Naturphilosophie, z. B. bei Aristoteles; er ist gewissermaßen die Wendung des antiken »Möglichkeitsbegriffs« vom Qualitativen ins Quantitative. Dagegen hat

---

Urfassung eines zunächst auf Englisch erschienenen Beitrages zur Festschrift anläßlich des 70. Geburtstages von Niels Bohr: *Niels Bohr and the Development of Physics*, hg. von W. Pauli, L. Rosenfeld und V. Weisskopf, London 1955. Mit freundlicher Genehmigung des Autors entnommen aus: *Physikalische Blätter*, Bd. 12, 1956.

der einzelne Quantensprung bei Bohr, Kramers und Slater den Charakter des »Faktischen«; er »geschieht« in der gleichen Weise wie ein Ereignis des täglichen Lebens oder der Ausschlag eines Galvanometers.

Einige Zeit später wurde die Gültigkeit des Energiesatzes auch im Einzelprozeß von Bothe und Geiger[4] am Comptoneffekt nachgewiesen. Im Sommer 1925 wurde die Quantenmechanik und, auf Grund der früheren Arbeit von de Broglie, seit dem Frühjahr 1926 die Schrödingersche Wellenmechanik entwickelt. Das mathematische Gerüst der neuen Quantentheorie war damit schon Mitte 1926 in den wichtigsten Teilen fertig, die physikalische Deutung aber noch weitgehend unklar.

Einen wichtigen Fortschritt stellte die Arbeit von Born[5] aus dem Sommer 1926 dar, in der zur Deutung der Stoßvorgänge im Sinne der Schrödingerschen Theorie die Welle im Konfigurationsraum als Wahrscheinlichkeitswelle interpretiert wurde. Diese Hypothese enthielt gegenüber der Bohr-Kramers-Slaterschen zwei wichtige neue Elemente. Erstens die Feststellung, daß es sich bei den »Wahrscheinlichkeitswellen« um Vorgänge nicht im gewöhnlichen dreidimensionalen Raum, sondern im abstrakten Konfigurationsraum handelt (was leider selbst heute noch gelegentlich übersehen wird); zweitens die Erkenntnis, daß die Wahrscheinlichkeitswelle dem Einzelvorgang zugeordnet ist. Die Wahrscheinlichkeitswelle beschreibt nicht das Verhalten einer großen Zahl von Elektronen, sondern nur eines Systems mit einer endlichen, durch die Dimensionszahl im Konfigurationsraum gegebenen Zahl von Teilchen, wobei die Welle nur insofern als Repräsentant einer statistischen Gesamtheit aufgefaßt werden kann, als das betreffende Experiment beliebig oft wiederholt werden könnte. Genauer ausgedrückt: die Wahrscheinlichkeitswelle im $3n$-dimensionalen Konfigurationsraum enthält statistische Aussagen über nur *ein* System von n Elektronen, das man sich zu diesem Zweck, wie in der Gibbsschen Thermodynamik, als ein beliebig herausgegriffenes Exemplar einer unendlichen statistischen Gesamtheit gleichgebauter Systeme vorstellen kann.

Die Bornsche Hypothese wurde kurze Zeit später erweitert und verallgemeinert durch die bei der Analyse von Schwankungserscheinungen getroffene Feststellung[6], daß schon die Interpretation der Diagonalelemente der Matrizen als Zeitmittelwerte in der Matrizenmechanik zu dem Schluß zwingt: die Absolutquadrate $|S_{ab}|^2$ der Matrixelemente der Transformationsmatrix müssen als Wahrscheinlichkeiten dafür interpretiert werden, daß das System im Zustande b angetroffen wird, wenn es sich im Zustande a befindet. Da die Wellenfunktionen durch Schrödinger als Matrixelemente von Transformationsmatrizen für den Übergang von Energiezuständen zu Ortszuständen erkannt worden waren, bildete die Bornsche Hypothese einen Spezialfall jener allgemeineren Annahme, die sich in natürlicher Weise in das Schema der Quantenmechanik einordnete.

Aber auch damit war man noch nicht bei einer vollständigen Deutung der Quantentheorie angekommen; denn die Frage blieb übrig: wie war das Wort »Zustand« hier definiert? Zwar war bekannt, wie man etwa ein Wasserstoffatom im Normalzustand im mathematischen Schema der Theorie darzustellen hatte. Aber es gab ja ganz andere Zustände. Z. B. sah man in der Nebelkammer die Bahn eines Elektrons.

Wie sollte man in der Theorie ein Elektron darstellen, das an einem bestimmten Ort sich mit einer bestimmten Geschwindigkeit bewegt?

Inzwischen – es war Herbst 1926 geworden – war von der sich entwickelnden Wellenmechanik her ein ganz neuer und andersartiger Vorstoß zur Deutung der Quantentheorie unternommen worden. Schrödinger[7] versuchte, die Existenz von diskreten Energiewerten und Quantensprüngen überhaupt zu leugnen und die Quantentheorie in eine klassisch-anschauliche Wellentheorie aufzulösen. Anlaß dazu bot die Feststellung, daß die diskreten Eigenwerte in der Wellenmechanik nicht als Energien, sondern als Eigenfrequenzen von Wellen auftraten und die als Produkte von Wellen dargestellten elektrischen Ladungsdichten die richtigen Strahlungsamplituden geben.

Schrödinger besuchte im September 1926 auf Einladung Bohrs Kopenhagen, um über die Wellenmechanik vorzutragen. Dabei kam es zu langen, über mehrere Tage ausgedehnten Diskussionen über die Grundlagen der Quantentheorie, in denen Schrödinger die neuen anschaulichen Vorstellungen der Wellenmechanik überzeugend zu schildern verstand und Bohr ihm doch klarmachte, daß man ohne die Quantensprünge nicht einmal das Plancksche Gesetz würde verstehen können. »Wenn es doch bei dieser verdammten Quantenspringerei bleiben soll, so bedaure ich, mich mit der Quantentheorie überhaupt beschäftigt zu haben«, hatte Schrödinger schließlich verzweifelt gerufen, und Bohr geantwortet: »Aber wir anderen sind Ihnen so dankbar, daß Sie es getan haben, da Sie damit soviel zur Klärung der Quantentheorie beigetragen haben.« Jedenfalls war mit der Wellenmechanik ein neuer Gesichtspunkt, ein neues Element von Anschaulichkeit in die Quantentheorie gekommen, die noch verarbeitet werden mußten.

Die auf Schrödingers Besuch folgenden Monate waren in Kopenhagen eine Zeit angestrengtester Arbeit, in der schließlich das entstand, was man die »Kopenhagener Deutung der Quantentheorie« nennt, und der Verfasser erinnert sich gern an die intensiven, oft bis in die späte Nacht ausgedehnten Diskussionen mit Bohr, in denen jeder neue Deutungsversuch an wirklichen oder ausgedachten Experimenten bis in alle Einzelheiten auf seine Brauchbarkeit geprüft wurde. Dabei neigte Bohr dazu, die neuen von der Wellenmechanik gefundenen anschaulichen Bilder in die Deutung der Theorie zu verarbeiten, während der Verfasser andererseits versuchte, die physikalische Deutung der Transformationsmatrizen so zu erweitern, daß eine in sich geschlossene, allen möglichen Experimenten gerecht werdende Interpretation entstand.

Die Klärung dieser beiden, zunächst scheinbar verschiedenen Ansätze erfolgte in den ersten Monaten des Jahres 1927, als Bohr für einige Wochen zum Schi-Urlaub nach Norwegen gefahren war. Bohr entwickelte in dieser Zeit die Grundlagen für seinen Begriff der »Komplementarität«, während der Verfasser das Problem, wie man von einer experimentell gegebenen Ausgangssituation zu ihrer mathematischen Darstellung kommen könnte, durch eine Umkehrung der Fragestellung zu lösen suchte, nämlich durch die Hypothese: nur solche Zustände kommen in der Natur vor oder können experimentell realisiert werden, die sich als Vektoren im Hilbertraum darstellen lassen. Diese Art der Lösung, über die der Verfasser damals ausführlich mit Pauli korrespondierte, hatte ihr Vorbild in der Einsteinschen speziellen Relativitätstheorie: Einstein hatte die Schwierigkeiten der Elektrodynamik dadurch beseitigt, daß er die »scheinbare« Zeit der Lorentztransformation für die wirkliche erklärte; die Natur sei so geartet, hatte er angenommen, daß die wirkliche Zeit immer jenem Buchstaben t' in der Lorentztransformation entspricht. Ähnlich wurde hier in der Quantentheorie angenommen, daß wirkliche Zustände sich stets als Vektoren im Hilbertraum (oder als »Gemische« von solchen Vektoren) darstellen lassen. Der anschauliche Ausdruck für diese Annahme war die Unbestimmtheitsrelation[8].

Der Bohrsche Begriff der Komplementarität[9] führte zu der gleichen Begrenzung in der Anwendbarkeit klassischer Begriffe durch das Aufzeichnen ganz verschiedenartiger, eben »komplementärer« anschaulicher Bilder, die nur dann ohne Widerspruch nebeneinander bestehen konnten, wenn ihr Anwendungsbereich eingeschränkt wurde. Einige Zeit später fand der Bohrsche Gesichtspunkt der Komplementarität noch eine besonders eindrucksvolle Darstellung im mathematischen Schema der Quantentheorie, als Jordan, Klein und Wigner[10] zeigen konnten, daß man von einer anschaulichen (dreidimensionalen) Materiewellentheorie im Schrödingerschen Sinne ausgehen konnte und durch die Quantisierung dieser Theorie doch wieder zum Hilbertraum der Quantenmechanik zurückkehrte. Erst damit war die volle Äquivalenz des Teilchen- und des Wellenbildes in der Quantentheorie erwiesen und der Schrödingersche Gesichtspunkt einer anschaulichen Wellenmechanik voll zu seinem Recht gekommen. Außerdem hatten damit das Paulische Ausschließungsprinzip und die Bosestatistik ihren angemessenen Platz in der Quantentheorie erhalten.

Seit dem Frühjahr 1927 hatte man also endlich ein in sich geschlossenes, eindeutiges mathematisches Verfahren, um Experimente an den Atomen zu deuten oder ihr Ergebnis vorherzusagen. Dabei enthielt diese Deutung die bekannten statistischen Elemente, die ja in den Experimenten schon seit langer Zeit zu Tage getreten waren (z. B. beim α-Zerfall, beim Photoeffekt usw.).

Im Herbst 1927 fand die Solvay-Konferenz in Brüssel statt, und hier bestand die neue Deutung der Quantentheorie, die nun der scharfsinnigsten Kritik insbesondere von Einsteins Seite ausgesetzt wurde, ihre Feuerprobe. Noch einmal wurden die Experimente erörtert, deren Deutung stets die größten Schwierigkeiten bereitet hatte, und immer wieder zeigte sich, daß die neue Deutung keine inneren Widersprüche enthielt und offenbar zu den richtigen experimentellen Ergebnissen führte. Ihren schönsten Niederschlag haben die Diskussionen dieser Konferenz in der Schrift von Bohr[11] zum 70. Geburtstag Albert Einsteins gefunden. Seit der Solvay-Konferenz von 1927 ist die »Kopenhagener« Deutung der Quantentheorie ziemlich allgemein angenommen und allen praktischen Anwendungen der Quantentheorie zugrunde gelegt worden. Sie ist aber auch gelegentlich als die »orthodoxe« gescholten und kritisiert worden.

Die Kritik an der Theorie, von der später noch ausführlich zu sprechen sein wird, hatte allerdings noch mit einer anderen Seite des Problems zu tun, die erst im Lauf der Zeit an Bedeutung gewann. Was im Jahre 1927 in Kopenhagen entstand, war ja nicht nur eine eindeutige Vorschrift zur Interpretation von Experimenten, sondern auch eine Sprache, in der über die Natur im atomaren Bereich gesprochen wurde, und insofern ein Teil der Philosophie. In der Tat war die Art, wie Bohr seit 1912 über die atomaren Erscheinungen nachgedacht hatte, immer ein Mittelding zwischen Physik und Philosophie gewesen, und nur durch die Verbindung von prinzipieller Fragestellung mit den praktischen Problemen des Experiments war ihm die atomtheoretische Ordnung des Periodischen Systems der Elemente gelungen. So formte sich ihm die neue Deutung der Quantentheorie auch in der philosophischen Sprache, an die ihn der Umgang mit den Atomen in 15 Jahren gewöhnt hatte und die den Problemen am besten angemessen schien. Aber dies war nicht die Sprache einer der traditionellen philosophischen Richtungen: Positivismus, Materialismus, Idealismus; sie war in ihrer Substanz anders, wiewohl sie Elemente aller dieser Denksysteme enthielt.

II.

Im Anfang ging die Kritik an der Deutung der Quantentheorie von den älteren Physikern aus, die von dem Begriffsgebäude der klassischen Physik nicht so viel zu opfern bereit waren, wie hier gefordert wurde. Einstein, Schrödinger und v. Laue erkannten die neue Deutung nicht als endgültig oder befriedigend an. In den letzten Jahren aber haben auch verschiedene jüngere Physiker gegen die »orthodoxe« Deutung Stellung genommen und zum Teil Gegenvorschläge gemacht, über die im folgenden gesprochen werden soll.

Man kann die Arbeiten der Gegner der Kopenhagener Deutung in drei Gruppen einteilen:

Die erste, zahlreichste Gruppe übernimmt zwar die Interpretation der Experimente ohne Ausnahme aus der Kopenhagener Deutung, wenigstens soweit es die bisher durchführbaren Experimente betrifft, erklärt sich aber mit der dabei verwendeten Sprache, d. h. der zugrunde liegenden Philosophie unzufrieden und ersetzt sie durch eine andere. Zu dieser Gruppe gehören die Arbeiten von Alexandrow[12], Blochinzew[13], Bohm[14], Bopp[15], de Broglie[16], Fenyes[17], Weizel[18].

Die zweite Gruppe versucht, die Quantentheorie wirklich abzuändern, so daß die neue Theorie zwar in vielen Fällen, aber keineswegs überall, die gleichen Resultate gibt wie die bisherige. Der am besten ausgearbeitete Versuch in dieser Richtung stammt von Janossy[19].

Die dritte Gruppe schließlich äußert mehr ihre allgemeine Unzufriedenheit mit der Quantentheorie, ohne bestimmte Gegenvorschläge sei es physikalischer, sei es philosophischer Art. Zu dieser Gruppe wird man die Äußerungen von Einstein[20], v. Laue[21], Schrödinger[22], neuerdings etwa Renninger[23], rechnen.

Alle Gegner der Quantentheorie sind sich aber über einen Punkt einig: Es wäre nach ihrer Ansicht wünschenswert, zu der Realitätsvorstellung der klassischen Physik oder, allgemeiner gesprochen, zur Ontologie des Materialismus zurückzukehren;

also zur Vorstellung einer objektiven, realen Welt, deren kleinste Teile in der gleichen Weise objektiv existieren wie Steine und Bäume, gleichgültig, ob wir sie beobachten oder nicht.

Daß eben dies nicht oder nur zum Teil möglich ist, soll im Absatz III dieses Aufsatzes noch einmal auseinandergesetzt werden, obwohl dabei keine neuen Argumente vorgebracht werden können. Einstweilen sollen jedoch die verschiedenen Gegenvorschläge gegen die Kopenhagener Deutung einer kurzen Kritik unterzogen werden, wobei die Einzelheiten der »orthodoxen« Quantentheorie als bekannt vorausgesetzt werden.

1 a) Bohm[14], dem sich neuerdings bis zu einem gewissen Grade auch de Broglie annähert, ordnet den Wellen im Konfigurationsraum Teilchenbahnen zu. Die Teilchen sind bei ihm »objektiv reale« Gebilde wie die Punktmassen der klassischen Mechanik. Die Wellen im Konfigurationsraum sind ebenfalls objektive, reale Felder, wie die elektrischen Felder; allerdings bleibt dabei die Frage offen: ist denn der Konfigurationsraum ein »wirklicher« Raum? Nur die Unsicherheit über die Vorgeschichte des Systems und die Eigenschaften der Meßapparatur verursacht den statistischen Charakter der Prognose. Bohm kann diese Vorstellung so durchführen, daß für jedes Experiment die gleichen Ergebnisse herauskommen, wie bei der Kopenhagener Deutung. Daraus geht zunächst hervor, daß die Bohmsche Deutung – und das gleiche gilt für alle Gegenvorschläge der ersten Gruppe – experimentell nicht widerlegt werden kann. Von einem radikal »positivistischen« (man sollte vielleicht besser sagen »nur physikalischen«) Standpunkt aus handelt es sich also überhaupt nicht um Gegenvorschläge zur Kopenhagener Deutung, sondern um deren genaue Wiederholung in anderer Sprache. Die verwendete Sprache ist allerdings so verschieden von der üblichen, daß man zunächst auch eine Verschiedenheit der physikalischen Annahmen vermutet; so muß in der Bohmschen Sprache etwa behauptet werden – wie von Pauli schon früher hervorgehoben worden ist –, daß in einem stationären Zustand ohne Drehimpuls die Elektronen sich stets in Ruhe befinden. Das sieht zunächst wie ein Widerspruch zum Experiment aus, denn jede Messung der Elektronenimpulse gibt bekanntlich nicht Null, sondern die quantenmechanische Impulsverteilung $|\Psi(p)|^2$. Hier kann aber Bohm antworten, daß die Messung eben nicht mehr nach den früheren Gesetzen beurteilt werden kann; daß also zwar bei einer normalen Beurteilung der Meßergebnisse $|\Psi(p)|^2$ folgen würde, aber bei Berücksichtigung der Quantentheorie, insbesondere der von Bohm ad hoc eingeführten »quantentheoretischen Potentiale«, für die Meßapparatur doch der Schluß zulässig sei: in »Wirklichkeit« sind die Elektronen im stationären Zustand stets in Ruhe. Dazu kommt, daß die in diesem Zusammenhang von Bohm eingeführten »quantentheoretischen Potentiale« sehr merkwürdige Eigenschaften haben, z. B. noch auf beliebig weite Abstände von Null verschieden sind. Um diesen Preis also glaubt Bohm behaupten zu können: »Es ist für uns nicht nötig, eine präzise, rationale und objektive Beschreibung einzelner Systeme im Bereich der Quantentheorie aufzugeben.« Aber diese objektive »Beschreibung« enthüllt sich dabei als eine Art von »ideologischem Überbau«, der mit der unmittelbaren physikalischen

Realität nur noch wenig zu tun hat. Denn die »verborgenen Parameter« der Bohmschen Deutung sind ja von einer solchen Art, daß sie, sofern die Quantentheorie nicht abgeändert wird, in der Beschreibung der wirklichen Vorgänge *nie* vorkommen können. Um dieser Schwierigkeit zu entgehen, fügt Bohm allerdings noch die Hoffnung bei, daß in späteren Experimenten (z. B. im Gebiet unterhalb 10^{-13} cm) die verborgenen Parameter doch noch eine physikalische Rolle spielen und die Quantentheorie sich also als falsch erweisen könnten. Aber zur Formulierung solcher Hoffnungen pflegt Bohr zu sagen, sie seien in der Struktur ähnlich wie etwa der Satz: »Man kann hoffen, daß sich später einmal $2 \times 2 = 5$ herausstellen wird, denn das wäre so vorteilhaft für die Finanzen.« In der Tat würde die Erfüllung der Bohmschen Hoffnung nicht nur der Quantentheorie, sondern damit auch der Bohmschen Deutung den Boden entziehen, auf dem sie steht. Allerdings muß gleichzeitig betont werden, daß die eben ausgesprochene Analogie, obwohl sie vollständig ist, kein logisch zwingendes Argument gegen eine eventuelle spätere Abänderung der Quantentheorie im Bohmschen Sinne darstellt. Denn es wäre prinzipiell nicht undenkbar, daß z. B. eine spätere Erweiterung der mathematischen Logik dem Satz, 2×2 könne in Ausnahmefällen auch gleich 5 sein, einen gewissen Sinn geben könnte, und es wäre dann sogar möglich, daß diese erweiterte Mathematik im Rechnungswesen nützlich wäre. Nur sind wir eben faktisch, auch ohne zwingende logische Gründe, überzeugt, daß solche Änderungen der Mathematik für unsere Finanzen nichts helfen werden. Bei den mathematischen Vorschlägen, die Bohm als mögliche Verwirklichung seiner Hoffnungen andeutet, ist dem Verfasser daher auch unverständlich geblieben, wie sie zur Beschreibung physikalischer Sachverhalte benützt werden könnten. Sieht man von dieser möglichen Abänderung der Quantentheorie ab, so sagt, wie schon hervorgehoben wurde, die Bohmsche Sprache nichts anderes über die Physik aus, als die Kopenhagener. Es bleibt dann nur die Frage nach der Zweckmäßigkeit dieser Sprache. Neben dem schon genannten Einwand, daß es sich bei der Rede von Teilchenbahnen um einen überflüssigen »ideologischen Überbau« handelt, ist hier besonders hervorzuheben, daß die Bohmsche Sprache die der Quantentheorie innewohnende Symmetrie zwischen p und q zerstört. $|\Psi(q)|^2$ bedeutet zwar die Wahrscheinlichkeitsverteilung im Ortsraum, $|\Psi(p)|^2$ aber nicht die im Impulsraum. Da die Symmetrieeigenschaften immer zur eigentlichsten physikalischen Substanz einer Theorie gehören, kann man nicht einsehen, was man gewinnen soll, wenn man sie in der zugehörigen Sprache beseitigt.

Der gleiche Einwand trifft auch die Versuche von de Broglie[16] über die Führungswellen — auch hier soll zwar $|\Psi(q)|^2$ die Wahrscheinlichkeitsverteilung im Ortsraum aber $|\Psi(p)|^2$ nicht die Wahrscheinlichkeitsverteilung im Impulsraum darstellen.

1 b) Ein ähnlicher Einwand läßt sich in etwas anderer Form auch gegen die statistischen Interpretationen von Bopp[15] und Fenyes[17] erheben. Die Deutungen von Bopp und Fenyes schließen sich hinsichtlich der physikalischen Konsequenzen zunächst wieder ganz der Kopenhagener Deutung an, sie sind ihr im positivistischen Sinne daher ebenso wie die Bohmsche isomorph. Sie verletzen aber in der benutzten Sprache die Symmetrie zwischen Welle und Korpuskel, die seit der Arbeit Bohrs

aus dem Jahre 1927 und seit den Untersuchungen von Jordan, Klein und Wigner als ein Wesenszug der Quantentheorie angesehen werden muß. Denn Bopp und Fenyes betrachten zwar die Teilchen als objektive physikalische Realitäten etwa im Sinne der materialistischen Ontologie, nicht aber die (dreidimensionalen!) Materie- oder Strahlungswellen der Jordan-Klein-Wignerschen Formulierung. In der Quantentheorie besteht aber kein Grund, die Teilchen den Wellen vorzuziehen oder umgekehrt. Bopp betrachtet die Entstehung oder das Verschwinden eines Teilchens als den eigentlichen, quantentheoretischen Fundamentalprozeß und interpretiert die quantenmechanischen Gesetze als Spezialfall einer Korrelationsstatistik für solche Ereignisse. Eine solche Deutung läßt sich, wie Bopp gezeigt hat, ohne Widersprüche durchführen und wirft Licht auf interessante Zusammenhänge zwischen Quantentheorie und Korrelationsstatistik. Die Symmetrie zwischen Korpuskel und Welle könnte dabei aber nur dann gewahrt werden, wenn man auch die entsprechende Korrelationsstatistik für dreidimensionale Wellen entwickelte und es gewissermaßen freistellte, ob man die Teilchen oder die Wellen als die »eigentliche« Realität betrachten will. Eine solche Erweiterung der Boppschen Gedankengänge ist bisher noch nicht versucht worden.

Während Bopp sich im übrigen ausdrücklich auf den Boden der üblichen Quantentheorie stellt, hält Fenyes grobe Abweichungen für »grundsätzlich« möglich. Z. B. sagt er, daß »das Bestehen der Unbestimmtheitsrelation« (die er mit gewissen statistischen Relationen in Verbindung bringt) »die gleichzeitige beliebig genaue Messung des Ortes und der Geschwindigkeit keineswegs ausschließt«. Fenyes gibt aber nicht an, wie solche Messungen praktisch aussehen sollten, und daher scheinen seine Überlegungen abstrakte Mathematik zu bleiben.

Weizel[18], dessen Vorschläge mit denen von Bohm und Fenyes verwandt sind, bringt die gesuchten »verborgenen Parameter« mit einer neuen Teilchensorte, den sonst nicht beobachtbaren »Zeronen« in Verbindung. Eine derartige Vorstellung birgt allerdings die Gefahr in sich, daß die Wechselwirkung zwischen den wirklichen Teilchen und den Zeronen die Energie in die vielen Freiheitsgrade des Zeronenfeldes zerstreut, so daß die ganze Thermodynamik in Unordnung gerät. Weizel hat nicht ausgeführt, wie er dieser Gefahr begegnen will. Im übrigen lassen sich gegen seine Vorschläge die gleichen Einwände erheben, wie gegen die anderen bisher besprochenen Arbeiten.

1 c) Der Standort der ganzen bisher erörterten Gruppe von Veröffentlichungen läßt sich vielleicht am besten dadurch bestimmen, daß man an die analoge Diskussion um die spezielle Relativitätstheorie erinnert. Wer mit der Beseitigung des absoluten Raumes und der absoluten Zeit durch Einstein unzufrieden war, konnte damals etwa folgendermaßen argumentieren: Die Nichtexistenz des absoluten Raumes und der absoluten Zeit sei durch die spezielle Relativitätstheorie keineswegs erwiesen. Es sei nur gezeigt, daß der wahre Raum und die wahre Zeit in allen üblichen Experimenten nicht vorkämen; wenn man aber diese Seite der Naturgesetze richtig berücksichtige, also für bewegte Koordinatensysteme die richtigen »scheinbaren« Zeiten eingeführt habe, spräche nichts gegen die Annahme eines absoluten Raumes;

es sei sogar plausibel anzunehmen, daß der Schwerpunkt unseres Milchstraßensystems (wenigstens näherungsweise) im absoluten Raume ruht. Der Kritiker der speziellen Relativitätstheorie konnte noch hinzufügen: man könne hoffen, daß spätere Messungen die Bestimmung des absoluten Raumes (also des in der Relativitätstheorie »verborgenen Parameters«) erlauben und damit die Relativitätstheorie widerlegen würden.

Diese Argumentation läßt sich, wie man sofort erkennt, experimentell nicht widerlegen, da sie ja einstweilen nichts anderes als die spezielle Relativitätstheorie behauptet. Aber eine solche Interpretation der Relativitätstheorie zerstört wenigstens in der Fiktion gerade die entscheidende Symmetrieeigenschaft der Relativitätstheorie, nämlich die Lorentzinvarianz, und man wird sie daher für unangemessen halten.

Die Analogie zur Quantentheorie liegt auf der Hand: Die quantentheoretischen Gesetze sind von einer solchen Art, daß die ad hoc erfundenen »verborgenen Parameter« nie beobachtet werden können. Man zerstört also entscheidende Symmetrieeigenschaften, wenn man die verborgenen Parameter als Fiktion in die Interpretation der Theorie einführt.

1 d) Die Arbeiten von Blochinzew[13] und Alexandrow [12] sind von den bisher besprochenen in der Problemstellung recht verschieden; sie beschränken ihre Einwände von vornherein ausdrücklich auf die philosophische Seite des Problems, in der physikalischen Ebene akzeptieren sie die Kopenhagener Deutung ohne jeden Vorbehalt. Um so schärfer ist die äußere Form der Polemik: »Unter den verschiedenen idealistischen Richtungen in der gegenwärtigen Physik ist die sogenannte Kopenhagener Schule die reaktionärste. Die Entlarvung der idealistischen und agnostizistischen Spekulationen dieser Schule über die Grundprobleme der Quantenmechanik ist der vorliegende Artikel gewidmet«, schreibt Blochinzew[13] in der Einleitung. Die Schärfe der Polemik zeigt, daß es hier nicht nur um Wissenschaft geht, sondern um das Glaubensbekenntnis. Das Ziel wird am Schluß mit einem Zitat aus den Schriften Lenins ausgesprochen: »Mag vom Standpunkte des gesunden Menschenverstandes die Verwandlung des unwägbaren Äthers in wägbare Materie noch so wunderlich, das Fehlen jeder anderen als elektromagnetischen Masse beim Elektron noch so seltsam, die Beschränkung der mechanischen Bewegungsgesetze auf nur ein Gebiet der Naturerscheinungen und ihre Unterordnung unter die tieferen Gesetze der elektromagnetischen Erscheinungen noch so ungewöhnlich sein usw. – das alles ist nur eine weitere *Bestätigung* des dialektischen Materialismus.« Obwohl die Voraussetzungen der Arbeiten von Blochinzew und Alexandrow also aus einem außerwissenschaftlichen Bereich stammen, ist die Diskussion ihrer Argumente doch durchaus lehrreich.

Der Angriff wird hier, wo es sich um die Rettung der materialistischen Ontologie handelt, vor allem gegen die Einführung des Beobachters in die Interpretation der Quantentheorie geführt. Alexandrow[12] schreibt: »Deshalb muß man unter ›Messungsergebnis‹ in der Quantenmechanik nur den objektiven Effekt der Wechselwirkung des Elektrons mit einem passenden Objekt verstehen. Die Erwähnung des Beobachters muß man ausschließen und die objektiven Bedingungen und objektiven Effekte behandeln. Eine physikalische Größe ist eine objektive Charakteristik der

Erscheinung, nicht aber das Resultat einer Beobachtung.« Die Wellenfunktion Ψ charakterisiert nach Alexandrow den »objektiven« Zustand des Elektrons.

Alexandrow übersieht bei seiner Darstellung, daß die Wechselwirkung eines Systems mit einem Meßapparat dann, wenn der Apparat und das System als von der übrigen Welt abgeschlossen betrachtet und im ganzen nach der Quantenmechanik behandelt werden, in der Regel nicht zu einem bestimmten Resultat (z. B. Schwärzung der Fotoplatte an einem bestimmten Punkt) führt. Wenn man sich gegen diese Folgerung wehrt mit dem Satz: Aber »in Wirklichkeit« ist die Platte doch nach der Wechselwirkung an einer bestimmten Stelle geschwärzt, so hat man damit die Quantenmechanik für das abgeschlossene System Elektron + Platte aufgegeben. Es ist der »faktische« Charakter eines mit den Begriffen des täglichen Lebens beschreibbaren Ereignisses, der im mathematischen Formalismus der Quantentheorie nicht ohne weiteres enthalten ist, und der in ihre Kopenhagener Interpretation durch die Einführung des Beobachters eingeht. Natürlich darf man die Einführung des Beobachters nicht dahin mißverstehen, daß etwa subjektivistische Züge in die Naturbeschreibung gebracht werden sollten. Der Beobachter hat vielmehr nur die Funktion, Entscheidungen, d. h. Vorgänge in Raum und Zeit, zu registrieren, wobei es nicht darauf ankommt, ob der Beobachter ein Apparat oder ein Lebewesen ist; aber die Registrierung, d. h. der Übergang vom Möglichen zum Faktischen, ist hier unbedingt erforderlich und kann aus der Deutung der Quantentheorie nicht weggelassen werden. (Vgl. dazu die Überlegungen von v. Weizsäcker[24] über die Rolle des »Faktischen« in der Wärmelehre und die Erörterungen von Ludwig[25] über die Beziehungen zwischen Quantentheorie und Thermodynamik.) Es muß auch hervorgehoben werden, daß an dieser Stelle die Kopenhagener Deutung der Quantentheorie keineswegs positivistisch ist. Während nämlich der Positivismus von den Sinneseindrücken des Beobachters als den Elementen des Geschehens ausgeht, betrachtet die Kopenhagener Deutung die in klassischen Begriffen beschreibbaren Dinge und Vorgänge, d. h. das Faktische, als die Grundlage jeder physikalischen Deutung.

Blochinzew[13] formuliert etwas anderes als Alexandrow: »In der Quantenmechanik wird nicht der Zustand eines Teilchens ›an und für sich‹ beschrieben, sondern die Zugehörigkeit des Teilchens zu dieser oder jener Gesamtheit. Diese Zugehörigkeit besitzt vollkommen objektiven Charakter und hängt nicht von den Aussagen des Beobachters ab.« Mit solchen Formulierungen hat man sich allerdings schon sehr weit (wahrscheinlich zu weit) von der Ontologie des Materialismus entfernt. Denn in der klassischen Thermodynamik z. B. ist das anders: Die Feststellung der Temperatur eines Systems besagt für den Beobachter, daß das System ein Exemplar einer kanonischen Gesamtheit ist, für ihn kann es also möglicherweise verschiedene Energien haben. »In Wirklichkeit« hat es aber in der klassischen Physik zu einer bestimmten Zeit nur eine bestimmte Energie, alle anderen sind nicht realisiert; der Beobachter hat sich also getäuscht, wenn er sie in diesem Zeitpunkt in Betracht zog. **In der Quantentheorie gibt es zwar mit dem Wort »in Wirklichkeit« an dieser Stelle Schwierigkeiten, die später noch besprochen werden. Wenn man aber der Zugehörig-**

keit zu einer quantenmechanischen Gesamtheit (insbesondere bei einem Gemisch von Zuständen) »vollkommen objektiven Charakter« zuschriebe, so würde man doch das Wort »objektiv« in einem etwas anderen Sinne, als in der klassischen Physik verwenden. Denn die »Zugehörigkeit zu einer Gesamtheit« bedeutet, zum mindesten wenn es sich um ein vergangenes Ereignis handelt, in der klassischen Physik stets auch eine Aussage über den Grad der Kenntnis des Systems durch den Beobachter. Begriffe, wie »objektiv real« haben eben gegenüber der Situation, wie man sie in der Atomphysik vorfindet, keine von vornherein klare Bedeutung.

Man erkennt aus den erwähnten Formulierungen vor allem, wie schwierig es wird, wenn man versucht, neue Sachverhalte in ein altes aus früherer Philosophie stammendes System von Begriffen zu pressen, oder, um eine alte Redeweise zu brauchen, wenn man probiert, neuen Wein in alte Schläuche zu füllen. Solche Versuche sind immer peinlich; denn sie verführen dazu, sich immer wieder mit den unvermeidbaren Rissen in den alten Schläuchen zu befassen, statt sich über den neuen Wein zu freuen.

2. Die Arbeit von Janossy[19] führt, im Gegensatz zu den bisher besprochenen Untersuchungen, den Angriff auf die »orthodoxe« Quantentheorie ganz auf dem festen Boden der Physik. Janossy hat erkannt, daß die Annahme der strengen Gültigkeit der Quantenmechanik ein Abgehen von der Realitätsvorstellung der klassischen Physik erzwingt, und versucht daher, die Quantenmechanik so abzuändern, daß zwar viele ihrer Ergebnisse bewahrt bleiben, aber ihre Struktur der der klassischen Physik angenähert wird. Sein Angriffspunkt ist die sogenannte »Reduktion der Wellenpakete«, d. h. die Tatsache, daß sich die das System darstellende Wellenfunktion unstetig ändert, wenn der Beobachter ein Meßergebnis zur Kenntnis nimmt. Janossy stellt fest, daß diese Reduktion nicht aus der Schrödingergleichung folgen kann, und glaubt daraus auf eine Inkonsequenz der »orthodoxen« Deutung schließen zu können. Bekanntlich tritt in der Kopenhagener Deutung die Reduktion der Wellenpakete immer dann ein, wenn (im Formalismus stets an einem statistischen Gemenge von Zuständen) der Übergang vom Möglichen zum Faktischen vollzogen, d. h. das Faktische aus dem Möglichen ausgewählt wird, was in der üblichen Beschreibung durch den »Beobachter« geschieht. Dazu ist die Beseitigung der Interferenzglieder durch die unbestimmten Wechselwirkungen des Meßapparats mit dem System und mit der übrigen Welt (also im Formalismus die Herstellung des »Gemenges«) die Voraussetzung. Janossy versucht nun, die Quantenmechanik durch die Einführung von Dämpfungsgliedern so abzuändern, daß die Interferenzglieder nach endlicher Zeit von selbst verschwinden. Selbst wenn das der Wirklichkeit entspräche – in den bisherigen Experimenten gibt es keinerlei Anhaltspunkte dafür – bliebe bei einer solchen Deutung, wie Janossy selbst hervorhebt, noch eine Reihe schrecklicher Konsequenzen übrig (z. B. Wellen, die sich mit Überlichtgeschwindigkeit fortpflanzen, Vertauschung der zeitlichen Reihenfolge von Ursache und Wirkung für bewegte Beobachter, d. h. Auszeichnung gewisser Koordinatensysteme, usw.), so daß man kaum bereit sein wird, die Einfachheit der Quantentheorie einer derartigen Auffassung zu opfern, solange die Experimente nicht dazu zwingen.

3. Unter den weiteren Gegnern der »orthodoxen« Quantentheorie nimmt Schrödinger[22] insofern eine gewisse Ausnahmestellung ein, als er nicht den Teilchen, sondern den Wellen die »objektive Realität« zusprechen will und nicht bereit ist, die Wellen nur als Wahrscheinlichkeitswellen zu interpretieren. In seiner Arbeit »Are there Quantum jumps?« sucht er die Quantensprünge überhaupt zu leugnen. Nun enthält die Schrödingersche Arbeit zunächst einige Mißverständnisse der üblichen Deutung. Er übersieht, daß nur die Wellen im Konfigurationsraum, also die Transformationsmatrizen, in der üblichen Deutung Wahrscheinlichkeitswellen sind, nicht aber die dreidimensionalen Materie- oder Strahlungswellen. Die letzteren sind nach Bohr und Klein-Jordan-Wigner ebenso sehr (und ebenso wenig!) »objektiv real« wie die Teilchen, sie haben unmittelbar nichts mit Wahrscheinlichkeitswellen zu tun, sondern besitzen eine kontinuierliche Energie- und Impulsdichte wie das Maxwellsche Feld. Schrödinger betont also mit Recht, daß man an dieser Stelle die Vorgänge als mehr kontinuierlich auffassen kann, als dies meistens geschieht. Freilich kann Schrödinger auch damit nicht das Element von Diskontinuität aus der Welt schaffen, das sich in der Atomphysik überall (z. B. sehr anschaulich auf dem Szintillationsschirm) äußert. In der üblichen Deutung der Quantentheorie ist es an der Stelle enthalten, wo jeweils der Übergang vom Möglichen zum Faktischen vollzogen wird. Schrödinger selbst macht keinen Gegenvorschlag, wie er sich etwa die Einführung des überall zu beobachtenden Elements von Diskontinuität anders als in der üblichen Deutung vorstellen will.

Die Kritik an der Quantentheorie, die gelegentlich von Einstein[20] und v. Laue[21] ausgesprochen wurde (vgl. dazu auch Arbeiten von Renninger[23] und anderen), geht wie die der anderen bisher behandelten Veröffentlichungen von der Befürchtung aus, daß die Quantentheorie die Existenz einer objektiv-realen Welt leugnet, die Welt also (unter Mißverständnis der Ansätze der idealistischen Philosophie) in irgendeiner Weise als Sinnentrug erscheinen lassen könnte. Der Physiker aber muß in seiner Wissenschaft voraussetzen, daß er eine Welt studiert, die er nicht selbst gemacht hat und die ohne ihn auch, und im wesentlichen genauso, vorhanden wäre. Es soll, obwohl diese Frage in der Literatur schon ausführlich behandelt worden ist, hier noch einmal auseinandergesetzt werden, inwieweit diese Grundlage aller Physik in der Kopenhagener Deutung der Quantentheorie aufrechterhalten worden ist.

III.

Wir beginnen mit der Wiederholung einiger Überlegungen aus der Gibbsschen Thermodynamik, die von Bohr immer als ein Vorbild erkenntnistheoretischer Sauberkeit in der Physik hervorgehoben worden ist. Wir denken als Beispiel an ein Stück Metall, das als Folge der Temperaturbewegung Elektronen emittieren kann (für die Elektronen soll die klassische Mechanik gelten); in seiner Nähe sei ein Meßapparat aufgestellt, der die Aussendung eines Elektrons von einer Geschwindigkeit oberhalb einer gewissen Grenze durch einen irreversiblen Akt (z. B.

Schwärzung einer Fotoplatte) registriert. Der Apparat sei auf eine solche Grenzgeschwindigkeit der auslösenden Metallelektronen eingestellt, daß ihre Emission nur selten, z. B. im Mittel nur nach Stunden, erfolgt.

Die Messung der Temperatur des Metallstücks führt zur »objektiven« Feststellung einer Eigenschaft des Metalls, die wir mathematisch dadurch ausdrücken, daß wir das System »Metall« als ein beliebig herausgegriffenes Exemplar einer kanonischen Gesamtheit betrachten. »Objektiv« bedeutet dabei, daß jedes beliebige Thermometer benutzt werden kann, wenn es nur als Meßinstrument brauchbar ist, und daß das Ergebnis der Temperaturmessung dann weder vom Meßinstrument noch vom Beobachter abhängt. Wenn das Metall mit dem Meßapparat von der übrigen Welt völlig getrennt ist, so besitzt dieses System außerdem eine konstante Energie, deren Wert wegen der kanonischen Verteilung nicht genau bekannt ist. Ist das Metall aber mit der Außenwelt verbunden, so ändert sich seine Energie im Lauf der Zeit und schwankt bei Temperaturgleichheit in der durch die kanonische Verteilung angedeuteten Weise um den Mittelwert. Verfolgt man die kanonische Gesamtheit des mechanischen Systems Metall + Meßapparat nach der Newtonschen Mechanik, so entwickelt sich diese Gesamtheit im Lauf der Zeit in einer solchen Weise, daß sie einen kontinuierlich wachsenden Anteil an Zuständen enthält, bei denen die Fotoplatte des Meßgeräts geschwärzt ist (wenn sie zum Beginn des Experiments als unbelichtet angenommen wurde). Daraus kann man die Wahrscheinlichkeit für das Ansprechen des Meßapparats berechnen, aber man kann den genauen Zeitpunkt nicht vorhersagen. Hätte man das System zu Beginn des Experiments in allen Details gekannt, so hätte man den Zeitpunkt genau vorherbestimmen können, wenn das System von der Außenwelt abgeschnitten war. Die Temperaturangabe wäre dann völlig gegenstandslos gewesen. Wenn aber das System mit der Außenwelt in Verbindung stand, so hätte auch die Kenntnis aller Details von Metall und Meßapparat nichts für die Prognose des Experiments geholfen, da man ja über die »Außenwelt« nicht alle Details kennt. Wir haben bisher diese ganze Beschreibung »objektiv« genannt und die Gründe dafür angegeben. Trotzdem enthält sie auch ein »subjektives« Element, wie sofort zu erkennen sein wird. Ohne einen Beobachter würde sich nämlich die mathematische Darstellung des Systems kontinuierlich weiterverändern, wie es geschildert wurde. Gibt es aber einen Beobachter, so wird er plötzlich registrieren: die Platte ist geschwärzt. Damit ist für ihn der Übergang vom Möglichen zum Faktischen vollzogen; dementsprechend ändert er die mathematische Darstellung unstetig ab, die neue Gesamtheit enthält nur noch die geschwärzte Fotoplatte. Diese unstetige Änderung ist natürlich in den mechanischen Gleichungen des Systems oder der das System charakterisierenden Gesamtheit *nicht* enthalten; sie entspricht, wie weiter unten auseinandergesetzt wird, genau der »Reduktion der Wellenpakete« in der Quantentheorie. Man erkennt daraus, daß die Charakterisierung eines Systems durch eine Gesamtheit nicht nur Eigenschaften dieses Systems bezeichnet, sondern auch Angaben über den Grad der Kenntnis des Beobachters über das System enthält. Insofern ist die Verwendung des Wortes »objektiv« für die Charakterisierung des Systems durch die Gesamtheit problematisch.

Gehen wir nach diesen Vorbemerkungen wieder zur Quantenmechanik über: Das einzelne atomare System kann je nach der vorliegenden Situation durch eine Wellenfunktion oder durch ein statistisches Gemenge solcher Funktionen, d. h. durch eine Gesamtheit (mathematisch: durch eine Dichtematrix), dargestellt werden. Wenn das System mit der Außenwelt in Wechselwirkung steht, so ist nur die letztere Darstellung möglich, da man die Details des Systems »Außenwelt« nicht kennt. Ist das System abgeschlossen, so mag unter Umständen wenigstens näherungsweise ein »reiner Fall« vorliegen, das System wird dann durch einen Vektor im Hilbertraum dargestellt. Die Darstellung ist in diesem Spezialfall völlig »objektiv«, d. h. sie enthält gar keine Züge mehr, die sich auf die Kenntnis des Beobachters beziehen; aber sie ist auch völlig abstrakt und unanschaulich, denn die verschiedenen mathematischen Ausdrücke $\varphi(q)$, $\Psi(p)$ usw. beziehen sich nicht auf den wirklichen Raum oder eine wirkliche Eigenschaft; sie enthält also sozusagen noch gar keine Physik. Zu einem Stück Naturbeschreibung wird die Darstellung erst dadurch, daß man sie mit der Frage nach dem Ausgang von wirklichen oder möglichen Experimenten verknüpft. Von diesem Augenblick ab muß man die Wechselwirkung des Systems mit dem Meßapparat in Kauf nehmen und in der mathematischen Darstellung des aus System + Meßapparat zusammengesetzten übergeordneten Systems mit einem statistischen Gemenge rechnen. Man könnte dies, so scheint es, im Prinzip vermeiden, wenn man System und Meßapparat als Gesamtsystem völlig von der Außenwelt trennen könnte. Bohr hat aber mit Recht immer wieder darauf hingewiesen, daß für den Meßapparat die Verbindung mit der Außenwelt zu den Voraussetzungen für sein Funktionieren gehört; denn das Verhalten des Meßapparats muß als etwas Faktisches registriert und damit in anschaulichen Begriffen beschrieben werden können, wenn der Apparat überhaupt als Meßinstrument dienen soll, und dazu ist die Verbindung mit der Außenwelt nötig. Das aus System und Meßapparat bestehende Gesamtsystem wird also jetzt mathematisch durch ein Gemenge beschrieben, und damit enthält die Beschreibung neben den objektiven Zügen auch jene vorhin besprochenen Aussagen über die Kenntnis des Beobachters. Wenn der Beobachter später ein bestimmtes Verhalten des Meßapparats als faktisch registriert, so ändert er die mathematische Darstellung unstetig ab, denn von den verschiedenen Möglichkeiten hat sich eben eine bestimmte als die wirkliche erwiesen. Die unstetige »Reduktion der Wellenpakete«, die nicht aus der Schrödingergleichung folgen kann, ist also genau wie in der Gibbsschen Thermodynamik eine Folge des Übergangs vom Möglichen zum Faktischen. Natürlich ist es durchaus berechtigt, diesen Übergang vom Möglichen zum Faktischen in Gedanken auf einen früheren Zeitpunkt zu verlegen, zu dem der Beobachter ihn noch nicht registriert hat, der Beobachter ruft ja den Übergang nicht selbst hervor; aber man kann ihn *nicht* zurückverlegen bis in eine Zeit, in der das Gesamtsystem noch von der Außenwelt getrennt war; denn eine solche Annahme wäre mit der Gültigkeit der Quantenmechanik für das abgeschlossene Gesamtsystem nicht verträglich.

Man erkennt daraus, daß ein von der Außenwelt abgetrenntes System den Charakter des Potentiellen, aber nicht des Faktischen hat, oder, wie es Bohr oft ausgedrückt hat, daß es nicht in den klassischen Begriffen beschrieben werden kann. Man kann sagen, daß der durch einen Hilbertvektor dargestellte Zustand des abgeschlossenen Systems zwar objektiv, aber nicht real sei, und daß insofern die klassische Vorstellung der »objektiv-realen Dinge« hier aufgegeben werden muß. Die Charakterisierung eines Systems durch einen Hilbertvektor ist in ähnlicher Weise komplementär zu seiner Beschreibung in klassischen Begriffen, wie in der Gibbsschen Thermodynamik die Angabe des Mikrozustandes komplementär zur Angabe der Temperatur ist. Die Beschreibung eines Faktums kann in den klassischen Begriffen erfolgen, eben in der Annäherung, in der man überhaupt mit der klassischen Physik auskommen kann. Man kann für sie aber auch die quantentheoretische Mathematik verwenden, d. h. man kann den Schnitt zwischen dem quantentheoretischen Objekt und dem in Raum und Zeit beschreibenden oder messenden Beobachter auch immer weiter auf den Beobachter zu verschieben. In diesem Fall muß man die Meßapparate als statistische Gemenge charakterisieren und die Tatsache beachten, daß die einzelnen Zustände dieses Gemenges wieder durch die Wechselwirkung mit dem Beobachter verändert werden. *Die Kenntnis des »Faktischen« ist also,* von der Quantentheorie aus gesehen, *ihrem Wesen nach stets eine unvollständige Kenntnis.* Eben deshalb wird sich an dem statistischen Charakter der mikrophysikalischen Gesetze auch in Zukunft nichts ändern können.

Die Kritik an der Kopenhagener Deutung der Quantentheorie beruht ganz allgemein auf der Sorge, daß bei dieser Deutung der Begriff der »objektiv-realen Wirklichkeit«, der die Grundlage der klassischen Physik bildet, aus der Physik verdrängt werden könnte. Diese Sorge ist, wie hier ausführlich auseinandergesetzt wurde, unbegründet; denn das »Faktische« spielt in der Quantentheorie die gleiche, entscheidende Rolle wie in der klassischen Physik. Allerdings ist es in der Kopenhagener Deutung beschränkt auf die Vorgänge, die sich anschaulich in Raum und Zeit, d. h. in den klassischen Begriffen, beschreiben lassen, die also unsere »Wirklichkeit« im eigentlichen Sinne ausmachen. Wenn man versucht, hinter dieser Wirklichkeit in die Einzelheiten des atomaren Geschehens vorzudringen, so lösen sich die Konturen dieser »objektiv-realen« Welt auf – nicht in dem Nebel einer neuen und noch unklaren Wirklichkeitsvorstellung, sondern in der durchsichtigen Klarheit einer Mathematik, die das Mögliche, nicht das Faktische, gesetzmäßig verknüpft. Daß die »objektiv-reale Wirklichkeit« auf den Bereich des vom Menschen anschaulich in Raum und Zeit Beschreibbaren beschränkt wird, ist natürlich kein Zufall. Vielmehr äußert sich an dieser Stelle die einfache Tatsache, daß die Naturwissenschaft ein Teil der Auseinandersetzung des Menschen mit der Natur und insofern vom Menschen abhängig ist. Das Argument des Idealismus, das gewisse Vorstellungen »a priori«, d. h. insbesondere auch vor aller Naturwissenschaft sind, besteht hier zu Recht. Die Ontologie des Materialismus beruhte auf der Illusion, daß man die Art der Existenz, das unmittelbare »Faktische« der uns umgebenden Welt, auf die Verhältnisse im atomaren Bereich extrapolieren kann. Aber diese Extrapolation ist unmöglich.

Da alle bisherigen Gegenvorschläge zur Kopenhagener Deutung sich gezwungen gesehen haben, wesentliche Symmetrieeigenschaften der Quantentheorie zu opfern, wird man wohl annehmen können, daß die Kopenhagener Deutung zwangsläufig ist, sofern man diese Symmetrieeigenschaften, ähnlich wie die Lorentzinvarianz, für einen echten Zug der Natur hält; und dafür sprechen bisher alle Experimente.

ANMERKUNGEN

1. M. Planck: *Verh. Dt. Phys. Ges.* 2, 237 (1900).
2. A. Einstein, *Ann. Phys.*, (4), 17, 132 (1905).
3. N. Bohr, H. Kramers, J. C. Slater, *Z. Phys.* 24, 69 (1924).
4. W. Bothe, H. Geiger, *Z. Phys.* 33, 639 (1925).
5. M. Born, *Z. Phys.* 37, 863 (1926) und 38, 803 (1926).
6. W. Heisenberg, *Z. Phys.* 40, 501 (1926).
7. E. Schrödinger, *Ann. Phys.* 79, 361, 489, 734 (1926).
8. W. Heisenberg, *Z. Phys.* 43, 172 (1927).
9. N. Bohr, *Naturwiss.* 16, 245 (1928).
10. P. Jordan, O. Klein, *Z. Phys.* 45, 751 (1927); P. Jordan, E. Wigner, *Z. Phys.* 47, 631 (1928).
11. N. Bohr in: *Albert Einstein, Philosopher – Scientist*, The Library of Living Philosophers, Inc., Vol. 7, Evanston 1949, S. 199.
12. A. Alexandrow, *Dokl. Akad. Nauk* 84, Nr. 2 (1952).
13. D. Blochinzew, *Sowjetwiss.* 6, H. 4 (1953).
14. D. Bohm, *Phys. Rev.* 84, 166 (1951) und 85, 180 (1952).
15. F. Bopp, *Z. Naturforsch.* 2 a, H. 4, 202 (1947); 7 a, 82 (1952); 8 a, 6 (1953).
16. L. de Broglie, *Les grands problèmes des sciences I, La physique quantique resterat-elle indéterministe?*, Gauthier-Villars, Paris 1953.
17. I. Fenyes, *Z. Phys.* 132, 81 (1952).
18. W. Weizel, *Z. Phys.* 134, 264 (1953) und 135, 270 (1935).
19. L. Janossy, *Ann. Phys.* (6), 11, 324 (1952).
20. Z. B. A. Einstein in: *Albert Einstein, Philosopher – Scientist*, s. Anm. 11, S. 665 ff.
21. Z. B. M. v. Laue, *Naturwiss.* 38, 60 (1951).
22. E. Schrödinger, *Brit. J. Phil. Sci.* 3, Nr. 10 und 11 (1952).
23. M. Renninger, *Z. Phys.* 136, 251 (1953).
24. C. F. v. Weizsäcker, *Ann. Phys.* (5), 36, 275 (1939).
25. G. Ludwig, *Z. Phys.* 135, 483 (1953).

8 Niels Bohr
Über Erkenntnisfragen der Quantenphysik
(1958)

ZUSAMMENFASSUNG

Im Hinblick auf die Diskussion betreffend erkenntnistheoretische Probleme in der Quantenphysik wird zunächst an die Hauptzüge der Entwicklung der klassischen Physik kurz erinnert, wobei Nachdruck auf die Begriffe Objektivität, Determinismus und Relativität gelegt wird. Hiernach wird betont, daß die Quantenphysik, trotz ihres statistischen Charakters, die Forderungen an Objektivität und Vollständigkeit erfüllt, und in dieser Verbindung wird auf die Notwendigkeit hingewiesen, bei der Beschreibung der unteilbaren Quantenphänomene eine prinzipielle Unterscheidung zwischen den Meßgeräten und den zu untersuchenden Objekten zu machen. Im besonderen wird hervorgehoben, daß der Begriff Komplementarität die logische Situation innerhalb dieses Forschungsgebietes unmittelbar ausdrückt und als eine Verallgemeinerung des Kausalitätsprinzips aufzufassen ist. Zum Schluß wird angedeutet, daß die Ganzheitszüge in der Biologie, der Psychologie und der Soziologie auch eine komplementäre Beschreibungsweise verlangen.

Die Entwicklung der Quantenphysik, die durch eine fruchtbare Zusammenarbeit einer ganzen Generation von Physikern unsere Kenntnis der atomaren Vorgänge und des Aufbaus der Materie so weit gefördert hat, stellt eine der reichsten Perioden in der Geschichte der Physik dar. Jeder, der Zeuge dieser Entwicklung war, sah sich immer wieder veranlaßt, die Inspiration und den Scharfsinn zu bewundern, die MAX PLANCK zu seiner grundlegenden Entdeckung führten. Von seiner edlen und warmen Persönlichkeit habe ich Erinnerungen, die ich stets dankbar bewahren werde, und ich bin oft in Gedanken auf unsere Gespräche über die allgemeine Erkenntnisfrage zurückgekommen, die eben durch sein Werk in den Vordergrund trat und die ihm selbst so sehr im Sinne lag. Aufgefordert, zu dieser Festschrift einen Beitrag zu liefern, möchte ich daher gern die deutsche Übersetzung eines kurzen Artikels vorlegen, in welchem ich versucht habe, den heutigen Stand dieser Probleme zum Ausdruck zu bringen, und den ich für das Sammelwerk „Philosophy in the Mid-Century" [1] vorbereitet habe.

Die Bedeutung der physikalischen Wissenschaft für unsere Erkenntnis liegt nicht allein in ihrem Beitrag zu den stetig wachsenden Erfahrungen über die unbelebte Natur, sondern vor allem darin, daß sie uns Gelegenheit bietet, die Grundlage und Reichweite einiger unserer elementarsten Begriffe zu überprüfen. Trotz der Verfeinerungen der Terminologie, die die Anhäufung experimenteller Ergebnisse und die Entwicklung theoretischer Auffassungen mit sich gebracht haben, beruht jede Beschreibung physikalischer Erfahrungen letztlich auf der Umgangssprache, die unserer Orientierung in der Umwelt und der Aufspürung von Beziehungen zwischen Ursache und Wirkung angepaßt ist. So hat sich GALILEIS Programm, wonach die Beschreibung physikalischer Phänomene auf meßbaren Größen beruhen muß, als zuverlässige Grundlage für die Ordnung eines immer größeren Erfahrungsbereiches erwiesen.

In der NEWTONschen Mechanik, in welcher der Zustand eines Systems materieller Körper durch ihre augenblicklichen Lagen und Geschwindigkeiten bestimmt ist, war es möglich, mit Hilfe der bekannten einfachen Grundsätze, ausgehend von der Kenntnis des Zustandes eines Systems zu einer gegebenen Zeit und der auf die Körper einwirkenden Kräfte, den Zustand des Systems zu jeder anderen Zeit eindeutig zu bestimmen. Es zeigte sich, daß eine derartige Beschreibung, die offensichtlich eine ideale Form kausaler Beziehungen darstellt, ausgedrückt durch den Begriff *Determinismus*, eine noch größere Reichweite hat. So konnte bei der Beschreibung elektromagnetischer Phänomene, bei der wir die Fortpflanzung der Kräfte mit endlicher Geschwindigkeit zu berücksichtigen haben, eine deterministische Beschreibungsweise dadurch aufrechterhalten werden, daß in die Definition des Zustandes nicht nur die Lagen und Geschwindigkeiten der geladenen Körper, sondern auch die Richtung und Intensität der elektrischen und magnetischen Kräfte an jedem Punkt des Raumes zu einer gegebenen Zeit einbezogen werden.

In dieser Hinsicht änderte sich die Sachlage nicht wesentlich durch die Erkenntnis des Ausmaßes, in dem die Beschreibung physikalischer Phänomene von dem vom Beobachter gewählten Bezugsrahmen abhängt und die in dem Begriff *Relativität* zum Ausdruck kommt. Hier haben wir es mit einer sehr fruchtbaren Entwicklung zu tun, durch die es möglich wurde, physikalische Gesetze zu formulieren, die für alle Beobachter gelten, und Phänomene zu verbinden, die bisher keine Beziehung zueinander zu haben schienen. Obgleich bei dieser Formulierung mathematische Abstraktionen wie eine vierdimensionale nichteuklidische Metrik verwendet werden, beruht die physikalische Deutung für jeden Beobachter auf der üblichen Trennung zwischen Raum und Zeit und hält den deterministischen Charakter der Beschreibung aufrecht. Da außerdem, wie EINSTEIN betont hat, die raumzeitliche Koordinierung verschiedener Beobachter niemals eine Umkehrung der sogenannten kausalen Folge von Ereignissen zuläßt, bedeutet die Relativitätstheorie nicht nur eine Erweiterung des Anwendungsbereiches, sondern auch einen Ausbau der Grundlagen der deterministischen Beschreibungsweise, die charakteristisch für das großartige Gebäude ist, das im allgemeinen als klassische Physik bezeichnet wird.

Eine neue Epoche der physikalischen Wissenschaft wurde mit PLANCKs Entdeckung des *elementaren Wirkungsquantums* eingeleitet, das einen neuen, den atomaren Prozessen innewohnenden Ganzheitszug enthüllte, der weit über die alte Vorstellung von der begrenzten Teilbarkeit der Materie hinausgeht. Es wurde damit klar, daß die anschauliche Darstellung der klassischen physikalischen Theorien eine Idealisierung ist, die nur für Phänomene gilt, bei deren Analyse alle in Betracht kommenden Wirkungen genügend groß sind, um die Vernachlässigung des Wirkungsquantums zu gestatten. Während diese Bedingung bei Phänomenen im gewöhnlichen Maßstab völlig erfüllt ist, zeigen experimentelle Untersuchungen über atomare Teilchen neuartige, mit deterministischer Analyse unvereinbare Gesetzmäßigkeiten. Diese Quantengesetze sind bestimmend für die eigentümliche

Stabilität und die Reaktionen atomarer Systeme und daher letzten Endes verantwortlich für die Eigenschaften der Materie, von denen unsere Beobachtungsmittel abhängen.

Das Problem, das sich für die Physiker erhob, war daher die Entwicklung einer rationellen Verallgemeinerung der klassischen Physik, in die das Wirkungsquantum auf harmonische Weise eingegliedert werden konnte. Nach vorläufiger Erforschung der experimentellen Ergebnisse mit Hilfe primitiverer Methoden wurde diese schwierige Aufgabe schließlich durch Einführung geeigneter mathematischer Abstraktionen gelöst. So werden im Quantenformalismus die Größen, die üblicherweise den Zustand eines physikalischen Systems bestimmen, durch symbolische Operatoren ersetzt, die einem nicht-kommutativen Algorithmus unterworfen sind, der die PLANCKsche Konstante enthält. Dieses Verfahren verhindert eine Festlegung solcher Größen in dem Umfang, der für die deterministische Beschreibung der klassischen Physik erforderlich wäre, gestattet aber die Bestimmung ihrer spektralen Verteilung, die wir aus der Erfahrung kennenlernen. Entsprechend dem nichtanschaulichen Charakter des Formalismus findet seine physikalische Deutung lediglich in Gesetzen wesentlich statistischer Art Ausdruck, die sich auf unter gegebenen Versuchsbedingungen gewonnene Beobachtungen beziehen.

Obwohl sich die Quantenmechanik als angemessenes Hilfsmittel bei der Ordnung einer Unmenge von atomare Phänomene betreffenden Tatsachen erwies, gab ihr Verzicht auf gewohnte Forderungen kausaler Beschreibung natürlich Anlaß zu der Frage, ob wir es hier mit einer erschöpfenden Beschreibung der Erfahrung zu tun haben. Die Beantwortung dieser Frage verlangt offenbar eine genauere Untersuchung der Bedingungen für den eindeutigen Gebrauch der klassischen Begriffe bei der Analyse atomarer Phänomene. Der entscheidende Punkt ist hier die Erkenntnis, daß die Beschreibung der Versuchsanordnung und die Registrierung von Beobachtungen in der mit der gewöhnlichen physikalischen Terminologie passend verfeinerten Umgangssprache zu erfolgen haben. Dies ist eine einfache logische Forderung, da mit dem Wort Experiment nur ein Verfahren gemeint sein kann, über das wir anderen mitteilen können, was wir getan und was wir gelernt haben.

Bei den vorkommenden Versuchsanordnungen ist die Erfüllung solcher Forderungen dadurch sichergestellt, daß als Meßgeräte starre Körper gebraucht werden, die so schwer sind, daß ihre relativen Lagen und Geschwindigkeiten eine völlig klassische Feststellung gestatten. In diesem Zusammenhang ist es auch wesentlich, sich daran zu erinnern, daß jede eindeutige Erfahrung, die atomare Objekte betrifft, von permanenten Spuren stammt – wie z. B. einem durch das Auftreffen eines Elektrons auf eine photographische Platte hervorgerufenen Fleck –, die auf den Körpern, welche die Versuchsbedingungen bestimmen, hinterlassen werden. Weit davon entfernt, eine besondere Schwierigkeit zu bedeuten, erinnern uns die irreversiblen Verstärkungseffekte, auf denen die Registrierung des Vorhandenseins von atomaren Objekten beruht, vielmehr an die wesentliche, dem Beobachtungsbegriff selber inhärente Irreversibilität. Die Beschreibung atomarer Phänomene hat in dieser Beziehung einen vollkommen objektiven Charakter in dem Sinne, daß nicht ausdrücklich auf einen individuellen Beobachter Bezug genommen wird und daß deshalb, bei gebührender Berücksichtigung relativistischer Forderungen, keinerlei Mehrdeutigkeit in der Mitteilung der Erfahrung enthalten ist. Bezüglich aller solcher Punkte unterscheidet sich das Beobachtungsproblem der Quantenphysik in keiner Weise von der klassischen physikalischen Betrachtungsweise. Der wesentlich neue Zug in der Analyse von Quantenphänomenen ist jedoch die Einführung einer *grundlegenden Unterscheidung zwischen dem Meßgerät und den zu untersuchenden Objekten*. Dies ist eine unmittelbare Folge der Notwendigkeit, das Funktionieren der Meßgeräte rein klassisch zu beschreiben, und zwar unter prinzipieller Ausschließung des Wirkungsquantums. Die Quantenzüge der Phänomene ihrerseits treten in den durch die Beobachtungen gewonnenen Erfahrungen über die atomaren Objekte zutage. Während im Rahmen der klassischen Physik die Wechselwirkung zwischen Objekt und Apparat vernachlässigt oder notfalls kompensiert werden kann, bildet diese Wechselwirkung in der Quantenphysik einen untrennbaren Teil des Phänomens. Demgemäß muß die eindeutige Beschreibung eigentlicher Quantenphänomene prinzipiell die Angabe aller relevanten Züge der Versuchsanordnung umfassen.

Die Tatsache, daß die Wiederholung ein und desselben Experimentes, das nach den obigen Richtlinien beschrieben wird, im allgemeinen verschiedene auf das Objekt bezügliche Registrierungen liefert, bedeutet unmittelbar, daß solche Ergebnisse nur mit Hilfe statistischer Gesetze umfassend beschrieben werden können. Es braucht kaum betont zu werden, daß wir es hier nicht mit einer Analogie zu der bekannten Zuhilfenahme der Statistik bei der Beschreibung physikalischer Systeme zu tun haben, deren Struktur so kompliziert ist, daß die vollständige Definition ihres Zustandes, die für eine deterministische Beschreibung notwendig wäre, praktisch undurchführbar ist. Im Falle von Quantenphänomenen ist die in einer solchen Beschreibung vorausgesetzte unbegrenzte Teilbarkeit der Vorgänge durch die Forderung der eindeutigen Angaben der Versuchsbedingungen prinzipiell ausgeschlossen. In der Tat findet der für typische Quantenphänomene charakteristische Ganzheitszug logischen Ausdruck in dem Umstand, daß jeder Versuch wohldefinierter Unterteilung Änderungen in der Versuchsanordnung verlangen würde, die mit der Definition des zu untersuchenden Phänomens unvereinbar wären.

Im Rahmen der klassischen Physik können im Prinzip alle charakteristischen Eigenschaften eines gegebenen Objekts mittels einer einzigen Versuchsanordnung festgestellt werden, obgleich in der Praxis zuweilen mehrere Anordnungen zum Studium verschiedener Aspekte des Phänomens bequemer sind. Auf diese Weise gewonnene Kenntnisse ergänzen einfach einander und können zu einem zusammenhängenden Bild des Verhaltens des zu untersuchenden Objekts zusammengefaßt werden. In der Quantenphysik stehen dagegen die mit Hilfe verschiedener Versuchsanordnungen gewonnenen Erfahrungen in einer neuartigen komplementären Beziehung zueinander. Es muß ja erkannt werden, daß solche Erfahrungen, die als einander widersprechend erscheinen, wenn man versucht, sie in einem einzigen Bilde zusammenzufassen, alle über das Objekt erfaßbare Kenntnis erschöpfen. Weit davon entfernt, unseren Bemühungen, der Natur Fragen in Form von Experimenten zu stellen, eine Grenze zu setzen, charakterisiert der Begriff *Komplementarität* einfach die Antworten, die wir auf eine solche Fragestellung in jenen

Fällen erhalten können, wo die Wechselwirkung zwischen den Meßgeräten und den Objekten einen integrierenden Teil des Phänomens bildet.

Obgleich selbstverständlich die klassische Beschreibung der Versuchsanordnung und die Irreversibilität der die atomaren Objekte betreffenden Registrierungen eine Folge von Ursache und Wirkung gewährleisten, die mit dem allgemeinen Kausalitätsbegriff in Einklang steht, findet die unwiderrufliche Aufgabe des deterministischen Ideals schlagenden Ausdruck in den komplementären Beziehungen zwischen dem eindeutigen Gebrauch der elementaren Begriffe, auf deren uneingeschränkter Verbindung die klassische physikalische Beschreibung ruht. Die Feststellung des Vorhandenseins eines atomaren Teilchens in einem begrenzten raumzeitlichen Bereich verlangt in der Tat eine Versuchsanordnung, die mit einer Überführung von Impuls und Energie auf Körper wie feste Maßstäbe und synchronisierte Uhren verbunden ist, der nicht Rechnung getragen werden kann, wenn diese Körper ihren Zweck, den Bezugsrahmen festzulegen, erfüllen sollen. Umgekehrt bringt jede Anwendung der Erhaltungsgesetze von Impuls und Energie auf atomare Prozesse einen prinzipiellen Verzicht auf ins einzelne gehende raumzeitliche Koordinierung der Teilchen mit sich.

Diese Umstände finden quantitativen Ausdruck in den HEISENBERGschen Unbestimmtheitsrelationen betreffend den wechselseitigen Spielraum in der Quantenmechanik für die Festlegung der kinematischen und dynamischen Variablen, die für die Definition des Zustandes eines Systems in der klassischen Mechanik erforderlich sind. Die begrenzte Vertauschbarkeit der Symbole, durch welche solche Variablen im Quantenformalismus dargestellt werden, entspricht eben der gegenseitigen Ausschließung der Versuchsanordnungen, die für ihre eindeutige Definition unentbehrlich sind. In diesem Zusammenhang handelt es sich ja nicht um eine Beschränkung der Meßgenauigkeit, sondern um eine Begrenzung der wohldefinierten Anwendung der raumzeitlichen Beschreibung und der Erhaltungsgesetze, die durch die notwendige Unterscheidung zwischen Meßgeräten und atomaren Objekten bedingt ist.

Bei der Behandlung von Atomproblemen werden die Berechnungen am bequemsten mit Hilfe einer SCHRÖDINGERschen Zustandsfunktion ausgeführt, von der die statistischen Gesetze für unter wohldefinierten Bedingungen gewonnene Beobachtungen durch bestimmte mathematische Operationen abgeleitet werden können. Es muß jedoch erkannt werden, daß wir es hier mit einem rein symbolischen Verfahren zu tun haben, dessen eindeutige physikalische Deutung letzten Endes den Hinweis auf eine vollständige Versuchsanordnung erfordert. Die Außerachtlassung dieses Punktes hat zuweilen Verwirrung hervorgerufen, und im besonderen ist der Gebrauch von Wendungen wie „Störung der Phänomene durch Beobachtung" oder „den atomaren Objekten durch Messungen physikalische Attribute beilegen" kaum vereinbar mit der Umgangssprache und praktischer Definition.

In diesem Zusammenhang ist sogar die Frage aufgeworfen worden, ob ein Zurückgreifen auf vielwertige Logik eine treffendere Darstellung der Sachlage ermöglichen würde. Aus der vorausgehenden Argumentation geht jedoch hervor, daß jede Abweichung von der Umgangssprache und der gewöhnlichen Logik vollkommen vermieden werden kann, wenn das Wort „Phänomen" einzig und allein dem

Hinweis auf eindeutig mitteilbare Beobachtungsergebnisse vorbehalten bleibt, in deren Beschreibung das Wort „Messung" in seiner einfachen Bedeutung von standardisiertem Vergleich gebraucht wird. Solche Vorsicht in der Wahl der Terminologie ist besonders wichtig bei der Erforschung eines neuen Erfahrungsbereiches, wo die Aufschlüsse nicht in dem wohlbekannten Rahmen zusammengefaßt werden können, der in der klassischen Physik so uneingeschränkte Anwendbarkeit fand.

Vor diesem Hintergrund wird es klar, daß die Quantenmechanik innerhalb ihres weiten Anwendungsbereiches alle Forderungen an rationale Erklärung in bezug auf Folgerichtigkeit und Vollständigkeit erfüllt. Der Nachdruck auf permanente, unter wohldefinierten Versuchsbedingungen gewonnene Registrierungen als Basis für eine konsistente Deutung des Quantenformalismus entspricht in der Tat der in der klassischen Beschreibungsweise inbegriffenen Voraussetzung, daß jeder Schritt der Kausalfolge von Ereignissen im Prinzip eine Kontrolle zuläßt. Ferner ist eine Vollständigkeit der Beschreibung, wie sie in der klassischen Physik angestrebt wird, dadurch gewährleistet, daß es möglich ist, jede denkbare Versuchsanordnung in Betracht zu ziehen.

Solche Äußerungen bedeuten selbstverständlich nicht, daß wir in der Atomphysik nichts Neues über die Erfahrungen und die zu ihrer Zusammenfassung geeigneten mathematischen Werkzeuge zu lernen hätten. Es ist sogar wahrscheinlich, daß die Einführung noch weitergehender Abstraktionen in den Formalismus erforderlich wird, um die neuen Züge zu berücksichtigen, die durch die Erforschung atomarer Prozesse sehr hoher Energien enthüllt worden sind. Der entscheidende Punkt ist jedoch, daß in diesem Zusammenhang keine Rede davon sein kann, zu einer Beschreibungsweise zurückzukehren, welche in höherem Grad die gewohnten Forderungen an anschauliche Darstellung der ursächlichen Beziehungen erfüllt.

Schon die Tatsache, daß eine Analyse nach klassischen Richtlinien mit den Quantengesetzmäßigkeiten unvereinbar ist, macht es, wie wir gesehen haben, notwendig, in die Darstellung der Erfahrungen eine logische Unterscheidung zwischen Meßgerät und atomaren Objekten einzuführen, welche eine deterministische Beschreibung prinzipiell ausschließt. Zusammenfassend darf betont werden, daß der Komplementaritätsbegriff – weit entfernt davon, einen willkürlichen Verzicht auf das Kausalitätsideal zu enthalten – der unmittelbare Ausdruck ist für unsere Lage hinsichtlich der Beschreibung von Grundeigenschaften der Materie, die in der klassischen Darstellungsweise vorausgesetzt werden, aber außerhalb ihres Bereiches liegen.

Ungeachtet allen Unterschiedes zwischen den typischen Situationen, auf die sich die Begriffe Relativität und Komplementarität beziehen, zeigen sie in erkenntnistheoretischer Hinsicht weitgehende Ähnlichkeiten. In beiden Fällen handelt es sich ja um die Erforschung von Harmonien, die sich nicht in Bildern zusammenfassen lassen, die der Beschreibung innerhalb engerer Gebiete der Physik angepaßt sind. Entscheidend ist es, daß in keinem Fall die geeignete Ausweitung unseres begrifflichen Rahmens eine Berufung auf das beobachtende Subjekt in sich schließt, was eine eindeutige Mitteilung von Erfahrungen verhindern würde. In der relativistischen Argumentation ist eine solche Objektivität durch gebührende Berücksichtigung der Abhängigkeit der Phänomene von dem Bezugsrahmen des Beobachters gesichert, während in der komplementären Beschreibungsweise jede Subjektivität durch besondere Beachtung der Umstände vermieden wird, die den wohldefinierten Gebrauch elementarer physikalischer Begriffe erfordern.

In bezug auf den allgemeinen philosophischen Ausblick ist es von Bedeutung, daß bei der Analyse und Synthese in anderen Erkenntnisgebieten Umstände vorliegen, welche an jene in der Quantenphysik erinnern. So weisen die Integrität lebender Organismen und die Merkmale bewußter Individuen und kultureller Gemeinschaften Ganzheitszüge auf, deren Beschreibung eine typisch komplementäre Ausdrucksweise fordert [2]. Infolge des verschiedenartigen Gebrauches des reichen Wortschatzes, der in diesen weiteren Wissensgebieten zur Mitteilung von Erfahrungen verfügbar ist, und vor allem wegen der wechselnden Auffassungen des allgemeinen Kausalitätsbegriffes, die in der philosophischen Literatur zum Ausdruck kommen, ist das Ziel solcher Vergleiche zuweilen mißverstanden worden. Die allmähliche Entwicklung einer treffenden Terminologie zur Darstellung der einfacheren Situation in der physikalischen Wissenschaft weist jedoch darauf hin, daß wir es nicht mit mehr oder weniger vagen Analogien zu tun haben, sondern mit klaren Beispielen logischer Beziehungen, welchen wir in verschiedenen Zusammenhängen in weiteren Forschungsgebieten begegnen.

LITERATUR

[1] Philosophy in the Mid-Century, edited by Klibansky, R., vol. I, Florence, La Nuova Italia, 1958.
[2] Bohr, N., Atomphysik und menschliche Erkenntnis, Braunschweig 1958.

9 David Bohm[*]
Vorschlag einer Deutung der Quantentheorie durch „verborgene" Variable (1952)

Zusammenfassung

Die übliche Deutung der Quantentheorie ist selbstkonsistent, enthält aber Annahmen, die nicht experimentell überprüft werden können, wie z. B. daß die vollständigst mögliche Beschreibung eines individuellen Systems durch eine Wellenfunktion erfolgt, die nur den wahrscheinlichen Ausgang tatsächlicher Messungen festlegt. Ob diese Annahme korrekt ist, kann nur durch den Versuch überprüft werden, eine andere Interpretation der Quantentheorie durch derzeit „verborgene" Variable zu finden, die im Prinzip das exakte Verhalten eines individuellen Systems bestimmen, aber in der Praxis bei den heute möglichen Messungen herausgemittelt werden. In dieser und einer folgenden Arbeit soll eine Deutung der Quantentheorie durch derartige „verborgene Variable" vorgeschlagen werden. Es zeigt sich, daß die hier vorgeschlagene Deutung zu genau denselben Ergebnissen für alle physikalischen Prozesse führt wie die übliche Deutung, sofern die mathematische Theorie ihre allgemeine Form beibehält. Dennoch führt die vorgeschlagene Deutung auf ein allgemeineres Begriffssystem als die übliche Deutung, da sie eine präzise und kontinuierliche Beschreibung aller Prozesse sogar auf dem Quantenniveau erlaubt. Das erweiterte Begriffssystem ermöglicht allgemeinere mathematische Formulierungen der Theorie als die übliche Deutung. Die gebräuchliche mathematische Formulierung scheint aber auf unlösbare Schwierigkeiten zu führen, wenn sie auf kleinere Abstände als 10^{-13} cm extrapoliert wird [A1]. Es wäre möglich, daß die hier vorgeschlagene Deutung zur Lösung dieser Schwierigkeiten benötigt wird. In jedem Fall beweist die bloße Möglichkeit einer derartigen Interpretation, daß eine exakte, rationale und objektive Beschreibung individueller Systeme auf dem Quantenniveau nicht notwendigerweise unmöglich ist.

1 Einleitung

Die übliche Deutung der Quantentheorie beruht auf einer Annahme, die weitreichende Folgerungen hat, nämlich, daß der physikalische Zustand eines individuellen Systems durch eine Wellenfunktion vollständig festgelegt wird, die nur die Wahrscheinlichkeiten von Meßergebnissen festlegt, die in

---

[*] David Bohm, Palmer Physical Laboratory, Princeton University, Princeton, New Jersey. Jetzt an der Universidade de São Paulo, Faculdade de Philosofia, Ciencas, e Letras, Sao Paulo, Brasilien. Originaltitel der Arbeit: A suggested interpretation of the quantum theory in terms of "hidden" variables. I. Phys. Rev. 85, 166–179.

einem statistischen Ensemble ähnlicher Experimente erhalten werden. Diese Annahme wurde wiederholt scharf kritisiert, vor allem von Einstein, der stets glaubte, daß auch auf dem Quantenniveau exakt definierbare Elemente oder dynamische Variable das tatsächliche Verhalten jedes individuellen Systems (wie in der klassischen Physik) bestimmen, und nicht bloß sein wahrscheinliches Verhalten. Da diese Elemente oder Variablen in der heutigen Quantentheorie nicht enthalten sind und bisher nicht experimentell entdeckt wurden, hat Einstein die derzeitige Form der Quantentheorie als unvollständig betrachtet, obgleich er ihre innere Konsistenz zugab [1 bis 5].

Die meisten Physiker meinten, daß diese Einwände Einsteins und anderer nicht relevant sind. Erstens steht ja die heutige Form der Quantentheorie mit ihrer üblichen Wahrscheinlichkeitsinterpretation in ausgezeichneter Übereinstimmung mit den Ergebnissen extrem vieler Experimente, zumindest in Raumbereichen, die größer als 10^{-13} cm sind. Zweitens wurde nie eine konsistente Alternative zur Deutung der Quantentheorie vorgeschlagen. Der Zweck dieser und der folgenden Arbeit (die als II bezeichnet werden soll) ist es, eine derartige alternative Deutung anzugeben. Im Gegensatz zur üblichen Deutung wird diese Alternative es uns ermöglichen, jedem individuellen System einen exakt definierbaren Zustand zuzuschreiben, dessen Änderung im Laufe der Zeit durch deterministische Gesetze bestimmt wird, die analog zu (aber nicht identisch mit) den klassischen Bewegungsgleichungen sind. Die quantenmechanischen Wahrscheinlichkeiten werden (wie die entsprechenden Größen der klassischen statistischen Mechanik) als bloß praktische Notwendigkeit betrachtet und nicht als Folge einer unvollständigen Festlegung der Eigenschaften der Materie auf dem Quantenniveau. Sofern die derzeitige allgemeine Form der Schrödingergleichung beibehalten wird, stimmen die physikalischen Ergebnisse der hier vorgeschlagenen neuen Deutung exakt mit denjenigen überein, die aus der üblichen Deutung folgen. Wir werden jedoch zeigen, daß die hier vorgeschlagene Alternative Modifikationen des mathematischen Formalismus ermöglicht, die innerhalb der üblichen Deutung nicht einmal beschrieben werden könnten. Ferner können diese Modifikationen leicht in einer Weise formuliert werden, die im atomaren Bereich, wo die derzeitige Quantentheorie in so hervorragender Übereinstimmung mit dem Experiment steht, nur zu unbedeutenden Effekten führt. Dagegen wird sie im Dimensionsbereich von 10^{-13} cm von einschneidender Bedeutung, wo ja, wie wir gesehen haben, die heutige Theorie völlig inadequat ist [6]. Es könnte deshalb sein, daß einige der Modifikationen, die sich innerhalb der vorgeschlagenen alternativen Deutung (aber nicht in der üblichen Deutung) formulieren lassen, zu einem besseren Verständnis der Erscheinungen bei sehr kleinen Abständen führen. Wir werden aber derartige Modifikationen hier nicht im Detail entwickeln.

Nach Fertigstellung dieses Artikels wurde der Autor auf ähnliche Vorschläge für alternative Deutungen der Quantentheorie hingewiesen, die im

Jahre 1926 von de Broglie [7] gemacht wurden, aber von ihm später aufgegeben wurden, teilweise wegen einer Kritik Paulis [8] und teilweise wegen zusätzlicher Einwände, die von de Broglie [7] selbst erhoben wurden †. Wie wir im Anhang B von Arbeit II zeigen werden, wären aber alle Einwände von de Broglie und Pauli zu entkräften gewesen, wenn de Broglie seine Überlegungen zum logischen Abschluß geführt hätte. Der wesentliche neue Schritt dabei ist die Anwendung unserer Interpretation auf die Theorie des Meßprozesses selbst, wie auch auf die Beschreibung der beobachteten Systeme. Eine derartige Weiterführung der Meßtheorie wird in Arbeit II gegeben [9], wo gezeigt werden soll, daß unsere Interpretation zu genau den gleichen Ergebnissen für alle Experimente führt wie die übliche Deutung. Die Grundlagen dafür werden in Arbeit I gelegt, wo wir die Basis unserer Interpretation entwickeln und mit der üblichen Deutung vergleichen. Auch werden wir sie auf einige einfache Beispiele anwenden, um die zugrundeliegenden Prinzipien zu illustrieren.

2 Die übliche physikalische Deutung der Quantentheorie

Die übliche physikalische Theorie der Quantentheorie geht von der Unschärferelation aus. Diese Beziehung kann in zwei verschiedenen Arten hergeleitet werden. Erstens können wir mit der bereits von Einstein [1] kritisierten Annahme beginnen, daß die Wellenfunktion zwar nur Wahrscheinlichkeiten für den Ausgang von Experimenten angibt, aber dennoch die vollständigst mögliche Beschreibung des sogenannten „Quantenzustands" eines individuellen System gibt. Mit der Hilfe dieser Annahme und der de Broglie-Relation $p = \hbar k$, wobei k die Wellenzahl einer Fourierkomponente der Wellenfunktion ist, kann die Unschärferelation sofort hergeleitet werden [10]. Diese Herleitung läßt uns die Unschärferelation als eine inhärente und unvermeidliche Begrenzung der Meßgenauigkeit erscheinen, die sogar dann zutrifft, wenn wir Impuls und Ort als gleichzeitig definierte Größen ansehen. In der üblichen Deutung der Quantentheorie soll ja die Intensität der Welle die Wahrscheinlichkeit einer gegebenen Position bestimmen, ebenso wie die k-te Fourierkomponente der Wellenfunktion nur die Wahrscheinlichkeit eines entsprechenden Impulses $p = \hbar k$ angeben soll. In diesem Fall ist es ein innerer Widerspruch, wenn man einen Zustand sucht, in dem Impuls und Ort gleichzeitig und exakt definiert sind.

Eine zweite mögliche Herleitung der Unschärferelation geht von der theoretischen Analyse der Methoden aus, mit deren Hilfe physikalisch bedeutende Größen wie Impuls oder Position gemessen werden können. Da der Meßapparat aber mit dem beobachteten System über unteilbare Quanten in Wechselwirkung steht, ergibt eine derartige Analyse, daß stets eine unvermeidbare Störung einiger beobachteter Eigenschaften des Systems auftritt. Wenn die Einflüsse dieser Störung exakt vorhergesagt oder kontrolliert werden könnten, wäre es möglich, diese Effekte mitzuberücksichtigen. Dann wäre auch im Prinzip eine gleichzeitige Messung von Impuls und Ort mit unbegrenzter Genauigkeit möglich. In diesem Falle wäre aber die Unschärferelation verletzt. Andererseits ist aber die Unschärferelation, wie wir gesehen haben, eine notwendige Folgerung der Annahme, daß die Wellenfunktion und ihre Wahrscheinlichkeitsdeutung die vollständigst mögliche Festlegung des Zustandes eines individuellen Systems angeben. Um einen Widerspruch zu dieser Annahme zu vermeiden, haben Bohr [3, 5, 10, 11] und andere eine zusätzliche Annahme vorgeschlagen. Demnach soll die Übertragung eines Einzelquants vom beobachteten System auf den Meßapparat völlig unvorhersagbar, unkontrollierbar und einer detaillierten Analyse oder Beschreibung unzugänglich sein. Mit dieser Annahme kann man zeigen [10], daß die gleiche Unschärferelation, die aus der Wellenfunktion und ihrer Wahrscheinlichkeitsdeutung folgt, sich auch als inhärente und unvermeidbare Begrenzung der Genauigkeit aller möglichen Messungen ergibt. Damit resultiert ein Satz von Annahmen, die eine selbstkonsistente Formulierung der üblichen Deutung der Quantentheorie ermöglichen.

Die oben beschriebene Ansicht wurde am konsistentesten und systematischsten durch Bohrs [3, 5, 10] „Komplementaritätsprinzip" formuliert. Bohr nimmt dabei an, daß auf dem atomaren Niveau unsere bisher erfolgreiche Praxis aufgegeben werden muß, ein individuelles System als einheitliches und präzise definiertes Ganzes anzusehen, dessen Aspekte sich unserem Anschauungsvermögen sozusagen gleichzeitig und eindeutig eröffnen. Ein derartiges Begriffssystem, welches manchmal ein „Modell" genannt wird, braucht nicht auf Bilder beschränkt zu sein, sondern kann auch beispielsweise mathematische Begriffe enthalten, insofern diese in einem exakten (d. h. eindeutigen) Zusammenhang mit den Objekten stehen, die zu beschreiben sind. Das Komplementaritätsprinzip erfordert aber, daß wir sogar mathematische Modelle aufgeben. Nach Bohrs Ansicht soll daher die Wellenfunktion in keinem Sinn das begriffliche Modell eines individuellen Systems sein, da sie nicht einen exakten (ein-eindeutigen) Zusammenhang mit dem Verhalten des Systems aufweist, sondern nur eine statistische Entsprechung.

Anstelle eines exakt definierten begrifflichen Modells verlangt das Komplementaritätsprinzip, daß wir uns auf komplementäre Paare von inhärent unexakt definierten Begriffen beschränken, wie beispielsweise die Lage und den Impuls, oder Teilchen und Welle usw. Die Präzision der Definition eines Anteiles in einem derartigen Paar ist umgekehrt proportional zu derjenigen seines Gegenstückes. Die Notwendigkeit eines inneren Mangels an vollständiger Exaktheit kann auf zwei Arten verstanden werden. Zunächst kann sie als Konsequenz der Tatsache betrachtet werden, daß der Meßapparat, der für eine exakte Messung eines Teiles eines komplementären Variablenpaars stets so beschaffen ist, daß er die Möglichkeit einer gleichzeitigen exakten Messung der anderen Variablen ausschließt. Zweitens führt die Annahme, daß ein individuelles System durch die Wellenfunktion und ihre Wahrscheinlichkeitsdeutung vollständig spezifiziert ist, zu einem entsprechenden unvermeidlichen Mangel an Präzision in der Begriffsstruktur, mit deren Hilfe wir denken und das Verhalten eines Systems beschreiben.

Nur auf dem klassischen Niveau können wir den inhärenten Mangel an Exaktheit in allen unseren begrifflichen Modellen vernachlässigen, da dort die vollständige Bestimmung der physikalischen Eigenschaften nicht durch die Effekte beeinträchtigt wird, die durch die Unschärferelation beschrieben werden, da sie zu klein sind, um von praktischer Bedeutung zu sein. Die Möglichkeit, klassische Systeme durch exakt definierte Modelle zu beschreiben, ist andererseits ein wesentlicher Aspekt der üblichen Deutung der Theorie. Ohne derartige Modelle hätten wir ja keine Möglichkeit, die Ergebnisse einer Messung — die schließlich stets auf ein klassisches Genauigkeitsniveau führt — zu beschreiben oder auch nur darüber nachzudenken. Wenn die Beziehungen zwischen einem gegebenen Satz klassisch beschreibbarer Phänomene wesentlich von den quantenmechanischen Eigenschaften der Materie abhängen, sagt das Komplementaritätsprinzip aus, daß es kein einzelnes Modell gibt, das eine präzise und rationale Analyse der Verknüpfung zwischen den Phänomenen ermöglichen würde. In diesem Fall dürfen wir beispielsweise nicht versuchen, die Entstehung zukünftiger Phänomene aus den derzeitigen Phänomenen im Detail zu beschreiben. Wir sollten einfach und ohne weitere Analyse akzeptieren, daß die zukünftigen Phänomene auf irgendeine Art entstehen, die notwendig jenseits der Möglichkeit einer detaillierten Beschreibung liegt. Das einzige Ziel einer mathematischen Theorie ist die Vorhersage des statistischen Zusammenhangs — falls es einen derartigen gibt — zwischen Phänomenen.

3 Kritik der üblichen Deutung der Quantentheorie

Die übliche Deutung der Quantentheorie kann aus vielerlei Gründen kritisiert werden [5]. In dieser Arbeit werden wir aber nur die Tatsache betonen, daß diese Deutung die Möglichkeit aufgibt, auch nur daran zu denken, was das Verhalten eines individuellen Systems auf dem Quantenniveau bestimmen könnte, ohne hinreichende Gründe dafür anzugeben, warum eine derartige Einschränkung notwendig ist [9]. Die übliche Deutung ist zugegebenermaßen konsistent; aber der bloße Beweis einer derartigen Konsistenz schließt nicht die Möglichkeit anderer, gleichermaßen konsistenter Deutungen aus, die zusätzliche Elemente oder Parameter enthalten würden, und damit eine detaillierte kausale und kontinuierliche Beschreibung aller Vorgänge ermöglichen und nicht den Verzicht auf die Möglichkeit verlangt, die Vorgänge auf dem Quantenniveau in exakten Termen zu formulieren. Vom Gesichtspunkt der üblichen Deutung der Quantentheorie sind diese zusätzlichen Elemente oder Parameter vielleicht als „verborgene Variable" zu bezeichnen. Tatsächlich war es bei allen früheren Verwendungen statistischer Theorien schließlich möglich, die Gesetze für das Verhalten der individuellen Teile eines statistischen Ensembles durch derartige verborgene Variable auszudrücken. Beispielsweise sind die Koordinaten und Impulse individueller Atome vom Gesichtspunkt der makroskopischen Physik verborgene Variable, welche sich in einem großen System nur durch statistische Mittelwerte bemerkbar machen. Vielleicht sind auch unsere derzeitigen quantenmechanischen Mittelwerte ähnliche Konsequenzen verborgener Variabler, die jedoch bisher noch nicht direkt entdeckt wurden.

Nun kann man fragen, warum diese verborgenen Variablen so lange unbeobachtet geblieben sein sollen. Um diese Frage zu beantworten, ist es nützlich, eine frühe Form der Atomtheorie als Analogie zu betrachten, in der die Existenz der Atome zur Erklärung gewisser makroskopischer Effekte herangezogen wurde, wie beispielsweise der Gesetze der chemischen Zusammensetzung, der Gasgesetze usw. Andererseits konnten die gleichen Effekte auch direkt durch die existierenden makrophysikalischen Begriffe (wie Druck, Volumen, Temperatur, Masse, usw.) beschrieben werden, und eine korrekte Beschreibung dieser Art erfordert keine Bezugnahme auf Atome. Schließlich wurden aber doch Effekte gefunden, die den Vorhersagen aus der Extrapolation gewisser rein makroskopischer Theorien auf den Bereich kleinster Dimensionen widersprachen und die durch die Annahme einer atomaren Zusammensetzung der Materie korrekt verstanden werden konnten. Ähnlich könnten auch verborgene Variable, die der gegenwärtigen Quantentheorie zugrundeliegen, im atomaren Bereich zu einer adequaten Beschreibung durch die üblichen quantenmechanischen Konzepte führen, während im Bereich weit kleinerer Dimensionen, also einer „fundamentalen Länge" der Größenordnung 10^{-13} cm, die verborgenen Variablen zu völlig neuen Effekten führen könnten, die nicht mit der Extrapolation der heutigen Quantentheorie auf dieses Niveau übereinstimmen.

Es ist sicherlich möglich, daß derartige verborgene Variable tatsächlich für eine korrekte Beschreibung der Phänomene im Bereich kleinster Dimensionen erforderlich sind. In diesem Fall könnte ein Beharren auf der üblichen Deutung der Quantentheorie, welche verborgene Variable prinzipiell ausschließt, zu einer langwierigen Fehlentwicklung führen. Es erscheint uns daher wichtig, die Gründe für die Annahme zu untersuchen, daß die übliche physikalische Deutung vermutlich korrekt ist. Dazu beginnen wir mit einer Wiederholung der beiden wechselseitig konsistenten Annahmen, auf denen die übliche Deutung aufbaut (siehe Abschnitt 2):

(1)　Die Wellenfunktion und ihre Wahrscheinlichkeitsdeutung geben die vollständigst mögliche Festlegung des Zustandes eines individuellen Systems an.

(2) Die Übertragung eines einzelnen Quants vom beobachteten System auf den Meßapparat ist inhärent unvorhersehbar, unkontrollierbar und nicht analysierbar.

Wir beginnen nun mit der Fragestellung, ob irgendwelche Experimente möglicherweise zur Überprüfung dieser Annahmen herangezogen werden könnten. Im Zusammenhang mit diesem Problem wird oft behauptet, daß der mathematische Apparat der Quantentheorie und seine physikalische Deutung ein konsistentes Ganzes bilden und daß dieses kombinierte System aus mathematischem Apparat und physikalischer Deutung ausreichend durch den extrem weiten Bereich von Experimenten getestet wird, die in Übereinstimmung mit den Vorhersagen stehen, die aus dem obigen System folgen. Würden die Annahmen (1) und (2) eine eindeutige mathematische Formulierung zur Folge haben, wäre eine derartige Schlußfolgerung korrekt, da in diesem Fall experimentelle Vorhersagen existieren würden, aus deren Widerlegung eindeutig auf die Inkorrektheit der Annahmen geschlossen werden könnte. Wenn auch die Annahmen (1) und (2) die möglichen Formen der mathematischen Theorie einschränken, beschränken sie diese Formen jedoch nicht ausreichend, um einen eindeutigen Satz von Vorhersagen zu ermöglichen, die einem experimentellen Test zugrundegelegt werden könnten. So kann man beispielsweise praktisch willkürliche Veränderungen des Hamiltonoperators in Betracht ziehen, die unter anderem die Existenz beliebig vieler neuer Mesonenfelder fordern würden, deren Ruhmassen, Ladungen, Spins und magnetische Momente beliebige Werte haben könnten. Und wenn auch dies nicht ausreicht, könnten wir noch immer nicht-lokale Operatoren, nicht-lineare Felder, S-Matrizen einführen usw. Wenn die Theorie sich also als inadäquat erweisen sollte (wie dies heute in Bereichen kleiner als 10^{-13} cm der Fall ist), ist die Annahme stets möglich und auch naheliegend, daß die Theorie durch eine bisher unbekannte Änderung der mathematischen Formulierung allein in Übereinstimmung mit dem Experiment gebracht werden kann, aber keine grundlegende Änderung der physikalischen Deutung erforderlich ist. Solange wir also die übliche physikalische Deutung der Quantentheorie annehmen, können wir durch kein denkbares Experiment zur Aufgabe dieser Deutung gezwungen werden, auch wenn diese falsch sein sollte. Die übliche physikalische Deutung könnte sich damit als gefährliche Falle erweisen, als Zirkel von Hypothesen, die im Prinzip nicht verifizierbar sind, auch wenn sie korrekt sein sollten. Die einzige Möglichkeit, eine derartige Falle zu vermeiden, ist die Untersuchung von Postulaten, die den Annahmen (1) und (2) von Beginn an widersprechen. Wir könnten beispielsweise postulieren, daß das exakte Ergebnis jeder individuellen Messung im Prinzip durch derzeit „verborgene" Elemente oder Variable bestimmt wird. Wir könnten dann versuchen, Experimente zu finden, die in eindeutiger und reproduzierbarer Art von dem angenommenen Zustand dieser verborgenen Elemente oder Variablen abhängen. Wenn diese Vorhersagen bestätigt werden, könnten wir damit experimentelle Hinweise bezüglich der Hypothese erhalten, daß verborgene Variable existieren. Aber auch wenn sich die Vorhersagen nicht bestätigen, wird die Korrektheit der üblichen Deutung der Quantentheorie nicht notwendig bewiesen, da es erforderlich sein könnte, die spezifische Theorie zu verändern, die das Verhalten der angenommenen verborgenen Variablen beschreiben soll.

Wir schließen also, daß die Wahl der gegenwärtigen Deutung der Quantentheorie eine wesentliche physikalische Beschränkung der Arten von Theorien impliziert, die wir zu betrachten wünschen. Aus den hier angegebenen Argumenten scheint aber kein sicherer experimenteller oder theoretischer Grund hervorzugehen, auf dem die Wahl der derzeitigen Deutung der Quantentheorie beruht. Diese Wahl beruht vielmehr auf Hypothesen, die unmöglich durch Experimente getestet werden können. Ferner sind wir nun in der Lage, eine alternative Interpretation anzugeben.

4 Eine neue physikalische Deutung der Schrödingergleichung

Wir gehen nun zu einer allgemeinen Beschreibung unserer vorgeschlagenen physikalischen Deutung der gegenwärtigen mathematischen Formulierung der Quantentheorie über. Die folgenden Abschnitte enthalten dann eine detailliertere Beschreibung.

Wir beginnen mit der Einteilchen-Schrödingergleichung und verallgemeinern später auf beliebige Teilchenzahlen. Die Wellengleichung lautet

$$i\hbar \partial \psi / \partial t = - (\hbar^2/2m) \nabla^2 \psi + V(\mathbf{x}) \psi. \qquad (1)$$

Die komplexe Funktion ψ kann ausgedrückt werden als

$$\psi = R \exp(iS/\hbar), \qquad (2)$$

wobei R und S reell sind. Man zeigt leicht, daß die Gleichungen für R und S lauten

$$\frac{\partial R}{\partial t} = - \frac{1}{2m} [R \nabla^2 S + 2 \nabla R \cdot \nabla S], \qquad (3)$$

$$\frac{\partial S}{\partial t} = - \left[\frac{(\nabla S)^2}{2m} + V(\mathbf{x}) - \frac{\hbar^2}{2m} \frac{\nabla^2 R}{R} \right]. \qquad (4)$$

Es ist zweckmäßig auch $P(\mathbf{x}) = R^2(\mathbf{x})$ oder $R = \sqrt{P}$ einzuführen, wobei $P(\mathbf{x})$ die Wahrscheinlichkeitsdichte ist. Wir erhalten dann

$$\frac{\partial P}{\partial t} + \nabla \cdot \left(P \frac{\nabla S}{m} \right) = 0, \qquad (5)$$

$$\frac{\partial S}{\partial t} + \frac{(\nabla S)^2}{2m} + V(\mathbf{x}) - \frac{\hbar^2}{4m} \left[\frac{\nabla^2 P}{P} - \frac{1}{2} \frac{(\nabla P)^2}{P^2} \right] = 0. \qquad (6)$$

Im klassischen Grenzfall ($\hbar \to 0$) erlauben die obigen Gleichungen eine sehr einfache Deutung. Die Funktion $S(x)$ ist eine Lösung der Hamilton-Jacobi-Gleichung. Wenn wir ein Ensemble von Teilchentrajektorien betrachten, welche Lösungen der Bewegungsgleichungen sind, dann besagt ein wohlbekanntes Theorem die Mechanik: Wenn die Trajektorien auf *eine* gegebene Fläche mit konstantem S normal stehen, dann stehen sie auf allen Flächen mit konstantem S normal, und der Geschwindigkeitsvektor $v(x)$ eines beliebigen Teilchens wird im Punkt x durch $\nabla S(x)/m$ angegeben. Gleichung (5) kann daher auch in der Form geschrieben werden

$$\partial P/\partial t + \nabla \cdot (Pv) = 0. \tag{7}$$

Aus dieser Gleichung ersieht man, daß $P(x)$ als Wahrscheinlichkeitsdichte für die Teilchen in unserem Ensemble gedeutet werden kann. In diesem Fall kann nämlich Pv als der mittlere Teilchenstrom im Ensemble gedeutet werden und (7) drückt dann einfach die Erhaltung der Wahrscheinlichkeit aus.

Diese Deutung kann sogar auch im Falle $\hbar \neq 0$ beibehalten werden. Dazu nehmen wir an, daß auf jedes Teilchen nicht nur ein „klassisches" Potential $V(x)$ wirkt, sondern auch ein „Quantenpotential"

$$U(x) = \frac{-\hbar^2}{4m}\left[\frac{\nabla^2 P}{P} - \frac{1}{2}\frac{(\nabla P)^2}{P^2}\right] = \frac{-\hbar^2}{2m}\frac{\nabla^2 R}{R}. \tag{8}$$

Dann kann (6) weiterhin als Hamilton-Jacobi-Gleichung für unser Teilchenensemble betrachtet werden, $\nabla S(x)/m$ ist die Teilchengeschwindigkeit und (5) beschreibt die Erhaltung der Wahrscheinlichkeit im Ensemble. Es scheint also, daß hier der Kern einer alternativen Deutung der Schrödingergleichung vorliegt.

Um diese Deutung explizit auszuarbeiten, assoziieren wir zunächst mit jedem Elektron ein Teilchen, das exakt definierbare und kontinuierlich variierende Orts- und Impulswerte aufweist. Die Lösung der modifizierten Hamilton-Jacobi-Gleichung (4) gibt ein Ensemble möglicher Trajektorien für dieses Teilchen an, welches aus der Hamilton-Jacobi-Funktion $S(x)$ durch Integration der Geschwindigkeit $v(x) = \nabla S(x)/m$ erhalten werden kann. Aus der Gleichung für S folgt aber, daß das Teilchen sich unter der Wirkung einer Kraft bewegt, die nicht ausschließlich aus dem klassischen Potential $V(x)$ folgt, sondern auch noch einen Beitrag vom „Quantenpotential" $U(x) = (-\hbar^2/2m)\nabla^2 R/R$ enthält. Die Funktion $R(x)$ ist nicht völlig beliebig wählbar, sondern wird in der Gleichung (3) teilweise durch $S(x)$ festgelegt. R und S bestimmen einander also zumindest teilweise wechselseitig. Tatsächlich ist es zumeist am bequemsten, zur Bestimmung von R und S die Schrödingergleichung (1) für die Wellenfunktion zu lösen und dann von den Beziehungen auszugehen

$$\psi = U + iW = R[\cos(S/\hbar) + i\sin(S/\hbar)],$$
$$R^2 = U^2 + V^2; \ S = \hbar \ \text{arctg}(W/U).$$

Da die Kraft auf ein Teilchen nun funktionell vom Absolutwert $R(\mathbf{x})$ der Wellenfunktion $\psi(\mathbf{x})$ am tatsächlichen Teilchenort abhängt, müssen wir die Wellenfunktion eines individuellen Elektrons als mathematische Darstellung eines objektiv realen Feldes betrachten. Dieses Feld übt eine Kraft auf das Teilchen aus, in einer Art, die analog zu, aber nicht identisch mit, der Art ist, in der ein elektromagnetisches Feld auf eine Ladung wirkt oder ein Mesonenfeld auf ein Nukleon. Es gibt schließlich keinen Grund, warum auf ein Teilchen nicht auch das ψ-Feld ebenso wirken sollte, wie ein elektromagnetisches Feld, ein Gravitationsfeld, Mesonenfelder oder schließlich bisher noch unentdeckte andere Felder.

Die Analogie mit dem elektromagnetischen (und anderen) Feldern ist ziemlich weitreichend. Ebenso wie das elektromagnetische Feld den Maxwell-Gleichungen gehorcht, gehorcht das ψ-Feld der Schrödingergleichung. In beiden Fällen folgt aus einer vollständigen Festlegung des Feldes im gesamten Raum zu einem gegebenen Augenblick die vollständige Zeitentwicklung des Feldes. In beiden Fällen können wir aus der Kenntnis der Feldfunktion die Kraft auf ein Teilchen berechnen, und damit seine gesamte Trajektorie, falls die Anfangslage und der Impuls bekannt sind.

Es lohnt sich aber darauf hinzuweisen, daß man anstelle der Verwendung der Hamilton-Jacobi-Gleichung zur Berechnung der Bewegung eines Teilchens auch stets direkt von den Newtonschen Bewegungsgleichungen und den korrekten Randwerten ausgehen kann. Die Gleichung eines Teilchens, das sich in einem klassischen Potential $V(\mathbf{x})$ und dem „Quantenpotential" (8) bewegt, lautet

$$m d^2 \mathbf{x}/dt^2 = - \nabla \{V(\mathbf{x}) - (\hbar^2/2m)\nabla^2 R/R\}. \tag{8a}$$

Nur im Zusammenhang mit den Randbedingungen, die in den Bewegungsgleichungen auftreten, ergibt sich ein grundlegender Unterschied zwischen dem ψ-Feld und anderen Feldern, wie beispielsweise dem elektromagnetischen Feld. Um nämlich Übereinstimmungen mit den Ergebnissen der üblichen Deutung der Quantentheorie zu erhalten, müssen wir den Anfangswert des Teilchenimpulses auf $\mathbf{p} = \nabla S(\mathbf{x})$ beschränken. Aus der Anwendung der Hamilton-Jacobi-Theorie auf Gleichung (6) folgt, daß die Einschränkung konsistent ist, da sie zu allen Zeiten gilt, wenn sie anfänglich erfüllt ist. Die hier vorgeschlagene Neuinterpretation der Quantentheorie zeigt aber, daß diese Einschränkung aus der begrifflichen Struktur folgt. Wir werden beispielsweise in Abschnitt 9 sehen, daß in unserer Interpretation konsistenterweise Modifikationen der Theorie betrachtet werden können, welche einen beliebigen Zusammenhang zwischen $\mathbf{p}$ und $\nabla S(\mathbf{x})$ annehmen. Die auf das Teilchen wirkende Kraft kann aber stets so gewählt werden, daß im atomaren Bereich $\mathbf{p}$ näherungsweise mit $\nabla S(\mathbf{x})/m$ übereinstimmt, während sich diese Größen bei Vorgängen im Bereich kleinster Dimensionen wesentlich unterscheiden können. Damit können wir die Analogie zwischen dem ψ-Feld und dem elektromagnetischen Feld ebenso verbessern wie diejenige zwischen der Quantenmechanik und der klassischen Mechanik.

Es gibt noch einen anderen wichtigen Unterschied zwischen dem ψ-Feld und dem elektromagnetischen Feld. Während die Schrödingergleichung homogen in ψ ist, sind die Maxwellgleichungen inhomogen in den elektrischen und magnetischen Feldstärken. Da Inhomogenitäten zur Entstehung der Strahlung erforderlich sind, folgt aus unseren jetzigen Gleichungen, daß das ψ-Feld nicht abgestrahlt oder absorbiert wird, sondern seine Form beibehält, während seine integrierte Dichte konstant bleibt. Diese Einschränkung auf eine homogene Gleichung ist aber, wie die Einschränkung auf $p = \nabla S(x)$, keine notwendige Folgerung der Begriffsstruktur unserer Deutung. In Abschnitt 9 werden wir zeigen, daß man konsistent Inhomogenitäten in der Gleichung für ψ einführen kann, die nur bei sehr kleinen Distanzen wichtige Effekte produzieren, während sie im atomaren Bereich vernächlässigbar sind. Falls es derartige Inhomogenitäten tatsächlich gibt, dann wird das ψ-Feld emittiert und absorbiert, aber nur in Zusammenhang mit Prozessen bei kleinen Distanzen. Nachdem das ψ-Feld aber einmal emittiert ist, wird es bei allen atomaren Prozessen einfach der Schrödingergleichung in sehr guter Näherung genügen. Bei sehr kleinen Distanzen wird aber der Wert des ψ-Feldes, wie im Fall des elektromagnetischen Feldes, etwas von der tatsächlichen Lage des Teilchens abhängen.

Betrachten wir nun die Bedeutung der Annahme eines statistischen Ensembles von Teilchen mit einer Wahrscheinlichkeitsdichte von $P(x) = R^2(x) = |\psi(x)|^2$. Aus Gleichung (5) folgt, daß diese Annahme konsistent ist, falls ψ die Schrödingergleichung erfüllt und $v = \nabla S(x)/m$ gilt. Die Wahrscheinlichkeitsdichte ist numerisch gleich der Wahrscheinlichkeitsdichte der Teilchen, die sich aus der üblichen Interpretation ergibt. In dieser Deutung wird aber die Notwendigkeit einer Wahrscheinlichkeitsdeutung als inhärente Eigenschaft der Struktur der Materie betrachtet (siehe Abschnitt 2), während sie in unserer Deutung dadurch entsteht, daß wir von einer Messung zur anderen in der Praxis die exakte Lage des Teilchens weder vorhersagen noch kontrollieren können (siehe Arbeit II), da der Meßapparat entsprechende unvorhersehbare und unkontrollierbare Störungen hervorruft. In unserer Deutung wird daher der Gebrauch eines statistischen Ensembles (wie in der klassischen statistischen Mechanik) nur als praktische Notwendigkeit betrachtet, aber nicht als Folgerung einer inhärenten Begrenzung der Präzision der begrifflichen Definition der Zustandsvariablen. Ferner ist klar, daß wir bei sehr kleinen Distanzen schließlich die spezielle Annahme aufgeben müssen, daß ψ die Schrödingergleichung erfüllt und $v = \nabla S(x)/m$ gilt. In diesem Fall wird $|\psi|^2$ auch keinen Erhaltungssatz mehr erfüllen und nicht mehr als Wahrscheinlichkeitsdichte für Teilchen deutbar sein. Dennoch müßte es auch in diesem Fall eine erhaltene Wahrscheinlichkeitsdichte für Teilchen geben. Es würde demnach im Prinzip möglich sein, Experimente zu finden, in denen

$|\psi|^2$ von der Wahrscheinlichkeitsdichte unterschieden werden kann, womit die Inadäquatheit der üblichen Deutung, die $|\psi|^2$ nur als Wahrscheinlichkeitsdichte ansieht, erwiesen wäre. Ferner werden wir in Arbeit II sehen, daß eine derartige Modifikation der Theorie im Prinzip eine präzise Messung von Ort und Impuls des Teilchens erlaubt und damit die Unschärferelation verletzt. Solange wir uns auf Bedingungen beschränken, in denen die Schrödingergleichung gilt und für die $\mathbf{v} = \nabla S(\mathbf{x})/m$ erfüllt ist, bleibt aber die Unschärferelation eine effektive, praktische Begrenzung der möglichen Meßgenauigkeit. Der Ort und Impuls des Teilchens sollten daher gegenwärtig als „verborgene" Variable betrachtet werden, da wir in Arbeit II sehen werden, daß wir derzeit keine Experimente angeben können, die die Teilchen auf Gebiete lokalisieren, die kleiner sind als die Regionen, in denen die Intensität des ψ-Feldes erheblich ist. Daher können wir noch keine klaren experimentellen Beweise für die Notwendigkeit derartiger Variabler finden, wenngleich im Bereich sehr kleiner Distanzen neue Modifikationen der Theorie erforderlich sein könnten, die einen Beweis für die Existenz wohldefinierter Orte und Impulse des Teilchens ermöglichen würden.

Die hier vorgeschlagene neue Deutung der Quantentheorie führt also auf einen viel breiteren begrifflichen Rahmen als die übliche Deutung, da alle Ergebnisse der üblichen Interpretation daraus mit Hilfe der folgenden drei wechselseitig konsistenten Annahmen erhalten werden können:

(1)   Das ψ-Feld erfüllt die Schrödingergleichung.
(2)   Der Teilchenimpuls beträgt $\mathbf{p} = \nabla S(\mathbf{x})$.
(3)   Wir können die exakte Lage des Teilchens nicht vorhersagen oder kontrollieren, sondern arbeiten in der Praxis mit einem statistischen Ensemble mit der Wahrscheinlichkeitsverteilung $P(\mathbf{x}) = |\psi(\mathbf{x})|^2$. Die Verwendung der Statistik ist jedoch nicht eine inhärente Eigenschaft der begrifflichen Struktur der Theorie, sondern lediglich eine Konsequenz unserer Unwissenheit über die exakte Anfangslage des Teilchens.

Wie wir in Abschnitt 9 sehen werden, ist es sehr wohl möglich, daß eine bessere Theorie der Phänomene bei kleinsten Abständen eine Abänderung dieser speziellen Annahmen erfordert. Das Hauptziel dieser Arbeit (und von Arbeit II) ist zu zeigen, daß unsere Interpretation bei Wahl dieser speziellen Annahmen zu den gleichen Vorhersagen für alle möglichen Experimente führt wie die übliche Interpretation [9].

Nun wird auch verständlich, warum die Annahme der üblichen Deutung der Quantentheorie uns von der hier vorgeschlagenen alternativen Deutung wegführt. In einer Theorie mit verborgenen Variablen würde man normalerweise erwarten, daß das Verhalten eines individuellen Systems nicht vom statistischen Ensemble abhängt, dem das System angehört, da sich das Ensemble auf eine Reihe ähnlicher, aber getrennter Experimente bezieht, die unter gleichen Anfangsbedingungen durchgeführt werden. In unserer Deutung hängt aber das „Quantenpotential" $U(x)$, das auf ein individuelles Teilchen wirkt, von der Wellenintensität $P(x)$ ab, die numerisch gleich der Wahrscheinlichkeitsdichte im Ensemble ist. In der Terminologie der üblichen Deutung der Quantentheorie, in der man stillschweigend annimmt, daß die Wellenfunktion nur durch Wahrscheinlichkeiten zu deuten ist, erscheint die hier vorgeschlagene neue Interpretation als geheimnisvolle Abhängigkeit eines individuellen Systems vom statistischen Ensemble, dem es angehört. In unserer Interpretation ist eine derartige Abhängigkeit völlig vernünftig, da die Wellenfunktion konsistent sowohl als Wahrscheinlichkeitsdichte, als auch als Kraft interpretiert werden kann [12].

Es ist instruktiv, die Analogie zwischen dem Schrödingerfeld und anderen Feldarten ein wenig weiterzuführen. Dazu leiten wir zunächst (5) und (6) aus einem Hamilton-Funktional her. Der Ausdruck für die mittlere Energie wird in der üblichen Quantenmechanik gegeben durch

$$\overline{H} = \int \psi^*(-\frac{\hbar^2}{2m}\nabla^2 + V(x))\psi dx = \int \left\{ \frac{\hbar^2}{2m}|\nabla\psi|^2 + V(x)|\psi|^2 \right\} dx.$$

Mit $\psi = P^{1/2}\exp(iS/\hbar)$ erhalten wir

$$\overline{H} = \int P(x) \left\{ \frac{(\nabla S)^2}{2m} + V(x) + \frac{\hbar^2}{8m}\frac{(\nabla P)^2}{P^2} \right\} dx. \tag{9}$$

Wir reinterpretieren nunmehr $P(x)$ als Feldvariable, die in jedem Punkt x definiert ist, und nehmen versuchsweise an, daß $S(x)$ der zu $P(x)$ kanonisch konjugierte Impuls ist. Die Konsistenz dieser Annahme folgt aus den Hamiltonschen Bewegungsgleichungen für $P(x)$ und $S(x)$, die wir unter der Annahme herleiten, daß die Hamiltonfunktion durch (9) gegeben ist. Die Bewegungsgleichungen sind

$$\dot{P} = \frac{\delta \overline{H}}{\delta S} = -\frac{1}{m}\nabla \cdot (P\nabla S),$$

$$\dot{S} = -\frac{\delta \overline{H}}{\delta P} = -\left[\frac{(\nabla S)^2}{2m} + V(x) - \frac{\hbar^2}{4m}\left(\frac{\nabla^2 P}{P} - \frac{1}{2}\frac{(\nabla P)^2}{P^2}\right) \right].$$

Diese Gleichungen stimmen mit der Wellengleichung (5) und (6) überein.

Nun können wir auch zeigen, daß die über das Ensemble gemittelte Energie der Teilchen gleich dem üblichen quantenmechanischen Mittelwert der Hamiltonfunktion $\overline{H}$ ist. Nach (3) und (6) ist die Energie eines Teilchens nämlich

$$E(x) = -\frac{\partial S(x)}{\partial t} = \left[\frac{(\nabla S)^2}{2m} + V(x) - \frac{\hbar^2}{2m}\frac{\nabla^2 R}{R} \right]. \tag{10}$$

Mitteln wir diesen Ausdruck mit der Gewichtsfunktion $P(\mathbf{x})$, so erhalten wir

$$\langle E \rangle_{\text{Ensemble}} = \int P(\mathbf{x}) E(\mathbf{x}) d\mathbf{x}$$

$$= \int P(\mathbf{x}) \left[\frac{(\nabla S)^2}{2m} + V(\mathbf{x}) \right] d\mathbf{x} - \frac{\hbar^2}{2m} \int R \nabla^2 R d\mathbf{x},$$

und nach einer partiellen Integration

$$\langle E \rangle_{\text{Ensemble}} = \int P(\mathbf{x}) \left[\frac{(\nabla S)^2}{2m} + V(\mathbf{x}) + \frac{\hbar^2}{8m} \frac{(\nabla P)^2}{P^2} \right] d\mathbf{x} = \overline{H}. \tag{11}$$

Damit ist das gewünschte Ergebnis bewiesen.

5 Der stationäre Zustand

Wir wenden die neue Deutung der Quantentheorie nun auf stationäre Zustände an. Dabei scheinen folgende Forderungen sinnvoll:
(1) Die Energie des Teilchens sollte eine Konstante der Bewegung sein.
(2) Das Quantenpotential sollte zeitunabhängig sein.
(3) Die Wahrscheinlichkeitsdichte in unserem statistischen Ensemble sollte von der Zeit unabhängig sein.

Man zeigt leicht, daß diese Anforderungen durch folgende Wahl erfüllt werden:

$$\psi(\mathbf{x}, t) = \psi_0(\mathbf{x}) \exp(-iEt/\hbar) = R_0(\mathbf{x}) \exp[i(\Phi(\mathbf{x}) - Et)/\hbar]. \tag{12}$$

Daraus folgt $S = \Phi(\mathbf{x}) - Et$. Nach der verallgemeinerten Hamilton-Jacobi-Gleichung (4) ist die Teilchenenergie gegeben durch

$$\partial S / \partial t = -E.$$

Die Teilchenenergie ist also tatsächlich eine Konstante der Bewegung. Ferner sind wegen $P = R^2 = |\psi|^2$ die Größen P (und R) zeitunabhängig. Daher sind die Wahrscheinlichkeitsdichte und damit auch das Quantenpotential in unserem Ensemble zeitunabhängig.

Man bestätigt leicht, daß keine andere Form der Lösung der Schrödingergleichung alle drei Kriterien für den stationären Zustand erfüllt.

Da ψ nunmehr als mathematische Darstellung eines objektiv realen Kraftfeldes betrachtet wird, folgt, daß es (wie das elektromagnetische Feld) überall endlich, kontinuierlich und einwertig sein sollte. Diese Anforderungen garantieren, daß in allen praktischen Anwendungen die erlaubten Energiewerte in einem stationären Zustand und die entsprechenden Eigenfunktionen mit den entsprechenden Ergebnissen aus der üblichen Interpretation der Theorie übereinstimmen.

Die folgenden Beispiele stationärer Zustände werden die neue Interpretation noch in mehr Detail erläutern.

Fall 1: s-Zustände

Der erste Fall, den wir betrachten, ist ein s-Zustand, dessen Wellenfunktion gegeben ist durch

$$\psi = f(r)\exp[i(\alpha - Et)/\hbar], \tag{13}$$

wobei α eine beliebige Konstante und r die Radialkoordinate ist. Daraus folgt für die Hamilton-Jacobi-Funktion $S = \alpha - Et$. Die Teilchengeschwindigkeit ergibt sich daraus zu

$$\mathbf{v} = \nabla S = 0.$$

Das Teilchen steht also einfach still, wo immer es auch sein mag. Wieso kann dies der Fall sein? Die fehlende Bewegung erklärt sich daraus, daß die Kraft $-\nabla V(\mathbf{x})$ durch die „Quantenkraft" $(\hbar^2/2m)\,\nabla(\nabla^2 R/R)$, die die Wirkung des ψ-Feldes auf das eigene Teilchen ausdrückt, kompensiert wird. Die möglichen Teilchenpositionen ergeben aber ein statistisches Ensemble mit der Wahrscheinlichkeitsdichte $P(\mathbf{x}) = (f(r))^2$.

Fall 2: Zustände mit nichtverschwindendem Drehimpuls

In einem typischen Zustand mit nichtverschwindendem Drehimpuls gilt in den üblichen Bezeichnungen

$$\psi = f_n^l(r) P_l^m(\cos\theta)\exp[i(\beta - Et + \hbar m\phi)/\hbar], \tag{14}$$

wobei β eine Konstante ist. Aus der Hamilton-Jacobi-Funktion $S = \beta - Et + \hbar m\phi$ lesen wir ab, daß die z-Komponente des Drehimpulses gleich $\hbar m$ ist:

$$L_z = x p_y - y p_z = x\partial S/\partial y - y\partial S/\partial x = \partial S/\partial \phi = \hbar m. \tag{15}$$

Wir erhalten daher ein statistisches Ensemble von Trajektorien, die verschiedene Formen aufweisen können, die aber alle den gleichen „quantisierten" Wert der z-Komponente des Drehimpulses aufweisen.

Fall 3: Ein Streuproblem

Betrachten wir nun ein Streuproblem. Der Einfachheit halber diskutieren wir ein hypothetisches Experiment, in dem ein Elektron in der z-Richtung mit Anfangsimpuls p_0 auf einen Apparat einfällt, der aus zwei Spalten besteht [13]. Nachdem das Elektron durch das Spaltsystem hindurchgegangen ist, wird seine Position beispielsweise durch eine photographische Platte gemessen und aufgezeichnet.

In der üblichen Deutung der Quantentheorie wird das Elektron durch die Wellenfunktion beschrieben. Der einfallende Teil dieser Wellenfunktion ist $\psi_0 \sim \exp(ip_0 z/\hbar)$. Nachdem die Welle durch die Spalte hindurchgegangen ist, wird die Wellenfunktion durch Interferenz- und Beugungseffekt modifiziert, so daß beim Erreichen des Meßinstrumentes ein charakteristisches Intensitätsmuster entsteht. Die Wahrscheinlichkeit, daß das Elektron im Intervall zwischen x und x + dx auftritt, beträgt $|\psi(x)|^2 \, dx$. Wenn das Experiment oft mit gleichen Anfangsbedingungen wiederholt wird, entsteht schließlich ein Treffermuster auf der photographischen Platte, das den Interferenzmustern der Optik gleicht.

In der üblichen Deutung der Quantentheorie ist die Ursache dieses Interferenzmusters schwer zu verstehen. Denn in gewissen Punkten verschwindet die Wellenfunktion, wenn beide Spalte offen sind, ist aber nicht verschwindend, wenn nur ein Spalt geöffnet ist. Wie kann die Öffnung eines zweiten Spaltes das Elektron daran hindern, bestimmte Punkte zu erreichen, die es bei geschlossenem Spalt erreichen konnte? Wenn sich das Elektron völlig wie ein klassisches Teilchen verhielte, wäre dieses Phänomen gänzlich unerklärlich. Offensichtlich müssen also die Wellenaspekte des Elektrons etwas mit der Entstehung des Interferenzmusters zu tun haben. Das Elektron kann aber nicht mit der damit assoziierten Welle identisch sein, da sich die Welle ja über einen großen Bereich ausbreitet. Wird andererseits der Ort des Elektrons gemessen, erscheint es im Detektor stets als lokalisiertes Teilchen.

Die übliche Interpretation der Quantentheorie macht nicht nur keinen Versuch, ein umfassendes, präzise definiertes begriffliches Modell für die Entstehung der obigen Phänomene zu liefern, sondern versichert vielmehr, daß kein derartiges Modell auch nur denkbar ist. Anstelle eines umfassenden, präzise definierten begrifflichen Modells gibt die übliche Deutung, wie in Abschnitt 2 beschrieben, zwei komplementäre Modelle an, nämlich Teilchen und Welle. Jedes dieser Modelle kann nur unter Bedingungen präzisiert werden, die eine reziproke Abnahme der Präzision des anderen Modells bedingen. Während das Elektron beispielsweise durch das Spaltsystem hindurchgeht, wird seine Lage als inhärent unbestimmt betrachtet, so daß es sinnlos ist zu fragen, durch welchen Spalt ein individuelles Elektron tatsächlich hindurchgegangen ist, wenn wir ein Interferenzmuster erhalten wollen. In dem Raumbereich, in dem die Lage des Elektrons keine sinnvolle Bedeutung hat, können wir das Wellenmodell benützen und damit die folgende Entstehung der Interferenzen beschreiben. Wenn wir dagegen versuchen, die Position des Elektrons während des Durchgangs durch das Spaltsystem durch eine Messung genauer festzulegen, würde die Störung der Bewegung durch den Meßapparat das Interferenzmuster zerstören. Damit würden Bedingungen geschaffen, in denen das Teilchenmodell präziser definiert wird und sich dadurch eine entsprechende Verringerung in der Präzision des Wellenmodells ergibt. Wird die Lage des Elektrons mit der photographischen Platte gemessen, so ergibt sich eine ähnliche Verschärfung des Teilchenmodells auf Kosten des Wellenmodells.

In unserer Deutung der Quantentheorie wird dieses Experiment kausal und kontinuierlich durch ein umfassendes, präzise definiertes begriffliches Modell beschrieben. Wie wir bereits gesehen haben, müssen wir dieselbe Wellenfunktion wie in der üblichen Deutung verwenden. Wir betrachten sie aber als mathematische Darstellung eines objektiv realen Feldes, das einen Teil des Kraftfeldes bestimmt, das auf das Teilchen wirkt. Ein Anfangsimpuls des Teilchens folgt aus der einfallenden Wellenfunktion $\exp(ip_0 z/\hbar)$ zu $p = \partial s/\partial z = p_0$. Praktisch legt man aber die Anfangslage des Teilchens nicht fest, und wir können deshalb nicht vorhersagen, durch welchen Spalt das Teilchen gehen wird, obgleich dies ein wohlbestimmter Spalt sein wird. Auf das Teilchen wirkt zu allen Zeiten das „Quantenpotential" $U = (-\hbar^2/2m)\,\nabla^2 R/R$. Während das Teilchen einfällt, verschwindet dieses Potential, da R dann konstant ist. Nachdem das Teilchen aber durch das Spaltsystem hindurchgegangen ist, trifft das Teilchen auf ein Quantenpotential, das sehr stark vom Ort abhängt. Die darauf folgende Bewegung des Teilchens kann deshalb recht kompliziert werden. Dennoch wird die Wahrscheinlichkeit, daß das Teilchen in einen gegebenen Bereich dx eintritt, wie in der üblichen Deutung gleich $|\psi(x)|^2\,dx$. Daraus folgt, daß das Teilchen niemals einen Punkt erreichen kann, wo die Wellenfunktion verschwindet. Der Grund dafür ist, daß das Quantenpotential U unendlich wird, wenn R verschwindet. Für Werte von U, die plus unendlich anstreben, entsteht dabei eine unendliche Kraft, die das Teilchen von diesem Punkt fernhält. Strebt U dagegen gegen minus unendlich, so wird das Teilchen den betreffenden Punkt mit unendlicher Geschwindigkeit durchqueren und daher keine Zeit dort verbringen. In beiden Fällen ergibt sich ein einfaches und präzise definiertes begriffliches Modell, das erklärt, warum Teilchen niemals in Punkten gefunden werden, in denen die Wellenfunktion verschwindet.

Wird einer der beiden Spalte geschlossen, so ändert sich das Quantenpotential entsprechend, da sich das ψ-Feld ändert, und das Teilchen kann dann gewisse Punkte erreichen, die es bei Öffnung beider Spalte nicht erreichen konnte. Der Spalt kann daher die Bewegung des Teilchens nur indirekt durch seinen Effekt auf das ψ-Feld beeinflussen. Ferner werden wir in Arbeit II sehen, daß eine Messung des Elektronenortes während des Durchgangs durch das Spaltsystem eine Störung durch den Meßapparat zur Folge hat, die das Interferenzmuster ebenso zerstört, wie dies in der üblichen Deutung der Fall ist. In unserer Deutung ist aber die Notwendigkeit dieser Zerstörung nicht für die begriffliche Struktur wesentlich. Wir werden sehen, daß die Zerstörung des Interferenzmusters im Prinzip vermieden werden könnte, wenn andere Meßmethoden gewählt werden, die zwar denkbar, aber heute nicht wirklich ausführbar sind.

6 Das Vielkörper-Problem

Wir verallgemeinern nun unsere Deutung der Quantenmechanik auf das Vielkörperproblem. Wir beginnen mit zwei Teilchen gleicher Masse; die Ausdehnung des Formalismus auf verschiedene Massen ist offensichtlich. Die Schrödingergleichung lautet in diesem Fall

$$i\hbar \frac{\partial \psi}{\partial t} = -\frac{\hbar^2}{2m}(\nabla_1^2 \psi + \nabla_2^2 \psi) + V(\mathbf{x}_1, \mathbf{x}_2)\psi.$$

Wir schreiben $\psi = R(\mathbf{x}_1, \mathbf{x}_2)\exp[iS(\mathbf{x}_1, \mathbf{x}_2)/\hbar]$ und $R^2 = P$, und erhalten

$$\frac{\partial P}{\partial t} + \frac{1}{m}[\nabla_1 \cdot P\nabla_1 S + \nabla_2 \cdot P\nabla_2 S] = 0, \tag{16}$$

$$\frac{\partial S}{\partial t} + \frac{(\nabla_1 S)^2 + (\nabla_2 S)^2}{2m} + V(\mathbf{x}_1, \mathbf{x}_2) - \frac{\hbar^2}{2mR}[\nabla_1^2 R + \nabla_2^2 R] = 0. \tag{17}$$

Die obigen Gleichungen sind einfach eine sechsdimensionale Verallgemeinerung der dreidimensionalen Gleichungen (5) und (6) des Einkörperproblems. Beim Zweikörperproblem wird das System daher durch eine sechsdimensionale Schrödingerwelle und eine sechsdimensionale Trajektorie beschrieben, die die tatsächliche Lage jedes der beiden Teilchen angibt. Die Geschwindigkeit auf diesen Trajektorien hat auf jeder der dreidimensionalen Oberflächen, die zu einem gegebenen Teilchen gehören, die Komponenten $\nabla_1 S/m$ und $\nabla_2 S/m$. $P(\mathbf{x}_1, \mathbf{x}_2)$ ist doppelt zu deuten. Erstens legt es ein „Quantenpotential" fest, das auf jedes Teilchen wirkt

$$U(\mathbf{x}_1, \mathbf{x}_2) = -(\hbar^2/2mR)[\nabla_1^2 R + \nabla_2^2 R].$$

Dieses Potential führt zu einer effektiven Wechselwirkung zwischen den Teilchen, die zu dem klassischen Potential $V(\mathbf{x})$ hinzutritt. Ferner kann die Funktion $P(\mathbf{x}_1, \mathbf{x}_2)$ konsistent als Wahrscheinlichkeitsdichte für die Darstellungspunkte $(\mathbf{x}_1, \mathbf{x}_2)$ in unserem sechsdimensionalen Ensemble betrachtet werden.

Die Ausdehnung des Formalismus auf eine beliebige Anzahl von Teilchen ist offensichtlich und wir werden hier nur die Ergebnisse anführen. Wir führen die Wellenfunktion $\psi = R(\mathbf{x}_1, \mathbf{x}_2, \ldots \mathbf{x}_n)\exp[iS(\mathbf{x}_1, \mathbf{x}_2 \ldots \mathbf{x}_n)/\hbar]$ ein und definieren eine $3n$-dimensionale Trajektorie, wobei n die Zahl der Teilchen ist, die das Verhalten jedes Teilchens im System beschreibt. Die Geschwindigkeit des i-ten Teilchens ist $\mathbf{v}_i = \nabla_i S(\mathbf{x}_1, \mathbf{x}_2 \ldots \mathbf{x}_n)/m$. Die Funktion $P(\mathbf{x}_1, \mathbf{x}_2 \ldots \mathbf{x}_n) = R^2$ hat zwei Interpretationen. Erstens definiert sie ein Quantenpotential

$$U(\mathbf{x}_1, \mathbf{x}_2 \ldots \mathbf{x}_n) = -\frac{\hbar^2}{2mR} \sum_{s=1}^{n} \nabla_s^2 R(\mathbf{x}_1, \mathbf{x}_2 \ldots \mathbf{x}_n). \tag{18}$$

Zweitens ist $P(x_1, x_2 \ldots x_n)$ gleich der Dichte der Darstellungspunkte $(x_1, x_2 \ldots x_n)$ in unserem $3n$-dimensionalen Ensemble.

Wir sehen hier, daß das effektive Potential $U(x_1, x_2, \ldots x_n)$, das auf jedes Teilchen wirkt, einer Vielkörperkraft entspricht, da die Kraft zwischen zwei beliebigen Teilchen wesentlich von der Lage jedes anderen Teilchens im System abhängen kann. Ein Beispiel für den Effekt einer derartigen Kraft ist das Ausschließungsprinzip. Ist nämlich die Wellenfunktion antisymmetrisch, folgern wir, daß die „quantenmechanischen" Kräfte zwei Teilchen daran hindern werden, jemals den gleichen Raumpunkt zu erreichen, da in diesem Fall $P = 0$ gelten muß.

7 Übergänge zwischen stationären Zuständen – das Franck-Hertz-Experiment

Unsere Deutung der Quantentheorie beschreibt alle Vorgänge als grundsätzlich kausal und kontinuierlich. Wie kann sie dann zu einer korrekten Beschreibung von Prozessen wie dem Franck-Hertz-Experiment, dem photoelektrischen Effekt oder dem Compton-Effekt führen, die ein schlagender Hinweis auf eine Deutung durch diskontinuierliche und unvollständig bestimmte Energie- oder Impulsübertragungen erscheinen? In diesem Abschnitt werden wir diese Frage beantworten, indem wir die vorgeschlagene Deutung der Quantentheorie auf die Analyse des Franck-Hertz-Experimentes anwenden. Dabei wird sich zeigen, daß die anscheinend diskontinuierliche Natur der Energieübertragung vom einfallenden Teilchen auf das Elektron in der Atomhülle durch das Quantenpotential $U = (-\hbar^2/2m)\,\nabla^2 R/R$ bewirkt wird, das nicht notwendig klein wird, wenn die Wellenintensität gering ist. Diese Störung kann daher eine große Übertragung von Energie und Impuls zwischen den Teilchen in kurzer Zeit auch in jenen Fällen herbeiführen, in denen die Wechselwirkungskraft zwischen den beiden Teilchen sehr schwach ist und nur eine entsprechend kleine Störung der Wellenfunktion hervorruft. Wenn wir also nur das Endergebnis betrachten, erscheint der Prozeß als diskontinuierlich. Ferner werden wir sehen, daß der exakte Wert der Energieübertragung im Prinzip durch die Anfangslage jedes Teilchens und durch die anfängliche Form der Wellenfunktion bestimmt wird. Da wir die anfänglichen Teilchenpositionen in der Praxis weder mit vollständiger Präzision vorhersagen noch kontrollieren können, können wir auch das Endergebnis eines derartigen Experiments weder vorhersagen noch kontrollieren. Praktisch ist deshalb nur die Wahrscheinlichkeit für ein gegebenes Endergebnis vorhersagbar. Da die Wahrscheinlichkeit dafür, daß die beiden Teilchen einen Bereich um die Koordinaten x_1, x_2 erreichen, proportional zu $R^2(x_1, x_2)$ ist, schließen wir, daß trotz der Möglichkeit, daß eine Schrödingerwelle geringer

Intensität große Energieübertragungen hervorrufen kann, ein derartiger Prozeß (wie in der üblichen Deutung) höchst unwahrscheinlich ist.

Im Anhang A der Arbeit II werden wir sehen, daß sich ähnliche Möglichkeiten in Zusammenhang mit der Wechselwirkung des elektromagnetischen Feldes mit geladener Materie ergeben, so daß elektromagnetische Wellen sehr rasch ein vollständiges Energiequant (oder Impuls) auf ein Elektron übertragen können, sogar nachdem sie sich weit ausgebreitet und entsprechend geringe Intensität erreicht haben. Damit können wir den photoelektrischen Effekt und den Compton-Effekt erklären. Daher sind wir in unserer Interpretation imstande, gerade diejenigen Eigenschaften der Materie und des Lichtes durch ein kausales und kontinuierliches Modell zu deuten, die am überzeugendsten für die Annahmen der Diskontinuität und des unvollständigen Determinismus zu sprechen scheinen.

Bevor wir die Wechselwirkung zwischen zwei Teilchen besprechen, ist es zweckmäßig, das Problem eines isolierten einzelnen Teilchens zu behandeln, das in einem nichtstationären Zustand ist. Da die Wellenfunktion ψ eine Lösung der Schrödingergleichung ist, können wir stationäre Lösungen linear überlagern und auf diese Art neue Lösungen erhalten. Als Beispiel betrachten wir die Superposition zweier Lösungen

$$\psi = C_1 \psi_1(\mathbf{x}) \exp(-iE_1 t/\hbar) + C_2 \psi_2(\mathbf{x}) \exp(-iE_2 t/\hbar),$$

wobei C_1, C_2, ψ_1 und ψ_2 reell sind. Ferner schreiben wir $\psi_1 = R_1$, $\psi_2 = R_2$ und erhalten

$$\psi = \exp[-i(E_1 + E_2)t/2\hbar] \{C_1 R_1 \exp[-i(E_1 - E_2)t/2\hbar] + C_2 R_2 \exp[i(E_1 - E_2)t/2\hbar]\}.$$

Mit der Definition $\psi = R \exp(iS/\hbar)$ ergibt sich

$$R^2 = C_1^2 R_1^2(\mathbf{x}) + C_2^2 R_2^2(\mathbf{x}) + 2C_1 C_2 R_1(\mathbf{x}) R_2(\mathbf{x}) \cos[(E_1 - E_2)t/2\hbar], \quad (19)$$

$$\tan\left\{\frac{S + (E_1 - E_2)t/2}{\hbar}\right\} = \frac{C_2 R_2(\mathbf{x}) - C_1 R_1(\mathbf{x})}{C_2 R_2(\mathbf{x}) + C_1 R_1(\mathbf{x})} \tan\left\{\frac{(E_1 - E_2)t}{2\hbar}\right\}. \quad (20)$$

Wir sehen unmittelbar, daß auf das Teilchen ein Quantenpotential $U(\mathbf{x}) = (-\hbar/2m) \nabla^2 R/R$ wirkt, das mit der Winkelgeschwindigkeit $w = (E_1 - E_2)/\hbar$ fluktuiert, und daß die Energie dieses Teilchens $E = -\partial S/\partial t$ und sein Impuls $\mathbf{p} = \nabla S$ mit der gleichen Winkelgeschwindigkeit fluktuieren. Wenn das Teilchen zufällig in eine Raumregion kommt, wo R klein ist, können diese Fluktuationen sehr wesentlich werden. Wir sehen also, daß die Bahn eines Teilchens in einem nicht-stationären Zustand im allgemeinen sehr irregulär und kompliziert sein wird und eher der Brownschen Bewegung entspricht, als der glatten Bahn eines Planeten rund um die Sonne.

Falls das System isoliert ist, werden diese Fluktuationen ewig weiter bestehen. Dieses Ergebnis ist vernünftig, da es bekannt ist, daß ein System einen Übergang von einem stationären Zustand zu einem anderen nur dann ausführen kann, wenn es Energie mit einem zweiten System austauscht. Um das Problem des Übergangs zwischen stationären Zuständen zu behandeln, müssen wir deshalb ein weiters System einführen, das mit dem ersten System Energie austauschen kann. Im Falle des Franck-Hertz-Experimentes besteht das andere System aus dem einfallenden Teilchen. Denken wir konkret an Wasserstoffatome mit der Energie E_0 und der Wellenfunktion $\psi_0(x)$, auf die Teilchen einfallen, die unelastisch gestreut werden und das Atom im Zustand mit der Energie E_n und der Wellenfunktion $\psi_n(x)$ zurücklassen.

Zunächst konstruieren wir die Anfangs-Wellenfunktion $\psi_i(x, y, t)$. Das einfallende Teilchen, dessen Koordinaten durch y gegeben sind, ist mit einem Wellenpaket

$$f_0(y, t) = \int e^{ik \cdot y} f(k - k_0) \exp(-i\hbar k^2 t/2m) dk \tag{21}$$

verknüpft. Der Schwerpunkt dieses Pakets liegt in dem Punkt, wo die Phase als Funktion von k ein Extremum aufweist, also in $y = \hbar k_0 t/m$.

Wie in der üblichen Deutung schreiben wir nun die Anfangs-Wellenfunktion des zusammengesetzten Systems als Produkt

$$\psi_i = \psi_0(x) \exp(-iE_0 t/\hbar) f_0(y, t). \tag{22}$$

Wie ist diese Wellenfunktion in unserer Deutung der Theorie zu interpretieren? In Abschnitt 6 haben wir gesehen, daß die Wellenfunktion als mathematische Darstellung eines objektiv realen, sechsdimensionalen Feldes angesehen werden muß, das Kräfte auf die Teilchen ausübt. Ferner beschreibt ein sechsdimensionaler Punkt die Teilchenkoordinaten x und y. Wir werden nun zeigen, daß einer zusammengesetzten Wellenfunktion der Form (22), die aus einem Produkt einer Funktion von x und einer Funktion von y besteht, ein sechsdimensionales System entspricht, das aus zwei unabhängigen dreidimensionalen Subsystemen aufgebaut ist. Um dies zu zeigen, schreiben wir

$$\psi_0(x) = R_0(x) \exp[iS_0(x)/\hbar]$$

und

$$f_0(y, t) = M_0(y, t) \exp[iN_0(y, t)/\hbar].$$

Wir erhalten dann für die Geschwindigkeit der Teilchen

$$dx/dt = (1/m)\nabla S_0(x); \quad dy/dt = (1/m)\nabla N_0(y, t), \tag{23}$$

und für das Quantenpotential

$$U = -\frac{\hbar^2 \{(\nabla_x^2 + \nabla_y^2) R(x, y)\}}{2mR(x, y)} = \frac{-\hbar^2}{2m} \left\{ \frac{\nabla^2 R_0(x)}{R_0(x)} + \frac{\nabla^2 M_0(y, t)}{M_0(y, t)} \right\}. \tag{24}$$

Die Teilchengeschwindigkeiten sind daher unabhängig und das Quantenpotential besteht aus einer Summe zweier Terme, die nur x bzw. y enthalten. Dies bedeutet, daß sich die Teilchen unabhängig bewegen. Ferner ist die Wahrscheinlichkeitsdichte $P = R_0^2(x) M_0^2(y, t)$ ein Produkt einer Funktion von x und einer Funktion von y, was anzeigt, daß die Verteilung in x statistisch unabhängig von derjenigen in y ist. Wir schließen also, daß bei einer Produktzerlegung der Wellenfunktion, bei der die Faktoren jeweils nur die Koordinaten eines einzelnen Systems enthalten, die beiden Systeme als vollständig unabhängig voneinander betrachtet werden können.

Sobald das Wellenpaket im y-Raum in die Nähe des Atoms kommt, beginnt die Wechselwirkung der beiden Systeme. Die Lösung der Schrödingergleichung für das zusammengesetzte System ergibt eine Wellenfunktion, die in eine Reihe entwickelt werden kann:

$$\psi = \psi_1 + \Sigma_n \psi_n(x) \exp(-iE_n t/\hbar) f_n(y, t), \qquad (25)$$

Dabei sind $f_n(y, t)$ die Entwicklungskoeffizienten des vollständigen Funktionssatzes $\psi_n(x)$. Die asymptotische Form der Wellenfunktion ist [14]

$$\Psi = \Psi_i(x, y) + \Sigma_n \psi_n(x) \exp\left(-\frac{iE_n t}{\hbar}\right) \int f(\mathbf{k} - \mathbf{k}_0)$$

$$\times \frac{\exp[i k_n \cdot \mathbf{r} - (\hbar k_n^2/2n)t]}{r} g_n(\theta, \phi, \mathbf{k}) d\mathbf{k}, \qquad (26)$$

wobei wegen der Erhaltung der Energie gilt

$$\hbar^2 k_n^2 / 2m = (\hbar^2 k_0^2 / 2m) + E_0 - E_n. \qquad (27)$$

Die Zusatzterme in der obigen Gleichung stellen auslaufende Wellenpakete dar, in denen die Teilchengeschwindigkeit $\mathbf{k}_n/m$ mit der Wellenfunktion $\psi_n(x)$ korreliert ist, die den Endzustand des Wasserstoffatoms darstellt. Das Zentrum des n-ten Pakets liegt in

$$r_n = (\hbar k_n/m)t. \qquad (28)$$

Es ist offensichtlich, daß die Abhängigkeit der Geschwindigkeit von der Quantenzahl n des Wasserstoffatoms zu Wellenpaketen führt, die schließlich klassisch beschreibbare Abstände aufweisen werden.

Wenn die Wellenfunktion die Form (25) annimmt, muß das Zweiteilchensystem als ein einziges sechsdimensionales System aufgefaßt werden, und kann nicht als Summe zweier unabhängiger dreidimensionaler Untersysteme betrachtet werden. Wenn wir versuchen, die Wellenfunktion als $\psi(x, y) = R(x, y) \cdot \exp[iS(x, y)/\hbar]$ anzuschreiben, finden wir, daß die entstehenden Ausdrücke für R und S von x und y auf sehr komplizierte Weise abhängen. Die Impulse der Teilchen $\mathbf{p}_1 = \nabla_x S(x, y)$ und $\mathbf{p}_2 = \nabla_y S(x, y)$ hängen deshalb in untrennbarer Weise voneinander ab. Das Quantenpotential

$$U = -\frac{\hbar^2}{2mR(x, y)} (\nabla_x^2 R + \nabla_y^2 R)$$

ist nun nicht mehr als Summe von Termen ausdrückbar, die x und y getrennt enthalten. Die Wahrscheinlichkeitsdichte $R^2(x, y)$ kann nicht mehr als Produkt einer Funktion von x und einer Funktion von y geschrieben werden, so daß die Wahrscheinlichkeitsverteilungen der beiden Teilchen nicht mehr statistisch unabhängig sind. Ferner ist die Bewegung des Teilchens überaus kompliziert, da die Ausdrücke für R und S etwa den Ergebnissen (19) und (20) entsprechen, die wir bei der Behandlung des einfacheren Problems eines Einzelteilchens in einem nicht-stationären Zustand erhalten haben. In Raumbereichen, in denen die Amplitude der gestreuten Welle $\psi_n(x) f_n(y, t)$ mit der einfallenden Welle $\psi_0(x)\,f_0(y, t)$ vergleichbar ist, führen die Funktionen R und S und damit auch das Quantenpotential sowie die Impulse der Teilchen rasche und wilde Fluktuationen aus, die sowohl vom Raum als auch von der Zeit abhängen. Da das Quantenpotential $R(x, y, t)$ im Nenner enthält, können diese Fluktuationen besonders in Regionen groß werden, in denen R klein ist. Wenn das Teilchen zufällig einen derartigen Bereich erreicht, kann es in sehr kurzer Zeit große Energie- und Impulsbeträge austauschen, auch wenn das klassische Potential $V(x, y)$ sehr klein ist. Ein sehr kleiner Wert von $V(x, y)$ führt jedoch auf eine entsprechend kleine Amplitude der gestreuten Welle $f_n(y, t)$. Da die Fluktuationen nur in Bereichen groß werden, in denen die Amplitude der Streuwelle vergleichbar mit der einfallenden Wellenamplitude ist, und da die Wahrscheinlichkeit, daß ein Teilchen einen gegebenen Raumbereich x, y erreicht, proportional zu $R^2(x, y)$ ist, sind große Energieübertragungen für kleine $V(x, y)$ unwahrscheinlich, aber nicht unmöglich.

Während zwei Teilchen in Wechselwirkung stehen, führen ihre Bahnen also wilde Schwankungen aus. Schließlich beruhigt sich das Verhalten des Systems jedoch und wird wieder einfach. Nachdem nämlich die Wellenfunktion die asymptotische Form (26) erreicht und die Pakete, die verschiedenen Werten von n entsprechen, klassisch beschreibbare Abstände einnehmen, können wir aus der Wahrscheinlichkeitsdichte $|\psi|^2$ schließen, daß sich das auslaufende Teilchen in einem dieser Pakete aufhalten muß und dann darin bleibt [A2]. Im Raum zwischen den Paketen ist ja die Wahrscheinlichkeitsdichte vernachlässigbar klein. Bei der Berechnung der Teilchengeschwindigkeiten $v_1 = \nabla_x S/m$, $v_2 = \nabla_y S/m$ und des Quantenpotentials $U = (-\hbar^2/2mR)(\nabla_x^2 R + \nabla_y^2 R)$ können wir deshalb alle Teile der Wellenfunktion ignorieren, außer demjenigen, der das auslaufende Teilchen tatsächlich enthält. Das System verhält sich daher so, als hätte es die Wellenfunktion

$$\Psi_n = \psi_n(x) \exp\left(\frac{iE_n t}{\hbar}\right) \int f(\mathbf{k} - \mathbf{k}_0)$$

$$\times \frac{\exp\{i[\mathbf{k}_n \cdot \mathbf{r} - (\hbar k_n^2 t/2m)t]\}}{r} g_n(\theta, \phi, \mathbf{k}) d\mathbf{k}, \tag{29}$$

wobei n sich auf das Paket bezieht, in dem das auslaufende Teilchen tatsächlich zu finden ist. Für alle praktischen Zwecke kann deshalb die vollständige

Wellenfunktion (26) durch Gl. (29) ersetzt werden, die dem Elektron in seinem n-ten Quantenzustand und einem auslaufenden Teilchen mit der zugehörigen Energie $E'_n = \hbar^2 k_n^2/2m$ entspricht Da die Wellenfunktion ein Produkt einer Funktion von x und einer Funktion von y ist, sind die beiden Systeme nunmehr wieder unabhängig voneinander. Die Wellenfunktion kann nunmehr renormiert werden, da die Multiplikation von ψ_n mit einer Konstanten keine physikalisch wesentlichen Größen verändert, wie beispielsweise die Teilchengeschwindigkeit oder das Quantenpotential. Wie in Abschnitt 5 gezeigt wurde, entspricht der Elektronenwellenfunktion $\psi_n(x)\exp(-iE_n t/\hbar)$ die Energie E_n. Damit können wir beschreiben, warum die Energie stets in Paketen der Größe $E_n - E_0$ übertragen wird.

Es ist aber zu betonen, daß während der Trennung der Wellenpakete die Elektronenenergie nicht quantisiert ist, sondern einen kontinuierlichen Wertbereich aufweist, der rasch fluktuiert. Nur der endgültige Wert der Energie, der nach Aussetzen der Wechselwirkung erreicht wird, muß quantisiert sein. Ein ähnliches Resultat folgt auch aus der üblichen Deutung, da wegen der Unschärferelation die Energie jedes der beiden Systeme einen bestimmten Wert nur dann annimmt, wenn die Zeit zur Vollendung des Streuprozesses ausreicht [15].

Im Prinzip könnte das Wellenpaket, in dem sich das auslaufende Teilchen tatsächlich befindet, vorhergesagt werden, wenn die Anfangsposition beider Teilchen und die anfängliche Form der Wellenfunktion des zusammengesetzten Systems bekannt wäre [16]. Praktisch sind jedoch die Bahnen der Teilchen sehr kompliziert und hängen sehr empfindlich von den exakten Werten der Anfangslagen ab. Da wir gegenwärtig nicht wissen, wie man diese Anfangslagen exakt mißt, können wir das Ergebnis der Wechselwirkung nicht wirklich vorhersagen. Wir können nur die Wahrscheinlichkeit dafür angeben, daß das auslaufende Teilchen in das n-te Wellenpaket mit dem Raumwinkel dΩ eintritt und das Wasserstoffatom in seinem n-ten Quantenzustand zurückläßt. Dazu benützen wir die Tatsache, daß die Wahrscheinlichkeitsdichte im x, y-Raum durch $|\psi(x, y)|^2$ gegeben ist. Solange wir uns auf das n-te Paket beschränken, können wir die vollständige Wellenfunktion (26) durch die Wellenfunktion (29) ersetzen, die dem Paket entspricht, das das Teilchen tatsächlich enthält. Definitionsgemäß gilt aber $\int |\psi_n(x)|^2 dx = 1$. Die verbleibende Integration von

$$\left| \int f(\mathbf{k} - \mathbf{k}_0) \frac{\exp\{i[k_n r - (\hbar k_n^2/2m)t]\}}{r} g_n(\theta, \phi, k) d\mathbf{k} \right|^2$$

über die Raumregion des n-ten auslaufenden Wellenpakets führt aber zu genau der gleichen Wahrscheinlichkeit für die Streuung, die auch aus der üblichen Deutung folgt. Wenn also ψ die Schrödingergleichung erfüllt, wenn die Teilchengeschwindigkeit $\mathbf{v} = \nabla S/m$ beträgt und wenn die Wahrscheinlichkeitsdichte für die Teilchen $P(\mathbf{x}, \mathbf{y}) = R^2(\mathbf{x}, \mathbf{y})$ ist, dann ergeben sich im vorliegenden Problem genau die gleichen Vorhersagen wie aus der üblichen Deutung der Quantentheorie.

Es bleibt nur noch ein weiteres Problem zu lösen. Wenn die auslaufenden Pakete später durch die Materieanordnung wieder zusammengebracht werden, die den Zustand des Elektrons im Atom nicht beeinflußt, müssen sich das Elektron und das gestreute Teilchen weiterhin unabhängig voneinander verhalten [17]. Um dies zu zeigen, stellen wir fest, daß in allen praktischen Anwendungen das auslaufende Teilchen bald mit einem klassich beschreibbaren System wechselwirkt. Ein derartiges System könnte z. B. die Unzahl anderer Atome des Glases sein oder die Wand des Behälters. In jedem Fall muß das auslaufende Teilchen mit einem klassisch beschreibbaren Meßapparat wechselwirken, wenn der Streuprozeß jemals beobachtet werden soll. Alle klassisch beschreibbaren Systeme haben aber die Eigenschaft, daß sie eine enorme Anzahl von inneren „thermodynamischen" Freiheitsgraden enthalten, die unvermeidlich angeregt werden, wenn das auslaufende Teilchen mit dem System in Wechselwirkung tritt. Die Wellenfunktion des auslaufenden Teilchens ist dann mit denjenigen der inneren thermodynamischen Freiheitsgrade gekoppelt, die wir als $y_1, y_2, \ldots y_s$ darstellen wollen. Um diese Kopplung zu beschreiben, formulieren wir die Wellenfunktion des Gesamtsystems als

$$\Psi = \Sigma_n \psi_n(x) \exp(-iE_n t/\hbar) f_n(y, y_1, y_2 \ldots y_s). \qquad (30)$$

Für eine Wellenfunktion dieser Form reicht die Überlappung verschiedener Pakete im y-Raum nicht aus, um Interferenzeffekte zwischen verschiedenen $\psi_n(x)$ hervorzurufen. Um derartige Interferenz zu erhalten, ist es notwendig, daß die Pakete $f_n(y, y_1, y_2, \ldots y_s)$ sich in jeder der $S + 3$ Dimensionen $y, y_1, y_2 \ldots y_s$ überlappen. Durch Betrachtung eines typischen Falles, wie eines Stoßes des auslaufenden Teilchens gegen eine Metallwand, überzeugt man sich leicht, daß es überaus unwahrscheinlich ist, daß zwei der Pakete f_n (y, $y_1, y_2 \ldots y_s$) sich in bezug auf jede der inneren thermodynamischen Koordinaten, $y_1, y_2, \ldots y_s$, überlappen, selbst wenn eine Überlappung im y-Raum erreicht wird. Jedes Paket entspricht nämlich einer unterschiedlichen Teilchengeschwindigkeit und einer unterschiedlichen Kollisionszeit mit der Metallwand. Da die Myriaden interner thermodynamischer Freiheitsgrade so chaotisch kompliziert sind, wird die Wechselwirkung jedes der n Pakete mit diesen Freiheitsgraden unterschiedliche Bedingungen vorfinden, wodurch das zusammengesetzte Wellenpaket $f_n(y, y_1, \ldots y_s)$ einen sehr verschiedenen Bereich im $y_1, y_2 \ldots y_s$ Raum erreicht. Wir können daher die Möglichkeit praktisch außer acht lassen, daß durch eine Überkreuzung der Wellenpakete im y-Raum die Bewegung entweder des Atomelektrons oder des auslaufenden Teilchens beeinflußt wird [18].

8 Der Tunnel-Effekt

In der klassischen Physik kann kein Teilchen eine Potentialschwelle überwinden, die höher ist als die kinetische Energie des Teilchens. In der üblichen Deutung der Quantentheorie kann das Teilchen jedoch mit kleiner Wahrscheinlichkeit durch die Barriere schlüpfen. In unserer Deutung der Quantentheorie kann das Teilchen die Barriere wegen des Quantenpotentials, das aus dem ψ-Feld folgt, überwinden. Nur wenige Teilchen werden aber Trajektorien aufweisen, die sie den ganzen Weg über das Potential ohne Umkehr zurücklegen lassen.

Wir werden hier nur allgemein skizzieren, wie das obige Resultat zustande kommt. Da die Bewegung des Teilchens durch das ψ-Feld wesentlich beeinflußt wird, müssen wir zunächst dieses Feld aus der Schrödingergleichung berechnen. Anfänglich fällt ein Wellenpaket auf die Potentialschwelle ein, und da die Wahrscheinlichkeitsdichte proportional zu $|\psi(x)|^2$ ist, findet sich das Teilchen sicher irgendwo innerhalb dieses Wellenpakets. Wenn das Wellenpaket die Potentialschwelle erreicht, führt das ψ-Feld rapide Schwankungen aus, die bei Bedarf berechnet werden können [19], deren exakte Form uns aber nicht interessiert. Auch das Quantenpotential $U = (-\hbar^2/2m) \nabla^2 R/R$ führt dann rapide und starke Schwankungen aus, wie sie bereits in Abschnitt 7 in Zusammenhang mit (19), (20) und (25) beschrieben wurden. Die Bahn des Teilchens wird dann sehr kompliziert und, wegen des zeitabhängigen Potentials, sehr empfindlich gegen die anfängliche Beziehung zwischen dem Teilchenort und dem Zentrum des Wellenpakets. Schließlich verschwindet aber das einfallende Wellenpaket und wird durch zwei Pakete ersetzt, nämlich durch ein reflektiertes und ein durchgelassenes, das üblicherweise eine viel kleinere Intensität aufweist. Da die Wahrscheinlichkeitsdichte $|\psi|^2$ ist, muß das Teilchen sich in einem dieser Pakete aufhalten. Das andere Paket kann dann, wie in Abschnitt 7 gezeigt, in der Folge ignoriert werden. Da das reflektierte Paket üblicherweise viel stärker als das durchgelassene Paket ist, schließen wir, daß während der Zeit, die sich das Paket im Barrierenbereich aufhält, die meisten der Teilchenbahnen durch die starken Schwankungen des Quantenpotentials zur Umkehr gebracht werden.

9 Mögliche Modifikationen der mathematischen Formulierung, die zu einem experimentellen Beweis für die Notwendigkeit einer neuen Interpretation führen

In einer Reihe von Spezialfällen haben wir nun gesehen (und in Arbeit II wird allgemein bewiesen), daß, solange ψ die Schrödingergleichung erfüllt, $v = \nabla S(x)/m$ gilt und ein statistisches Ensemble mit der Wahrscheinlichkeitsdichte $|\psi(\mathbf{x})|^2$ vorliegt, unsere Deutung der Quantentheorie zu Ergebnissen führt, die mit denen übereinstimmen, die sich aus der üblichen Deutung ergeben. Hinweise auf die Notwendigkeit, unsere Interpretation anstelle der üblichen zu setzen, könnten daher nur aus Experimenten im Bereich kleinster Abstände stammen, die durch die heutige Theorie noch nicht adäquat beschrieben werden. In dieser Arbeit werden wir aber nicht versuchen, experimentelle Methoden zur Unterscheidung zwischen unserer Deutung und der üblichen anzugeben, sondern uns darauf beschränken, zu zeigen, daß derartige Experimente denkbar sind.

Es gibt unendlich viele mögliche Modifikationen der mathematischen Form der Theorie, die mit unserer Deutung konsistent sind, aber nicht mit der üblichen Interpretation. Wir werden uns hier aber darauf beschränken, zwei derartige Modifikationen vorzuschlagen, die bereits in Abschnitt 4 angedeutet wurden. Zunächst muß v nicht nowendig gleich $\nabla S(\mathbf{x})/m$ sein und ferner muß ψ nicht notwendig einer homogenen linearen Gleichung der von Schrödinger vorgeschlagenen Form genügen. Wie wir sehen werden, wird die Aufgabe einer dieser beiden Annahmen erfordern, daß wir auch den Zusammenhang zwischen $|\psi(\mathbf{x})|^2$ und der Wahrscheinlichkeitsdichte eines statistischen Ensembles von Teilchen aufgeben.

Zunächst stellen wir fest, daß eine Veränderung der Bewegungsgleichungen (8a) eines Teilchens durch Addition eines denkbaren Kraftterms auf der rechten Seite mit unserer Deutung der Theorie konsistent ist. Betrachten wir beispielsweise eine Kraft, die die Differenz $\mathbf{p} - \nabla S(\mathbf{x})$ im Laufe der Zeit exponentiell zerfallen läßt, wobei die Zerfallzeit $\tau = 10^{-13}/c$ Sekunden betrage. Um dies zu erreichen, schreiben wir

$$m\frac{d^2\mathbf{x}}{dt^2} = -\nabla\left\{V(\mathbf{x}) - \frac{\hbar^2}{2m}\frac{\nabla^2 R}{R}\right\} + \mathbf{f}(\mathbf{p} - \nabla S(\mathbf{x})), \tag{31}$$

wobei die Funktion $\mathbf{f}(\mathbf{p} - \nabla S(\mathbf{x}))$ für $\mathbf{p} = \nabla S(\mathbf{x})$ verschwindet und eine Kraft hervorrufen soll, welche $\mathbf{p} - \nabla S(\mathbf{x})$ im Laufe der Zeit schnell abnehmen läßt. Es ist ferner klar, daß f so gewählt werden kann, daß es nur bei Prozessen im Bereich sehr kleiner Abstände wichtig ist (wo auch $\nabla S(\mathbf{x})$ groß sein sollte).

Falls die korrekten Bewegungsgleichungen (31) ähneln, wäre die übliche Deutung nur für Zeiten anwendbar, die viel länger als τ sind, denn nur dann wird die Beziehung $\mathbf{p} = \nabla S(\mathbf{x})$ eine gute Näherung sein. Auch ist klar, daß eine derartige Modifikation der Theorie innerhalb der üblichen Interpretation nicht einmal beschrieben werden kann, da sie präzise definierbare Teilchenvariable voraussetzt, die es in der üblichen Deutung nicht gibt.

Betrachten wir nun eine Modifikation, die die Gleichung für ψ inhomogen macht. Ein Beispiel dafür ist

$$i\hbar\,\partial\psi/\partial t = H\psi + \xi(\mathbf{p} - \nabla S(\mathbf{x}_i)). \tag{32}$$

Dabei ist *H* der übliche Hamilton-Operator, x_i stellt die tatsächlich Koordinate des Teilchens dar und ξ ist eine Funktion, die für $p = \nabla S(x_i)$ verschwindet. Werden nun die Bewegungsgleichungen des Teilchens wie in (31) gewählt, so daß $p - \nabla S(x_i)$ im Lauf der Zeit schnell abnimmt, wird der inhomogene Term in (32) bei atomaren Vorgängen vernachlässigbar klein, so daß die Schrödingergleichung eine gute Näherung ergibt. Bei Prozessen in kleinsten Abständen und Zeiten sind die Inhomogenitäten aber bedeutend und das ψ-Feld würde dadurch von der tatsächlichen Lage der Teilchen abhängen, wie dies auch beim elektromagnetischen Feld der Fall ist.

Offensichtlich ist (32) nicht mit der üblichen Deutung der Theorie verträglich. Ferner können wir sogar noch weitere Verallgemeinerungen von (32) in Erwägung ziehen, wie beispielsweise die Einführung nichtlinearer Terme, die nur im Bereich kleinster Abstände wichtig sind. Da die übliche Interpretation auf der Hypothese aufbaut, daß Zustandsvektoren in einem Hilbert-Raum linear superponiert werden können, ist sie nicht mit einer derartigen nichtlinearen Gleichung für die Einteilchen-Theorie verträglich. In der Vielteilchen-Theorie können Operatoren eingeführt werden, die einer nichtlinearen Verallgemeinerung der Schrödingergleichung genügen. Auch diese müssen aber schließlich auf Wellenfunktionen wirken, die einer linearen homogenen Schrödingergleichung genügen.

Schließlich wiederholen wir noch ein Argument aus Abschnitt 4, daß nämlich bei den hier betrachteten Verallgemeinerungen die Wahrscheinlichkeitsdichte nicht mehr durch $|\psi(x)|^2$ gegeben ist. Daher sind Experimente denkbar, die zwischen $|\psi(x)|^2$ und dieser Wahrscheinlichkeit unterscheiden. Auf diese Art könnte man einen experimentellen Beweis dafür finden, daß die übliche Deutung, die $|\psi(x)|^2$ nur eine Wahrscheinlichkeitsinterpretation gibt, inadäquat sein muß. Wir werden ferner in Arbeit II zeigen, daß die hier vorgeschlagenen Modifikationen der Theorie eine gleichzeitige Messung von Teilchenort und Impuls ermöglichen würden, so daß die Unschärferelation verletzt werden könnte.

Danksagung:

Der Autor möchte Herrn Dr. Einstein für einige interessante und anregende Diskussionen danken.

Anmerkungen

[1] *Einstein, Podolsky* und *Rosen*, Phys. Rev. **47**, 777 (1933), siehe auch dieser Band S. 80.
[2] *D. Bohm*, Quantum Theory (Prentice-Hall, Inc., New York, 1951), siehe S. 611
[3] *N. Bohr*, Phys. Rev. **48**, 696 (1935)
[4] *W. Furry*, Phys. Rev. **49**, 393, 476 (1936)
[5] *Paul Arthur Schilpp* (Herausgeber), Albert Einstein als Philosoph und Wissenschaftler. Reprint: Vieweg, Braunschweig 1979 (Originalausgabe: Library of Living Philosophers, Evanston, Illinois 1949). Dieses Buch enthält eine ausführliche Zusammenfassung der gesamten Diskussion.
[6] Für Abstände der Größenordnung von 10^{-13} cm und in kleineren Dimensionen und für Zeiten, die diesen Abständen dividiert durch die Lichtgeschwindigkeit entsprechen, sind die gegenwärtigen Theorien dermaßen inadäquat, daß allgemein an ihrer Anwendbarkeit, ausgenommen vielleicht als grobe Näherungen, gezweifelt wird. Es wird deshalb allgemein erwartet, daß im Zusammenhang mit Phänomenen, die mit dieser sogenannten fundamentalen Länge zusammenhängen, wahrscheinlich eine völlig neue Theorie benötigt werden wird. Man hofft, daß diese Theorie nicht nur exakt Vorgänge wie die Mesonerzeugung oder die Streuung von Elementarteilchen beschreibt, sondern sie auch systematisch die Massen, Ladungen, Spin usw. der großen Anzahl sogenannter „Elementarteilchen" vorhersagt, die bisher gefunden wurden, und auch die Eigenschaften neuer, bisher unentdeckter Teilchen.
[7] *L. de Broglie*, An Introduction to the Study of Wave Mechanics (E. P. Dutton) and Company, Inc., New York, 1930), siehe Kapitel 6, 9 und 10. Siehe auch Compt. rend. **183**, 447 (1926); **184**, 273 (1927); **185**, 380 (1927).
[8] Reports on the Solvay Congress (Gauthiers-Villars et Cie., Paris, 1928), siehe S. 280.
† (Anmerkung bei der Korrektur) — Madelung hat eine ähnliche Deutung der Quantentheorie vorgeschlagen, aber wie de Broglie führte er diese Interpretation nicht zum logischen Abschluß. Siehe E. Madelung, Zs. für Physik **40**, 332 (1926), siehe auch G. Temple, Introduction to Quantum Theory (London, 1931)
[9] In Arbeit II, Abschnitt 9 diskutieren wir auch von Neumanns Beweis (siehe J. von Neumann, Mathematische Grundlagen der Quantenmechanik, Springer, Berlin, 1932), wonach die Quantentheorie nicht als statistische Verteilung verborgener kausaler Parameter verstanden werden kann. Wir werden zeigen, daß seine Schlußfolgerung nicht für unsere Interpretation gilt, da er implizit angenommen hat, daß die verborgenen Parameter nur mit dem beobachteten System zusammenhängen, während unsere Interpretation annimmt, daß verborgene Parameter auch mit dem Meßapparat verknüpft sind, wie noch klar werden wird.
[10] Siehe Anmerkung 2, Kapitel 5.
[11] *N. Bohr*, Atomic Theory and the Description of Nature (Cambridge University Press, London 1934).
[12] Diese Konsistenz wird durch den Erhaltungssatz (7) gewährleistet. Die Frage, warum ein beliebiges statistisches Ensemble sich in ein Ensemble mit der Wahrscheinlichkeitsverteilung $\psi^*\psi$ entwickelt, wird in Arbeit II, Abschnitt 7 diskutiert.
[13] Dieses Experiment wird detailliert in Anmerkung 2, Kapitel 6, Abschnitt 2 diskutiert.
[14] *N. F. Mott* und *H. S. W. Massey*, The Theory of Atomic Collisions (Clarendon Press, Oxford, 1933).
[15] Siehe Anmerkung 2, Kapitel 18, Abschnitt 19.

[16] In der üblichen Deutung nimmt man an, daß nichts das exakte Ergebnis eines individuellen Streuprozesses bestimmt. Man nimmt vielmehr an, daß alle Beschreibungen inhärent und unvermeidlich statistisch sind (siehe Abschnitt 2).
[17] Siehe Anmerkung 2, Kapitel 22, Abschnitt 11 bezüglich der Behandlung eines ähnlichen Problems.
[18] Das gleiche Problem entsteht auch in der üblichen Deutung der Quantentheorie, da (Anmerkung 16) bei der Überlappung zweier Wellenpakete auch in der üblichen Deutung angenommen werden muß, daß das System in irgendeinem Sinn die Zustände, die beiden Paketen entsprechen, gleichzeitig enthält. Siehe Anmerkung 2, Kapitel 6 und Kapitel 16, Abschnitt 25. Nachdem die beiden Pakete einmal klassisch beschreibbare Abstände erreicht haben, ist sowohl in unserer Deutung als auch in der üblichen Interpretation die Wahrscheinlichkeit einer wesentlichen Interferenz so überwältigend klein, daß sie mit der Wahrscheinlichkeit verglichen werden kann, daß Wasser in einem Teekessel auf einem Feuer zu frieren beginnt. Wir können daher für alle praktischen Zwecke die mögliche Interferenz zwischen Paketen vernachlässigen, die verschiedenen möglichen Energiezuständen des Wasserstoffatoms entsprechen.
[19] Siehe z. B. Anmerkung 2, Kapitel 11, Abschnitt 17 und Kapitel 12, Abschnitt 18.

Anmerkungen der Herausgeber

A1 Diese Ansicht erscheint heute als überholt, da z. B. die Quantenelektrodynamik bis zu wesentlich kleineren Distanzen mit dem Experiment übereinstimmt.

A2 Beim Zerfall eines Wellenpakets in nichtüberlappende Teile soll demnach das Teilchen in einem Teil eingefangen werden. Nach den Überlegungen von S. 179 sind Gebiete mit $\psi = 0$ für das Teilchen aber durchaus nicht undurchdringlich. Sie werden nur mit unendlicher Geschwindigkeit durchsetzt, so daß die Aufenthaltswahrscheinlichkeit Null ist. Siehe dazu *F. J. Belinfante*, A survey of hidden-variables theories, Pergamon press 1973, S. 98 und S. 187

10 John S. Bell*
Über das Problem verborgener Variabler in der Quantentheorie** (1966)

Der Beweis von Neumanns und anderer, daß die Quantenmechanik keine Deutung durch verborgene Variable zuläßt, wird nochmals betrachtet. Es zeigt sich, daß diesem Beweis wesentliche Axiome zugrundeliegen, die nicht einsichtig sind. Die weitere Prüfung dieses Problems ergibt, daß die wechselseitige Unabhängigkeit weit voneinander entfernter Systeme ein interessantes Axiom wäre.

I Einleitung

Die Kenntnis eines quantenmechanischen Zustands eines Systems hat, im allgemeinen, nur statistische Einschränkungen für die Ergebnisse von Messungen zur Folge. Die Frage scheint interessant, ob dieses statistische Element wie in der klassischen statistischen Mechanik dadurch zustandekommt, daß die fraglichen Zustände Mittelwerte über besser definierte Zustände sind, für die die Meßergebnisse vollständig bestimmt werden. Diese hypothetischen „dispersionsfreien" Zustände würden nicht nur durch den quantenmechanischen Zustandsvektor definiert werden, sondern auch durch zusätzliche „verborgene Variable" — „verborgen", da die Möglichkeit, Zustände mit vorgeschriebenen Werten dieser Variablen zu präparieren, die Quantenmechanik als beobachtbar inadäquat erweisen würde.

Ob diese Frage tatsächlich von Interesse ist, wurde wiederholt debattiert [1, 2]. Die vorliegende Arbeit trägt zu dieser Debatte nicht bei. Sie richtet sich an jene, welche diese Frage interessant finden und speziell an diejenigen, die glauben [3], „daß die Frage bezüglich der Existenz derartiger verborgener Variablen bereits früh eine entscheidende Antwort in Form des von Neumannschen Beweises über die Unmöglichkeit solcher Variablen in der Quantentheorie erhalten hat". Wir werden versuchen, zu klären, was von Neumann und seine Nachfolger tatsächlich bewiesen haben. Diese Überlegungen betreffen sowohl von Neumanns Behandlung des Problems, als auch die neuere Version dieses Arguments von Jauch und Piron [3] und das stär-

---

* John S. Bell, Stanford Linear Accelerator Center, Stanford University, Stanford, California. Ständige Adresse: CERN, Genf
** Diese Arbeit wurde von der U. S. Atomenergiekommission unterstützt.

kere Ergebnis, das aus der Arbeit von Gleason [4] folgt. Wir werden argumentieren, daß diese Analysen die wirkliche Problematik nicht erfassen. Tatsächlich wird sich zeigen, daß diese Beweise von hypothetischen dispersionsfreien Zuständen ausgehen, bei denen geeignete Ensembles nicht nur alle meßbaren Eigenschaften der quantentheoretischen Zustände haben, sondern auch noch darüber hinausgehende Eigenschaften. Diese zusätzlichen Forderungen erscheinen vernünftig, wenn Meßergebnisse im weitesten Sinn mit den Eigenschaften isolierter Systeme identifiziert werden. Sie erscheinen dagegen als völlig unvernünftig, wenn man sich mit Bohr [5] an die „Unmöglichkeit einer scharfen Unterscheidung zwischen dem Verhalten atomarer Objekte und der Wechselwirkung mit den Meßinstrumenten" erinnert, welche „dazu benützt werden, die Bedingungen festzulegen, unter denen die Phänomene erscheinen".

Die Erkenntnis, daß von Neumanns Beweis nur von beschränkter Bedeutung ist, hat sich seit der Arbeit von Bohm [6] aus dem Jahre 1952 allmählich durchgesetzt. Sie ist allerdings noch keinesfalls allgemein anerkannt. Ferner hat der Verfasser in der Literatur noch keine adäquate Analyse des Fehlers gefunden [7]. Wie alle Autoren unaufgefordert eingereichter Überblicksartikel meint er, daß er die Sachlage mit solcher Klarheit und Einfachheit darstellen kann, daß alle vorangehenden Diskussionen überflüssig werden.

II Annahmen und ein einfaches Beispiel

Die Autoren der zu untersuchenden Beweise versuchten so wenig wie möglich über die Quantenmechanik anzunehmen. Dies ist für einige Zwecke wertvoll, aber nicht für uns hier. Wir sind nur an der Möglichkeit verborgener Variablen in gewöhnlichen quantenmechanischen Systemen interessiert und werden von allen üblichen Begriffen freien Gebrauch machen. Dadurch wird sich der Beweis wesentlich verkürzen.

In quantenmechanischen „Systemen" sollen „Observable" durch hermitische Operatoren in einem komplexen, linearen Vektorraum dargestellt werden. Jede „Messung" einer Observablen ergibt einen der Eigenwerte des entsprechenden Operators. Observable, denen vertauschbare Operatoren entsprechen, können gleichzeitig gemessen werden [8]. Ein quantenmechanischer „Zustand" wird durch einen Vektor in dem linearen Zustandsraum dargestellt. Für einen Zustandsvektor ψ ist der statistische Erwartungswert einer Observablen mit dem Operator O das normierte innere Produkt $(\psi, O\psi)/(\psi, \psi)$.

Die hier zu entscheidende Frage ist, ob die quantenmechanischen Zustände als Ensembles von Zuständen betrachtet werden können, die durch zusätzliche Variablen weiter spezifiziert werden, so daß die gegebenen Werte dieser Variablen zusammen mit dem Zustandsvektor die Ergebnisse einzelner Messungen eindeutig bestimmen. Diese hypothetischen wohlbestimmten Zustände werden als „dispersionsfrei" bezeichnet.

Bei der folgenden Diskussion wird es nützlich sein, an ein einfaches Beispiel mit einem zweidimensionalen Zustandsraum zu denken. Betrachten wir beispielsweise ein Teilchen mit Spin 1/2, das keine Translationsbewegung ausführen kann. Ein quantenmechanischer Zustand wird dabei durch einen zweikomponentigen Zustandsvektor oder Spinor ψ dargestellt. Die Observablen werden durch 2 × 2 hermitische Matrizen dargestellt

$$\alpha + \vec{\beta} \cdot \vec{\sigma}, \tag{1}$$

wobei α eine reelle Zahl und $\vec{\beta}$ ein reeller Vektor ist. Die Komponenten von $\vec{\sigma}$ sind die Pauli-Matrizen, und α soll mit der Einheitsmatrix multipliziert sein. Die Messungen einer derartigen Variablen ergeben einen der Eigenwerte

$$\alpha \pm |\vec{\beta}|, \tag{2}$$

mit relativen Wahrscheinlichkeiten, die aus dem Erwartungswert [A1]

$$<\alpha + \vec{\beta} \cdot \vec{\sigma}> = (\psi, [\alpha + \vec{\beta} \cdot \vec{\sigma}]\psi)$$

folgen. Für dieses System können verborgene Variablen folgendermaßen eingeführt werden: Die dispersionsfreien Zustände werden zusätzlich zum Spinor ψ durch eine reelle Zahl λ mit $-1/2 \leq \lambda \leq 1/2$ beschrieben. Um festzulegen, wie λ die Eigenwerte der Messung bestimmt, halten wir fest, daß ψ durch eine Koordinatendrehung stets in die Form gebracht werden kann:

$$\psi = \begin{pmatrix} 1 \\ 0 \end{pmatrix}.$$

Es seien β_x, β_y, β_z die Komponenten von $\vec{\beta}$ im neuen Koordinatensystem. Dann ergibt eine Messung von $\alpha + \vec{\beta} \cdot \vec{\sigma}$ im Zustand, der durch ψ und λ festgelegt wird, mit Sicherheit den Eigenwert

$$\alpha + |\vec{\beta}| \operatorname{sign}(\lambda|\vec{\beta}| + \frac{1}{2}|\beta_z|) \operatorname{sign} X, \tag{3}$$

wobei X die erste nicht verschwindende Komponente von $(\beta_z, \beta_x, \beta_y)$ ist (für $\vec{\beta} = 0$ sei $X = 0$). Wie üblich gilt sign $X = \pm 1$ für $X \gtrless 0$ und sign $X = 1$ für $X = 0$. Der durch ψ beschriebene quantenmechanische Zustand wird durch einen Mittelwert über λ festgelegt. Dies führt auf den gewünschten Erwartungswert [A2]

$$\langle \alpha + \vec{\beta} \cdot \vec{\sigma} \rangle$$
$$= \int_{-\frac{1}{2}}^{\frac{1}{2}} d\lambda \, \{\alpha + |\vec{\beta}| \operatorname{sign}(\lambda|\vec{\beta}| + \frac{1}{2}|\beta_z|) \operatorname{sign} X\} = \alpha + \beta_z$$

Es ist zu betonen, daß dem Parameter λ hier keine physikalische Bedeutung beigelegt wird und keine vollständige Reinterpretation der Quantenmechanik angestrebt wird. Das einzige Ziel unserer Überlegungen ist, zu zeigen, daß auf dem von von Neumann betrachteten Niveau eine derartige Reinterpretation nicht ausgeschlossen ist. Eine vollständige Theorie würde beispielsweise eine Behandlung des Verhaltens der verborgenen Variablen während des Meßprozesses erfordern. Mit oder ohne verborgene Variable führt aber eine Analyse des Meßprozesses auf eigenartige Schwierigkeiten und wir werden uns damit nicht eingehender beschäftigen, als für unsere begrenzte Zielsetzung unbedingt erforderlich.

III Von Neumann

Wir betrachten nun den von Neumannschen Beweis [9], wonach dispersionsfreie Zustände und damit verborgene Variable unmöglich sind. Seine wesentliche Annahme ist [10]: *Jede reelle, lineare Kombination zweier beliebiger hermitischer Operatoren stellt eine Observable dar, deren Erwartungswert durch die gleiche Linearkombination der Erwartungswerte angegeben wird.* Diese Aussage gilt in der Quantenmechanik und wird von von Neumann auch für die hypothetischen dispersionsfreien Zustände angenommen. In dem in Abschnitt 2 betrachteten zweidimensionalen Beispiel muß der Erwartungswert daher eine lineare Funktion von α und $\vec{\beta}$ sein. Für einen dispersionsfreien Zustand (der nicht statistischer Natur ist) muß der Erwartungswert einer Observablen einem ihrer Eigenwerte entsprechen. Die Eigenwerte (2) sind sicher nicht linear in $\vec{\beta}$. Deshalb sind dispersionsfreie Zustände unmöglich. Für höherdimensionale Zustandsräume können wir stets zweidimensionale Unterräume betrachten, so daß unsere Überlegungen ganz allgemein gelten.

Die wesentliche Annahme kann wie folgt kritisiert werden. Zunächst erscheint die angenommene Additivität der Erwartungswerte vernünftig, und es erscheint eher eine Nicht-Additivität der erlaubten Werte (Eigenwerte) erklärungsbedürftig. Tatsächlich ist die Erklärung wohlbekannt: Eine Messung einer Summe nichtkommutierender Observablen kann nicht durch eine triviale Kombination separater Beobachtungen zweier Terme erhalten werden, sondern erfordert ein völlig unterschiedliches Experiment. Beispielsweise kann die Messung von σ_x für ein Teilchen mit einem magnetischen Moment mit einem geeignet orientierten Stern-Gerlach-Magnet vorgenommen werden. Die Messung von σ_y würde eine verschiedene Orientierung des Magneten und die Messung von $\sigma_x + \sigma_y$ eine dritte und nochmals verschiedene Orientierung erfordern. Diese Erklärung der Nicht-Additivität der erlaubten Werte zeigt auch, daß die Annahme der Additivität der Erwartungswerte nicht trivial ist. Diese Additivität ist eine ganz eigentümliche Erscheinung der quantenmechanischen Zustände, die nicht a priori zu erwarten ist. Es gibt keinen Grund, warum diese Annahme auch für die hypothetischen dispersionsfreien Zustände gelten sollte, deren Aufgabe es ist, nach geeigneter Mittelung die meßbaren Eigenschaften der Quantenmechanik zu reproduzieren.

In dem trivialen Beispiel des Abschnitts 2 haben die dispersionsfreien Zustände (durch λ spezifiziert) nur für kommutierende Operatoren additive Eigenwerte. Dennoch geben sie für alle möglichen Messungen logisch konsistente und exakte Vorhersagen, welche nach Mittelung über λ völlig den quantenmechanischen Vorhersagen entsprechen. Dadurch wird in diesem trivialen Beispiel von Neumanns Frage [11] bezüglich der Möglichkeiten verborgener Variabler positiv beantwortet.

Daher rechtfertigt der formale Beweis von Neumanns nicht seine informelle Schlußfolgerung [12]: „Es handelt sich also gar nicht, wie vielfach angenommen wird, um eine Interpretationsfrage der Quantenmechanik, vielmehr müßte dieselbe objektiv falsch sein, damit ein anderes Verhalten der Elementarprozesse als das statistische möglich wird." Nicht die meßbaren Vorhersagen der Quantenmechanik haben die verborgenen Variablen ausgeschlossen. Vielmehr war es die willkürliche Annahme einer speziellen (und unmöglichen) Beziehung zwischen den Ergebnissen inkompatibler Messungen, von denen jeweils nur eine in einem gegebenen Fall gemacht werden kann.

IV Jauch und Piron

Eine neue Version des obigen Arguments wurde von Jauch und Piron [3] gegeben. Wie von Neumann sind auch diese Autoren an der allgemeinen Form der Quantenmechanik interessiert und nehmen nicht den üblichen Zusammenhang zwischen quantenmechanischen Erwartungswerten und Zustandsvektoren bzw. Operatoren an. Wir werden diesen Zusammenhang voraussetzen und dadurch das Argument verkürzen, da wir hier nur an möglichen Deutungen der üblichen Quantenmechanik interessiert sind.

Wir betrachten nur Observable, die durch Projektionsoperatoren dargestellt werden. Die Eigenwerte dieser Projektionsoperatoren sind 0 und 1 [A3]. Ihre Erwartungswerte sind gleich der Wahrscheinlichkeit, daß 1 und nicht 0 das Ergebnis einer Messung ist. Für zwei beliebige Projektionsoperatoren a und b wird ein dritter Operator a∩b als Projektion auf den Durchschnitt der entsprechenden Unterräume definiert. Die wesentlichen Axiome von Jauch und Piron sind dann die folgenden:

(A) Erwartungswerte kommutierender Projektionsoperatoren sind additiv.

(B) Wenn für irgendeinen Zustand und zwei Projektionsoperatoren a und b gilt

$<a> = <b> = 1$

dann gilt für diesen Zustand

$<a \cap b> = 1.$

Jauch und Piron werden zu diesem letzteren Axiom (4° in ihrer Zählung) durch eine Analogie mit dem Propositionskalkül der gewöhnlichen Logik geführt. Die Projektionen sind zu einem gewissen Grad analog zu logischen Propositionen, wobei der erlaubte Wert 1 der „Wahrheit" entspricht und 0 zu „Falschheit", ferner die Konstruktion a∩b zu (a „und" b). In der Logik gilt natürlich, daß wenn a wahr und b wahr ist, auch (a und b) wahr ist. Dieses Axiom hat die gleiche Struktur.

Nun können wir dispersionsfreie Zustände sofort ausschließen, indem wir einen zweidimensionalen Unterraum betrachten. Darin sind die Projektionsoperatoren gegeben durch die Null, den Einheitsoperator und alle Operatoren der Form

$$\frac{1}{2} + \frac{1}{2}\hat{\alpha}\cdot\vec{\sigma},$$

wobei $\hat{\alpha}$ ein Einheitsvektor ist. In einem disperionsfreien Zustand muß der Erwartungswert eines Operators gleich einem seiner Eigenwerte sein, also 0 oder 1 für Projektionen. Da aus A folgt

$$<\frac{1}{2} + \frac{1}{2}\hat{\alpha}\cdot\vec{\sigma}> + <\frac{1}{2} - \frac{1}{2}\hat{\alpha}\cdot\vec{\sigma}> = 1,$$

gilt für einen dispersionsfreien Zustand entweder [A4]

$$<\frac{1}{2} + \frac{1}{2}\hat{\alpha}\cdot\vec{\sigma}> = 1 \text{ oder } <\frac{1}{2} - \frac{1}{2}\hat{\alpha}\cdot\vec{\sigma}> = 1.$$

Seien $\vec{\alpha}$ und $\vec{\beta}$ zwei beliebige nicht kollineare Einheitsvektoren und

$$a = \frac{1}{2} \pm \frac{1}{2}\hat{\alpha}\cdot\vec{\sigma}, \quad b = \frac{1}{2} \pm \frac{1}{2}\hat{\beta}\cdot\vec{\sigma},$$

wobei die Vorzeichen so gewählt werden, daß $<a> = <b> = 1$. Dann erfordert B

$$<a\cap b> = 1.$$

Da aber $\hat{\alpha}$ und $\hat{\beta}$ kollinear sind, sieht man sofort, daß

$$a\cap b = 0$$
$$<a\cap b> = 0.$$

Daher kann es keine dispersionsfreien Zustände geben.

Wieder gilt der gleiche Einwand wie zuvor. In B werden keine logischen Propositionen behandelt, sondern Messungen, die beispielsweise verschieden orientierte Magneten erfordern. Die Axiome gelten zwar für quantenmechanische Zustände [13], doch sind sie eine eigentümliche Eigenschaft dieser Zustände und keinesfalls denknotwendig. Nur die quantenmechanischen Mittelwerte über dispersionsfreie Zustände müssen die obige Eigenschaft haben, wie auch im Beispiel des Abschnittes II gezeigt wurde.

V Gleason

Die bemerkenswerte mathematische Arbeit von Gleason [4] beschäftigt sich nicht explizit mit dem Problem verborgener Variabler. Sie sollte vielmehr die axiomatische Grundlage der Quantenmechanik vereinfachen. Sie ermöglicht aber anscheinend eine Herleitung der von Neumannschen Ergebnisse ohne zweifelhafte Annahmen über nichtkommutierende Operatoren und muß daher betrachtet werden. Die wesentliche Folgerung von Gleasons Arbeit ist, daß für mehr als zweidimensionale Zustandsräume die Forderung der Additivität von Erwartungswerten *kommutierender Operatoren* durch dispersionsfreie Zustände nicht erfüllt werden kann. Es ist zu betonen, daß Gleasons umfangreichere Argumente mehr als dies gezeigt haben, aber wir werden hier nur das obige Ergebnis benötigen.

Wieder reicht es aus, Projektionsoperatoren zu betrachten. Sei $P(\Phi)$ der Projektionsoperator auf den Hilbertraumvektor Φ, so daß also für einen beliebigen Vektor ψ gilt

$$P(\Phi)\psi = (\Phi, \Phi)^{-1}(\Phi, \psi)\Phi.$$

Für einen vollständigen und orthogonalen Satz Φ_i

$$\sum_i P(\Phi_i) = 1,$$

gilt wegen der Kommutativität der $P(\Phi_i)$

$$\sum_i \langle P(\Phi_i)\rangle = 1. \tag{4}$$

Da der Erwartungswert eines Projektionsoperators nicht negativ sein kann (jede Messung ergibt einen der erlaubten Werte 0 oder 1) und da zwei beliebige orthogonale Vektoren als Mitglieder des vollständigen Satzes betrachtet werden können, folgt:

(A) Wenn für einen Vektor Φ gilt $\langle P(\Phi)\rangle = 1$, dann folgt $\langle P(\psi)\rangle = 0$ für ein beliebiges ψ, das orthogonal zu Φ ist.

Wenn ψ_1 und ψ_2 eine andere orthogonale Basis für den Unterraum bilden, der durch zwei Vektoren Φ_1 und Φ_2 aufgespannt ist, dann folgt aus (4)

$$\langle P(\psi_1)\rangle + \langle P(\psi_2)\rangle = 1 - \sum_{i \neq 1, i \neq 2} \langle P(\Phi_i)\rangle$$

oder

$$\langle P(\psi_1)\rangle + \langle P(\Phi_1)\rangle = \langle P(\Phi_1)\rangle + \langle P(\Phi_2)\rangle.$$

Da ψ_1 jede beliebige Kombination aus Φ_1 und Φ_2 sein kann, gilt:

(B) Wenn für einen gegebenen Zustand gilt

$$\langle P(\Phi_1)\rangle = \langle P(\Phi_2)\rangle = 0,$$

wobei Φ_1 und Φ_2 zwei orthogonale Vektoren sind, dann folgt

$$\langle P(\alpha\Phi_1 + \beta\Phi_2)\rangle = 0$$

für alle α und β.

(A) und (B) werden nun wiederholt benützt, um das folgende Ergebnis herzuleiten. Seien Φ und ψ zwei Vektoren, für die in einem gegebenen Zustand gelte

$$\langle P(\psi)\rangle = 1, \tag{5}$$
$$\langle P(\Phi)\rangle = 0. \tag{6}$$

Dann können Φ und ψ nicht beliebig nahe sein, da

$$|\Phi - \psi| > \frac{1}{2}|\psi|. \tag{7}$$

Um dies herzuleiten, normieren wir ψ und schreiben Φ in der Form

$$\Phi = \psi + \epsilon\psi',$$

wobei ψ' orthogonal zu ψ und normiert ist und ϵ eine reelle Zahl. Sei ψ'' ein normierter Vektor, der sowohl zu ψ und zu ψ' orthogonal ist (so daß wir hier zumindest 3 Dimensionen benötigen) und daher auch zu Φ. Wegen (A) und (5) gilt

$$\langle P(\psi')\rangle = 0, \quad \langle P(\psi'')\rangle = 0.$$

Dann folgt aus (B) und (6)

$$\langle P(\Phi + \gamma^{-1}\epsilon\psi'')\rangle = 0,$$

wobei γ eine reelle Zahl ist. Ferner gilt wegen (B)

$$\langle P(-\epsilon\psi' + \gamma\epsilon\psi'')\rangle = 0.$$

Die in den beiden letzteren Formeln enthaltenen (vektoriellen) Argumente stehen aufeinander senkrecht. Daher dürfen wir sie addieren und erhalten unter Verwendung von (B):

$$\langle P(\psi + \epsilon(\gamma + \gamma^{-1})\psi'')\rangle = 0.$$

Falls nun ϵ kleiner als $1/2$ ist, gibt es ein reelles γ, so daß

$$\epsilon(\gamma + \gamma^{-1}) = \pm 1.$$

Deshalb folgt

$$\langle P(\psi + \psi'')\rangle = \langle P(\psi - \psi'')\rangle = 0.$$

Die Vektoren $\psi \pm \psi''$ sind orthogonal aufeinander; addiert man sie und verwendet wieder (B), so ergibt sich

$$\langle P(\psi)\rangle = 0.$$

Dies widerspricht der Annahme (5). Daher folgt

$\epsilon > 1/2,$

wie in (7) erwähnt.

Betrachten wir nun die Möglichkeit dispersionsfreier Zustände. Für derartige Zustände hat jeder Projektionsoperator die Eigenwerte 0 oder 1. Wegen (4) ist klar, daß beide Werte vorkommen müssen, und da keine anderen Werte möglich sind, muß es beliebig benachbarte Paare ψ, Φ geben, die verschiedene Eigenwerte 0 und 1 aufweisen. Wir haben aber im Vorhergehenden gesehen, daß derartige Paare nicht beliebig benachbart sein können. Deshalb kann es keine dispersionsfreien Zustände geben.

Eine derartig weitreichende Folgerung aus so unschuldig wirkenden Annahmen führt uns zur Frage ihrer Unschuld. Sind die obigen Annahmen, die für quantenmechanische Zustände gelten, auch für dispersionsfreie Zustände vernünftig? Tatsächlich sind sie dies nicht. Betrachten wir die Feststellung (B). Der Operator $P(\alpha\Phi_1 + \alpha\Phi_2)$ vertauscht mit $P(\Phi_1)$ und $P(\Phi_2)$ nur, wenn entweder α oder β Null ist. Daher ist im allgemeinen zur Messung von $P(\alpha\Phi_1 + \beta\Phi_2)$ eine ganz andere Experimentieranordnung erforderlich, als für $P(\Phi_1)$ oder $P(\Phi_2)$. Wir können daher (B) aus den bereits erwähnten Gründen zurückweisen: Diese Annahme verbindet auf eine nicht triviale Weise die Ergebnisse von Experimenten, die nicht gleichzeitig ausgeführt werden können. Die dispersionsfreien Zustände brauchen diese Eigenschaft nicht auszuweisen, es wird ausreichen, wenn sie für die quantenmechanischen Mittelwerte zutrifft. Wieso kommt es aber, daß (B) sich als Konsequenz von Annahmen ergeben hat, in denen nur kommutierende Operatoren explizit erwähnt wurden? Die Gefahr lag tatsächlich nicht in den expliziten Feststellungen, sondern in den impliziten Annahmen. Es wurde nämlich stillschweigend angenommen, daß die Messung einer Observablen den gleichen Wert unabhängig davon liefern müsse, ob andere Messungen gleichzeitig ausgeführt werden. So könnte man ebenso wie $P(\Phi_3)$ beispielsweise entweder $P(\Phi_2)$ oder $P(\psi_2)$ messen, wobei Φ_2 und ψ_2 zwar orthogonal zu Φ_3 stehen, aber nicht zueinander. Diese verschiedenen Möglichkeiten erfordern verschiedene experimentelle Anordnungen und es gibt keinen a priori Grund zu glauben, daß die Ergebnisse für $P(\Phi_3)$ dabei übereinstimmen sollten. Das Ergebnis einer Beobachtung kann vernünftigerweise nicht nur vom Zustand des Systems (einschließlich der verborgenen Variablen) abhängen, sondern auch von der vollständigen Anordnung des Apparats. Siehe dazu nochmals das Bohr-Zitat am Ende des Abschnittes I.

Um diese Bemerkungen zu erläutern, konstruieren wir eine zwar gekünstelte, aber einfache Zerlegung nach verborgenen Variablen. Wenn wir alle Observablen als Funktionen vertauschbarer Projektionsoperatoren betrachten, wird es ausreichen, die Messungen dieser Operatoren heranzuziehen. Sei $P_1, P_2, \ldots$ der Satz von Projektionsoperatoren, die von einem gegebenen

Apparat gemessen werden, wobei deren Erwartungswerte für einen gegebenen quantenmechanischen Zustand λ_1, $\lambda_2-\lambda_1$, $\lambda_3-\lambda_2$, ... seien. Als verborgene Variable benützen wir eine reelle Zahl $0 < \lambda \leq 1$, und fordern, daß die Messung an einem Zustand mit gegebenem λ den Wert 1 für P_n ergibt, falls $\lambda_{n-1} < \lambda \leq \lambda_n$, während sonst Null resultiere. Der quantenmechanische Zustand werde durch eine gleichförmige Mittelung über λ halten. Dies steht nicht im Widerspruch zu Gleasons Aussagen, da das Ergebnis für ein gegebenes P_n auch von der Wahl der anderen abhängt. Es wäre freilich unvernünftig, wenn das Ergebnis durch eine bloße Vertauschung der Reihenfolge der anderen P's verändert wird. Wir fordern daher, daß diese Projektionsoperatoren immer in der gleichen (bliebig festgelegten) Reihenfolge gewählt werden, wenn die P's tatsächlich die gleiche Menge bilden. Weitere Überlegungen vertiefen den anfänglichen Eindruck der Gekünsteltheit noch weiter. Das Beispiel reicht aber aus, um zu zeigen, daß der Unmöglichkeitsbeweis wesentlich von der impliziten Annahme abhängt. Eine ernsthaftere Zerlegung nach verborgenen Variablen werden wir in Abschnitt VI betrachten [14].

VI Lokalität und Separabilität

Bisher haben wir willkürliche Anforderungen an die hypothetischen dispersionsfreien Zustände vermieden. Es gibt aber — neben der erforderlichen gemittelten Wiedergabe der Quantenmechanik — noch weitere Anforderungen, die sinnvollerweise an eine Theorie verborgener Variabler gestellt werden können. Die verborgenen Variablen sollten sicher eine räumliche Bedeutung haben und sich im Laufe der Zeit nach vorgegebenen Gesetzen entwickeln. Diese Anforderungen sind Vorurteile, aber es ist gerade die Möglichkeit, ein (vorzugsweise kausales) Raum-Zeitbild zwischen der Vorbereitung und der Messung von Zuständen zu interpolieren, die die Suche nach verborgenen Variablen für einfache Gemüter interessant macht [2]. Die Begriffe Raum, Zeit und Kausalität spielen bei den oben geführten Diskussionen keine wesentliche Rolle. In dieser Hinsicht ist meines Wissens der erfolgreichste Versuch Bohms Deutung der elementaren Wellenmechanik aus dem Jahre 1952. Sie soll abschließend kurz skizziert werden, wobei eine sonderbare Eigenschaft zu betonen ist [A5].

Wir betrachten als Beispiel ein System zweier Spin 1/2-Teilchen. Der quantenmechanische Zustand wird durch eine Wellenfunktion dargestellt

$$\psi_{ij}(\mathbf{r}_1, \mathbf{r}_2),$$

wobei i und j Spinindizes sind, die wir unterdrücken werden. Die Wellenfunktion genügt der Schrödingergleichung

$$\partial\psi/\partial t = -i(-(\partial^2/\partial\mathbf{r}_1^2) - (\partial^2/\partial\mathbf{r}_2^2) + V(\mathbf{r}_1 - \mathbf{r}_2)$$
$$+ a\sigma_1 \cdot \mathbf{H}(\mathbf{r}_1) + b\sigma_2 \cdot \mathbf{H}(\mathbf{r}_2))\psi, \tag{8}$$

wobei V das Wechselwirkungspotential der Teilchen ist. Der Einfachheit halber haben wir neutrale Teilchen mit magnetischen Momenten gewählt und ein äußeres magnetisches Feld H soll Magneten zur Analyse des Spinzustands darstellen. Die verborgenen Variablen sind dann zwei Vektoren X_1 und X_2, die direkt die Ergebnisse der Lagemessung angeben. Auch andere Messungen reduzieren sich schließlich auf Lagemessungen [15]. Beispielsweise erfordert die Messung einer Spinkomponente die Beobachtung, ob das Teilchen einen Stern-Gerlach-Magneten mit Ablenkung nach oben oder nach unter verläßt. Die Variablen X_1 und X_2 sollen im Konfigurationsraum die Dichteverteilung

$$\rho(X_1, X_2) = \sum_{ij} |\psi_{ij}(X_1, X_2)|^2,$$

aufweisen, die dem quantenmechanischen Zustand entspricht. Damit konsistent ist die Annahme, daß X_1 und X_2 im Lauf der Zeit variieren gemäß

$$dX_1/dt = \rho(X_1, X_2)^{-1} \operatorname{Im} \sum_{ij} \psi_{ij}{}^*(X_1, X_2)(\partial/\partial X_1)\psi_{ij}(X_1, X_2),$$
$$dX_2/dt = \rho(X_1, X_2)^{-1} \operatorname{Im} \sum_{ij} \psi_{ij}{}^*(X_1, X_2)(\partial/\partial X_2) \psi_{ij}(X_1, X_2). \tag{9}$$

Die sonderbare Eigenschaft dieser Bewegungsgleichungen für die verborgenen Variablen ist, daß sie einen wesentlich nicht-lokalen Charakter aufweisen. Wenn die Wellenfunktion vor dem Einschalten des Analysatorfeldes (die Teilchen sind weit voneinander entfernt) faktorisierbar ist

$$\psi_{ij}(X_1, X_2) = \Phi_i(X_1)\chi_j(X_2),$$

wird diese Faktorisierbarkeit im Laufe der Zeit erhalten. Die Gleichungen (9) reduzieren sich in diesem Fall auf

$$dX_1/dt = [\sum_i \Phi_i{}^*(X_1)\Phi_i(X_1)]^{-1} \operatorname{Im} \sum_i \Phi_i{}^*(X_1)(\partial/\partial X_1)\Phi_i(X_1),$$
$$dX_2/dt = [\sum_j \chi_j{}^*(X_2)\chi_j(X_2)]^{-1} \operatorname{Im} \sum_j \chi_j{}^*(X_2)(\partial/\partial X_2)\chi(X_2).$$

Auch die Schrödingergleichung (8) separiert und die Trajektorien von X_1 und X_2 werden separat durch Gleichungen bestimmt, die $H(X_1)$ und $H(X_2)$ enthalten. Im allgemeinen ist die Wellenfunktion jedoch nicht faktorisierbar. Die Trajektorie von Teilchen 1 hängt dann in komplizierter Weise von der Trajektorie und der Wellenfunktion von Teilchen 2 ab, und das analysierende Feld wirkt daher auf 2 — wieweit immer dies auch von Teilchen 1 entfernt sein mag. Daher existiert in dieser Theorie ein expliziter kausaler Mechanismus, durch den die Anordnung eines Apparates die Ergebnisse beeinflußt, die mit einem davon weit entfernten Gerät erhalten werden. Das Einstein-Podolsky-Rosen-Paradoxon wird somit in einer Art aufgelöst, die Einstein am wenigsten behagt hätte (Ref. 2, S. 85).

Auch im allgemeinen wird die Beschreibung eines gegebenen Systems durch verborgene Variable sehr unterschiedlich, wenn wir bedenken, daß das System in der Vergangenheit zweifellos mit zahlreichen anderen Systemen in Wechselwirkung stand und daß die gesamte Wellenfunktion bestimmt nicht faktorisierbar sein wird. Dieser Effekt verkompliziert die Beschreibung des Meßprozesses durch verborgene Variable, wenn ein Teil des „Apparats" mit in das System einbezogen werden soll.

Bohm war sich natürlich dieser Eigenschaften seiner Theorie [6, 16 bis 18] wohl bewußt und hat ihnen viel Aufmerksamkeit gewidmet. Es ist aber zu betonen, daß nach Kenntnis des Autors kein Beweis existiert, daß jede Theorie verborgener Variablen in der Quantenmechanik diese ungewöhnlichen Eigenschaften aufweisen muß [19]. Es wäre daher vielleicht [1] interessant, einen weiteren „Unmöglichkeitsbeweis" zu suchen, der die oben kritisierten, willkürlich gewählten Axiome durch die Bedingungen der Lokalität oder der Separabilität voneinander entfernter Systeme ersetzen würde.

Danksagung

Die ersten Ideen zu dieser Arbeit entstanden im Jahre 1952. Ich danke Herrn Dr. F. Mandl herzlich für die damals geführten ausführlichen Diskussionen. Auch vielen anderen bin ich in der Zwischenzeit Dank schuldig, darunter speziell Prof. J. M. Jauch.

Anmerkungen

[1] Die folgenden Arbeiten enthalten Diskussionen des und Zitate zum Problem verborgener Variabler: L. de Broglie, Physicien et Penseur (Albin Michel, Paris, 1953); *W. Heisenberg*, in Niels Bohr and the Development of Physics, *W. Pauli*, Ed. (McGraw-Hill Book Co., Inc., New York, and Pergamon Press, Ltd., London, 1955); Observation and Interpretation, *S. Körner*, Ed. (Academic Press Inc., New York, and Butterworths Scientific Publ., Ltd, London, 1957); *N. R. Hansen*, The Concept of the Positron (Cambridge University Press, Cambridge, England, 1963). Siehe auch die später zitierte Arbeit von D. Bohm und von Bell und Nauenberg [8]. Bezüglich der Ansicht, daß die Möglichkeit verborgener Variabler von geringem Interesse ist, siehe speziell die Beiträge von Rosenfeld zu dem ersten und dem dritten der erwähnten Bände, ferner Paulis Beitrag zum ersten Band, den Artikel von Heisenberg und viele Absätze in Hansen.

[2] *P. A. Schilpp* (Herausgeber), Albert Einstein als Philosoph und Wissenschaftler. Reprint: Vieweg, Braunschweig 1979 (Originalausgabe: Library of Living Philosophers, Evanstan, Illinois 1949). Einsteins „Autobiographische Notizen" und seine „Antwort auf die Kritiker" lassen vermuten, daß das Problem verborgener Variabler von Interesse ist.

[3] *J. M. Jauch* und *C. Piron*, Helv. Phys. Acta 36, 827 (1963)

[4] *A. M. Gleason*, J. Math. & Mech. 6, 885 (1957). Ich danke Herrn Prof. Jauch für den Hinweis auf diese Arbeit.

[5] *N. Bohr*, in Ref. 2

[6] *D. Bohm*, Phys. Rev. 85, 166, 180 (1952)

[7] Speziell scheint die Analyse von Bohm [6] entweder unklar oder ungenau. Er betont ausführlich die Bedeutung der Experimentieranordung. Er scheint jedoch anzunehmen (Ref. 6, S. 187), daß die Umgehung des Theorems die Assoziation der verborgenen Variablen mit dem Meßapparat (und natürlich mit dem beobachteten System) unbedingt erfordert. Abschnitt II enthält dazu ein Gegenbeispiel. Wir werden ferner in Abschnitt III sehen, daß die Anerkennung von von

Neumanns wesentlicher Additivitätsannahme beliebig lokalisierte verborgene Variable unmöglich macht. Auch Bohms weitere Bemerkungen in Ref. 16 (S. 95) und Ref. 17 (S. 358) sind nicht überzeugend. Andere Kritiker des Theorems werden von J. Albertson, Am. J. of Phys. 29, 478 (1961) zitiert und einige davon widerlegt.

[8] Neuere Arbeiten über den Meßprozeß in der Quantenmechanik mit weiteren Zitaten sind E. P. Wigner, Am. J. Phys. 31, 6 (1963); A. Shimony, ibid. 31, 755 (1963); J. M. Jauch, Helv. Phys. Acta 37, 293 (1964); B. d'Espagnat, Conceptions de la physique contemporaine (Hermann & Cie., Paris, 1965); J. S. Bell und M. Nauenberg, in Preludes in Theoretical Physics, in Honor of V. Weisskopf (North-Holland Publishing Company, Amsterdam, 1966).

[9] *J. von Neumann*, Mathematische Grundlagen der Quantenmechanik (Julius Springer-Verlag, Berlin, 1932). Das Problem wird im Vorwort und auf S. 109 dargestellt. Der formale Beweis wird auf den Seiten 157—170 gegeben und auf den folgenden Seiten kommentiert. Eine abgeschlossene Darstellung des Beweises wurde von J. Albertson (Ref. 7) gegeben.

[10] Dies findet sich in von Neumanns B' (S. 165), I (S. 167), II (S. 167)

[11] Siehe Ref. 9, S. 109

[12] Siehe Ref. 9, S. 171

[13] Im zweidimensionalen Fall ist $<a> = <b> = 1$ (für einen quantenmechanischen Zustand) nur möglich, wenn die beiden Projektionsoperatoren identisch sind ($\hat{\alpha} = \hat{\beta}$). In diesem Fall gilt $a \cap b = a = b$ und $<a \cap b> = <a> = <b> = 1$.

[14] Das einfachste Beispiel zur Illustration der Diskussion von Abschnitt V wäre ein Teilchen mit Spin 1 mit einer ausreichenden Anzahl von Wechselwirkungen des Spins mit externen Feldern, die es gestatten, beliebige und vollständige Sätze von Spinzuständen räumlich zu separieren.

[15] Es gibt klarerweise genügend interessante Messungen, die auf diese Art ausgeführt werden können. Wir werden hier unbeachtet lassen, ob es auch andere Messungen gibt.

[16] *D. Bohm*, Causality and Chance in Modern Physics (D. Van Nostrand Co., Inc., Princeton, N. J., 1957)

[17] *D. Bohm*, in Quantum Theory, D. R. Bates, Ed. (Academic Press Inc., New York, 1962).

[18] *D. Bohm* und *Y. Aharonov*, Phys. Rev. 108, 1070 (1957).

[19] Nach der Fertigstellung dieser Arbeit wurde ein derartiger Beweis gefunden, siehe J. S. Bell, Physics 1, 195 (1965).

Anmerkungen der Herausgeber

[A1] Dieser Erwartungswert ist $\alpha + \beta_z = \alpha + \beta\cos\theta$, wobei θ der Winkel zwischen $\vec{\beta}$ und der z-Achse ist. Die Wahrscheinlichkeit für die beiden Eigenwerte (2) ist $p_1 = \cos^2(\theta/2)$ und $p_2 = \sin^2(\theta/2)$.

[A2] Für die Wahl von (3) ist ausschlaggebend, daß sich nur Eigenwerte von $(\alpha + \vec{\beta} \cdot \vec{\sigma})$ ergeben dürfen und ferner der Mittelwert der Quantenmechanik entsprechen muß. Letzteres wird nun gezeigt.

[A3] Jauch und Piron konzentrierten sich in ihrer Arbeit auf Projektionsoperatoren, da diese „Ja-Nein-Experimenten" entsprechen und damit die „Quantenlogik" wiedergeben.

[A4] Die Klammern bezeichnen hier keine quantenmechanischen Erwartungswerte, sondern Meßergebnisse für dispersionsfreie Zustände. Bei diesen gibt es keine Erwartungswerte, nur Eigenwerte.

[A5] Die Überlegungen dieses Abschnittes führten später zur „Bellschen Ungleichung", die in verschiedenen Formen den heute durchgeführten Tests der Quantenmechanik zugrunde liegt. Die erste Formulierung der Ungleichung wurde von Bell 1964 gefunden und in Physics 1, 195 (1965) veröffentlicht.

11 Bryce S. DeWitt
Quantenmechanik und Realität* (1970)

Könnte die Lösung des Indeterminismus-Problems ein Universum sein, in dem alle möglichen Ergebnisse einer Messung tatsächlich vorkommen?

Trotz ihres enormen praktischen Erfolges widerspricht die Quantentheorie so sehr der Intuition, daß es sogar nach 45 Jahren noch Uneinigkeit unter den Experten gibt. Die Meinungsverschiedenheiten betreffen dabei vor allem die Beschreibung von Beobachtungen. Formal ergibt jede Messung eine Überlagerung von Vektoren, deren jeder einem möglichen Meßwert der beobachteten Größe entspricht. Die Frage bleibt zu beantworten, wie diese Überlagerung mit der Tatsache zu vereinen ist, daß wir in der Praxis nur einen Meßwert beobachten. Wie entschließt sich das Meßinstrument zu diesem Wert?

Drei wesentlich verschiedene Antworten wurden hier vorgeschlagen. Ich werde mich hier auf das Bild konzentrieren, bei dem sich das Universum in eine Vielfalt von wechselseitig unbeobachtbaren, aber gleicherweise realen Welten aufspaltet, in deren jeder eines dieser Meßresultate verwirklicht ist. Zwar führt dieser Vorschlag zu einem bizarren Weltbild, er könnte aber dennoch die bisher zufriedenstellendste Antwort darstellen.

Die Quantentheorie der Messung

In ihrer einfachsten Form betrachtet die Quantentheorie des Meßprozesses eine Welt, die aus nur zwei dynamischen Größen, einem *System* und dem *Apparat* besteht. Beide genügen den quantenmechanischen Gesetzen und man kann daher einen kombinierten Zustandsvektor bilden, der nach orthonormalen Basisvektoren

$$|s, A\rangle = |s\rangle|A\rangle \tag{1}$$

entwickelt werden kann, wobei s ein Eigenwert einer Systemobservablen ist und A ein Eigenwert einer Apparatobservablen. (Zusätzliche Kennzeichnun-

---

* Originaltitel der Arbeit: Quantum Mechanics and reality. Phys. Today Sept. 1970, 30—35

gen der Zustandsvektoren wurden der Einfachheit halber unterdrückt.) Gleichung (1) hat die Gestalt eines cartesischen Produkts und drückt dadurch die implizite Annahme aus, daß unter geeigneten Bedingungen, wie einer fehlenden Kopplung, das System und der Apparat als isoliert, unabhängig und unterscheidbar betrachtet werden dürfen. Es ist auch bequem anzunehmen, daß der Eigenwert s ein diskretes Spektrum aufweist, während der Eigenwert A kontinuierlich sei.

Wir nehmen an, daß der Zustand der Welt anfänglich durch einen normierten Vektor der Form

$$|\Psi_0> = |\psi>|\Phi>\tag{2}$$

beschrieben wird, wo $|\psi>$ sich auf das System und $|\Phi>$ auf den Apparat bezieht. In diesem Zustand sind das System und der Apparat unkorreliert. Damit der Apparat etwas über das System lernen kann, müssen diese beiden Teile der Welt einige Zeit lang aneinander gekoppelt werden, so daß ihr kombinierter Zustand im Laufe der Zeit die Form (2) verliert. Das Endergebnis der Kopplung wird durch die Wirkung eines bestimmten unitären Operators U beschrieben

$$|\Psi_1> = U|\Psi_0>.\tag{3}$$

Da der Apparat das System beobachtet und nicht umgekehrt, müssen wir einen Kopplungsoperator U wählen, der diese Trennung der Funktionen berücksichtigt. Deshalb habe U die folgende Wirkung auf die in (1) definierten Basisvektoren (oder auf eine ähnliche Basis):

$$U|s, A> = |s, A + gs> = |s>|A + gs>.\tag{4}$$

Dabei ist g eine Kopplungskonstante, die als regelbar angenommen werden darf. Wenn der Anfangszustand des Systems $|s>$ war und derjenige des Apparats $|A>$, dann ergibt diese Kopplung eine „Beobachtung" des Systems durch den Apparat, bei der sich als Systemobservable der Wert s ergibt. Diese Beobachtung oder „Messung" können wir als im „Gedächtnis" des Apparats registriert betrachten, da der Zustandsvektor des Apparats sich bleibend von $|A>$ zu $|A + gs>$ verschiebt.

Ist diese Definition adäquat?

Die spezielle Wahl für U, die im wesentlichen von John von Neumann formuliert wurde [1], wird häufig als unzureichend allgemein kritisiert und als künstliche Einschränkung des Begriffs „Messung". Einige Autoren [2] haben auch darauf bestanden, daß der durch (4) beschriebene Vorgang das System nur präpariert. Die Messung ist demnach nicht vollständig, bevor ein weiterer, noch komplizierterer Apparat, das Ergebnis dieser Präparation beobachtet.

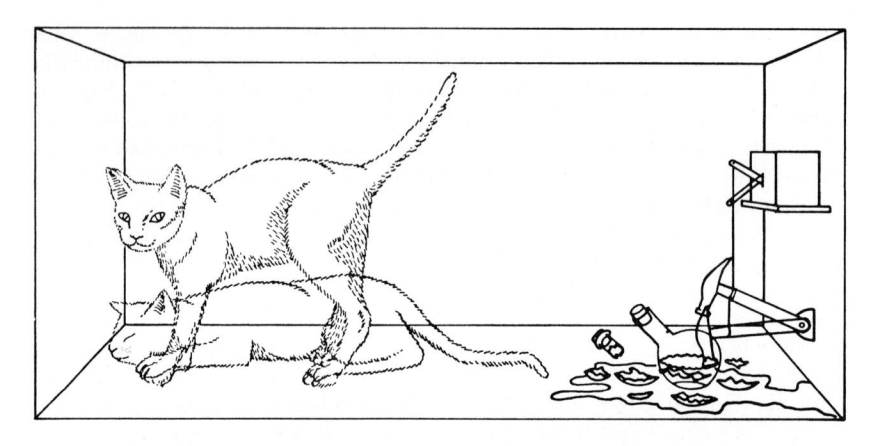

Schrödingers Katze. Das Tier ist in einem Raum gefangen, in dem sich ein Hammer befindet, der durch einen Geigerzähler ausgelöst, eine Flasche Blausäure zertrümmert. Der Zähler enthält eine Spur von radioaktivem Material — gerade soviel, daß nach Ablauf einer Stunde einer der Kerne mit 50 %iger Wahrscheinlichkeit zerfällt. Mit gleicher Wahrscheinlichkeit ist dann die Katze auch vergiftet. Am Ende der Stunde ist die Gesamtwellenfunktion des Systems eine Überlagerung aus lebender und toter Katze zu gleichen Teilen. Schrödinger meinte, daß eine Wellenmechanik, die zu derart paradoxen Ergebnissen führt, keine akzeptable Beschreibung der Realität darstellt. Die Deutung der Quantenmechanik durch Everett, Wheeler und Graham stellt die Katze dagegen als Einwohner zweier gleichzeitiger, nicht-wechselwirkender, aber gleichermaßen realen Welten dar.

Es ist völlig richtig, daß Labormessungen viel zu kompliziert sind, um durch (4) beschrieben zu werden und oft Wechselwirkungen benützen, die keine exakten Korrelationen zwischen Paaren von Observablen wie s und A etablieren. Abgesehen von derartigen nicht-korrelierenden Wechselwirkungen besteht aber jede Labormessung aus einer oder mehreren Folgen von Wechselwirkungen, die jeweils im wesentlichen der Beschreibung von Neumanns folgen. Obgleich wir üblicherweise nur das Ergebnis der letzten Wechselwirkung mit dem Aufzeichnungsapparat als registriert betrachten, können wir auch jedem der von-Neumann-artigen ,,Apparate" bei jedem Schritt auf dem Weg zur endgültigen Wechselwirkung ein Gedächtnis zuschreiben, zumindest im Moment. Dieses Gedächtnis unterscheidet sich nicht grundlegend von dem eines komplizierten Automaten (Apparat + Gedächtnissequenz), der die Endauswertung vornimmt. Es stellt den elementaren Bestandteil dar, den wir verstehen müssen, damit wir die Quantenmechanik selbst begreifen.

In seiner ursprünglichen Analyse des Meßvorganges [1] hat von Neumann angenommen, daß die Kopplung zwischen System und Apparat die Systemobservable s nicht stört. Die meisten seiner Schlußfolgerungen gelten auch, wenn man diese Einschränkung wegläßt, und wir werden keine derartige Annahme machen. Wenn auch Messungen der nicht-störenden Art existieren, so erleidet die Observable doch meist eine Änderung. Man kann aber dennoch zeigen [3], daß bei Benutzung geeigneter Hilfsmittel (wie der von Niels Bohr und Leon Rosenfeld bei der Analyse der elektromagnetischen Feld-Messungen eingeführten Kompensationsvorrichtungen [4]) der Apparat denjenigen Wert der Systemobservablen aufzeichnen kann, den sie auch ohne Kopplung gehabt hätte. Deshalb arbeiten wir hier mit einer modifizierten Version des sogenannten „Wechselwirkungsbildes", in dem nur der Teil des Zustandsvektors, der sich auf den Apparat bezieht, sich während der Kopplung verändert.

Wenn die Kopplung bekannt ist, kann die hypothetische ungestörte Systemobservable durch tatsächliche dynamische Variable des Systems *plus* Apparat ausgedrückt werden. Daher ist der Operator, für den diese Observable einen Eigenwert ergibt, nicht selbst hypothetisch und keine Inkonsistenz entsteht, wenn wir ihn gleich auf der rechten Seite von (4) annehmen.

Unendlicher Regreß

Wir betrachten nun die Veränderungen, die der Zustandsvektor (2) bei der Messung (4) erleidet. Aus der Orthonormalität und der angenommenen Vollständigkeit der Basisvektoren folgt

$$|\Psi_1\rangle = \sum_s c_s |s\rangle |\Phi[s]\rangle, \qquad (5)$$

wobei

$$c_s = \langle s|\psi\rangle \qquad (6)$$

$$|\Phi[s]\rangle = \int |A + gs\rangle \Phi(A)\, dA \qquad (7)$$

$$\Phi(A) = \langle A|\Phi\rangle. \qquad (8)$$

Im Endzustand führt der Zustandsvektor (5) nicht auf einen eindeutigen Wert der Systemobservablen, falls nicht $|\psi\rangle$ zufällig einer der Basisvektoren $|s\rangle$ ist. Im allgemeinen wird $|\psi\rangle$ aber eine lineare Überlagerung von Vektoren $|s\rangle|\Phi[s]\rangle$ sein, deren jeder einem bestimmten Wert der Systemobservablen und ihrer Beobachtung durch den Apparat entspricht. Dabei muß die Beobachtung zwischen den benachbarten Werten von s unterscheiden können. Dies erfordert

$$\Delta A \ll g \Delta s, \qquad (9)$$

wobei Δs das Intervall zwischen benachbarten Werten und ΔA die Varianz von A um den Mittelwert ist, die für die Verteilungsfunktion $|\Phi(A)|^2$ ausgewertet wird. Unter diesen Bedingungen gilt

$$\langle \Phi[s]|\Phi[s']\rangle = \delta_{ss'}. \qquad (10)$$

Die Wellenfunktion des Apparats hat also anfänglich die Form eines einzelnen Pakets, das sich dann aber infolge der Kopplung an das System in zahlreiche, aufeinander orthogonale Pakete aufspaltet, deren jedes einem bestimmten Wert von s entspricht.

Hier beginnt die Kontroverse über die Deutung der Quantenmechanik. Meist wird (5) nicht als Ergebnis einer wirklichen Beobachtung betrachtet. Vielmehr wird dies als eine Art schizophrener Zustand des Apparates betrachtet, in dem er nicht in der Lage ist, sich für einen Wert der Systemobservablen zu entscheiden. Andererseits können die Vertreter dieser Idee nicht leugnen, daß die Kopplung zwischen System und Apparat in der klassischen Theorie zu einem bestimmten Ergebnis führen würde. Damit ist die Krise dieser Deutung gegeben: Wie kann man den Apparat veranlassen, sich endlich zu entschließen?

Üblicherweise wird nunmehr ein zweiter Apparat vorgeschlagen, der den ersten Apparat betrachtet und feststellt, was dieser aufgezeichnet hat. Eine entsprechende Analyse würde aber schnell zeigen, daß auch der zweite Apparat nicht zu besseren Ergebnissen führt. Auch er wird schizophren. Das gleiche geschieht mit einem dritten und allen weiteren Apparaten. Diese Kette, die als „von Neumanns unendliche Regreßkatastrophe" bekannt ist, macht die Krise nur schlechter.

Regeländerungen

Auf drei verschiedene Arten kann man diese Krise vermeiden. Erstens ist es möglich, die Spielregeln durch eine Modifikation der Theorie zu ändern und dadurch die von Neumannsche unendliche Kette zu brechen. Eugene Wigner ist der prominenteste Vertreter dieser Methode. In einem bemerkenswerten Anthropozentrismus schlägt er vor, daß die Registrierung des Meßsignals durch das Bewußtsein des Beobachters die Entscheidung auslöst und die Kette bricht [5]. Sicherlich ist die Kette an diesem Punkt gebrochen, da das menschliche Gehirn üblicherweise der Endpunkt jeder Labormessung ist. Wigners Vorschlag erinnert an die Tafel, die auf Präsident Trumans Schreibtisch stand: „The buck stops here."

Wigner beschränkt sich aber nicht auf heuristische Vorschläge, sondern beschreibt eine mögliche mathematische Beschreibung des Übergangs von einem reinen zu einem gemischten Zustand, der das Ergebnis der stark nichtlinearen Abweichungen von der üblichen Schrödingergleichung ist, die seiner Meinung nach dann eintreten, wenn das Bewußtsein eine Rolle spielt. Er schlägt auch eine Suche nach unüblichen Einflüssen des Bewußtseins auf die Materie vor [5].

Ein anderer Proponent der Regeländerungen ist David Bohm [6, 7]. Im Gegensatz zu Wigner, der die Theorie erst auf dem Niveau des Bewußtseins

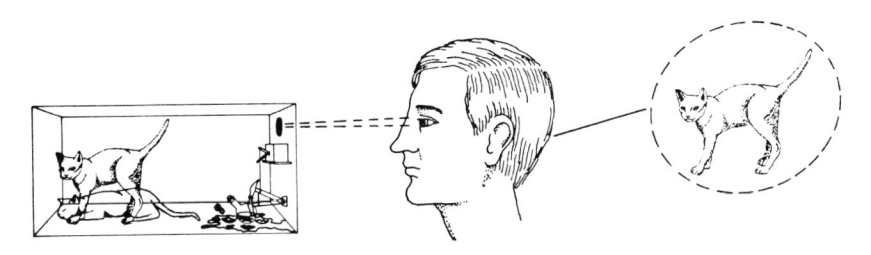

Das Problem der Grenze. Wigners Lösung für das Dilemma des schizophrenen Apparates besteht in der Annahme, daß die Registrierung des Meßsignals im Bewußtsein eines menschlichen Beobachters die Entscheidung auslöst, welches der beiden möglichen Meßergebnisse beobachtet wird — ob also die Katze tot oder lebendig ist.

verändert wünscht, wollen Bohm und seine Schule die Grundlagen so verändern, daß sogar der erste Apparat von seiner Schizophrenie geheilt wird. Dies geschieht durch die Einführung sogenannter „verborgener Variabler". Was auch immer man über die Theorie verborgener Variabler meinen mag, man muß zugeben, daß sie die in sie gesetzten Erwartungen erfüllen. Die erste derartige Theorie [6] funktionierte tatsächlich sogar zu gut, es gab keine Methode, sie experimentell von der üblichen Quantenmechanik zu unterscheiden. Neuere Theorien verborgener Variabler sind aber einer experimentellen Überprüfung (oder Widerlegung) zugänglich [7].

Der Kopenhagener Kollaps

Die zweite Methode, die von Neumannsche Katastrophe zu vermeiden, ist die sogenannte „konventionelle" oder „Kopenhagener" Deutung der Quantenmechanik [8]. Im Gespräch mit Anhängern dieser Deutung ist es wichtig, die aktiven Anhänger von den übrigen zu unterscheiden und zu erkennen, daß sogar die meisten Autoren von Lehrbüchern nicht zu diesen aktiven Anhängern gehören. Bei einer Meinungsumfrage unter Physikern würden die meisten sich dem konventionellen Lager zugehörig erklären, so wie die meisten Amerikaner an das Bill of Rights glauben, ob sie es nun gelesen haben oder nicht. Die größte Schwierigkeit beim Umgang mit den Aktivisten dieses Lagers ist, daß auch sie die Regeln ändern, aber — im Gegensatz zu Wigner und Bohm — dies nicht zugeben.

Gemäß der Kopenhagener Deutung der Quantenmechanik kollabiert ein Zustandsvektor sofort, nachdem er die Form (5) annimmt. Die Wellenfunktion besteht dann nicht mehr aus einer Vielzahl von Paketen, sondern

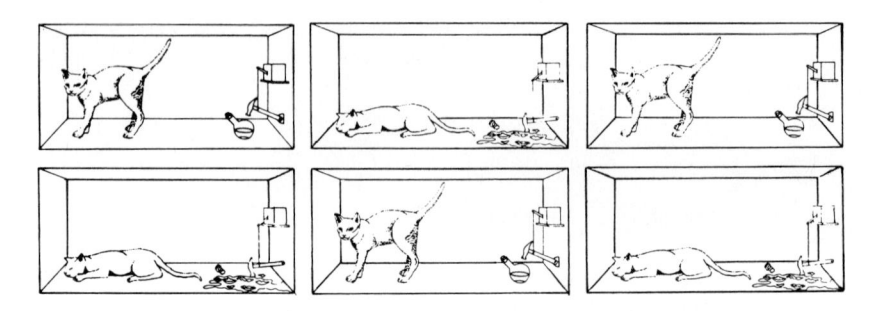

Der Kopenhagener Kollaps. Diese Interpretation der Wellenmechanik nimmt an, daß das gesamte Wellenpaket sich auf einen der beiden Zustände der Überlagerung reduziert, und ordnet der Reduktion der Wellenfunktion für jedes mögliche Meßergebnis eine bestimmte Wahrscheinlichkeit zu. Nur bei einer Wiederholung der Messung an einem ganzen Ensemble von Katzen wären lebendige und tote Katzen gleichermaßen real.

reduziert sich auf ein einziges Paket und der Vektor $|\Psi_1>$ reduziert sich auf das zugehörige Element $|s>|\Phi[s]$ der Überlagerung. Man kann dabei nicht sagen, auf welches Element dieser Überlagerung er sich reduziert. Statt dessen schreibt man den verschiedenen Möglichkeiten eine Wahrscheinlichkeitsverteilung zu, deren Gewichte gegeben sind durch

$$w_s = |c_s|^2 . \tag{11}$$

Der Kollaps des Zustandsvektors und die Zuschreibung statistischer Gewichte folgen nicht aus der Schrödingergleichung, die nach (4) den Operator U erzeugt. Sie sind vielmehr Konsequenzen einer äußeren (nicht in der Theorie enthaltenen) a priori Metaphysik, die an diesem Punkt eingreifen darf und die Schrödingergleichung momentan aufhebt, oder vielmehr die Randbedingungen, die der Lösung auferlegt werden, durch solche für den kollabierten Zustandsvektor ersetzt. Bohm und Wigner versuchten explizite Mechanismen zu konstruieren, die diesen Kollaps hervorrufen. Die konventionelle Meinung ist jedoch, daß es gleichgültig ist, wie der Zustandsvektor kollabiert. Demnach beschreibt der Zustandsvektor nicht die Wirklichkeit, sondern nur einen Algorithmus zur Berechnung statistischer Vorhersagen. Bei einer von Neumann-Kette darf der konventionellen Deutung gemäß der Zustandsvektor sogar während einer beliebigen Anzahl von Kettengliedern unkollabiert bleiben, so lang der Kollaps nur irgendeinmal schließlich doch eintritt.

Die Kopenhagener Deutung könnte zur Meinung führen, daß der Kollaps des Zustandsvektors und sogar der Zustandsvektor selbst nur im Geiste existieren. Falls dieser Eindruck korrekt ist, was wird dann aus der Wirklichkeit? Wie kann man die objektive Außenwelt so oberflächlich behandeln? Einstein, der bis zu seinem Tod ein Gegner der metaphysischen Kopenhagener Lösung war, hat sicher privat seine Empörung darüber in dieser Weise ausgedrückt. Ich bin überzeugt, daß derartige Gefühle auch weitgehend der heutigen Unzufriedenheit mit der konventionellen Deutung der Quantenmechanik zugrundeliegen.

Historische Deutungen

Das Problem der physikalischen Deutung der Quantentheorie verfolgte ihre Autoren von Anfang an. 1925 und 1926 war es Werner Heisenberg gelungen, die Quantentheorie aus den Fesseln der alten Quantenregeln zu befreien. In den Arbeiten von Max Born, Pascual Jordan, Erwin Schrödinger, P. A. M. Dirac und Heisenberg selbst nahm diese Theorie bald ihre mathematisch vollentwickelte Form an. Damit ergab sich die Herausforderung, diesen Formalismus physikalisch unabhängig von seiner Vorgeschichte zu deuten.

Heisenberg versuchte, dieser Herausforderung zu genügen, indem er zahlreiche Gedankenexperimente erfand, die jeweils in der Frage gipfelten: „Kann das Experiment durch den Formalismus beschrieben werden?" Er schlug vor, daß die Menge der Experimente, für die die obige Frage zu bejahen ist, identisch mit der von der Natur gestatteten Menge an Experimenten ist [9]. Die extremste Formulierung der Frage bedeutete dabei in jedem Fall eine vollständige Beschreibung des Experiments, einschließlich des Meßapparats, durch die Quantenmechanik.

Nun betrat Bohr die Bühne und brachte Heisenberg von seinem ursprünglichen Programm etwas ab. Bohr überzeugte Heisenberg und die meisten anderen Physiker, daß die Quantenmechanik ohne einen klassischen Bereich, in dem die Ergebnisse von Messungen eindeutig aufgezeichnet werden, bedeutungslos ist. Die Mischung von Metaphysik mit Physik, die dies zur Folge hatte, führte zum fast allgemein anerkannten Glauben, daß die Hauptprobleme der Deutung der Quantenmechanik erkenntnistheoretische und nicht ontologische sind. Der Bereich der Quanten muß demnach als eine Geisterwelt gesehen werden, deren Symbole, wie die Wellenfunktion, Möglichkeiten und nicht die Wirklichkeit darstellen.

Das EWG-Metatheorem

Sollten wir nicht alle metaphysischen Ideen vergessen und von dem Punkt aus neu beginnen, an dem Heisenberg 1925 war? Sicherlich werden wir nicht alle Ergebnisse der letzten 45 Jahre bei unserem Versuch einer Neudeutung der Quantenmechanik vergessen können. Wir wollen dennoch versuchen

- den mathematischen Formalismus der Quantenmechanik so zu nehmen wie er ist ohne etwas dabei hinzuzufügen,
- die Existenz eines getrennten klassischen Bereiches abzuleugnen,
- jeden Kollaps des Zustandsvektors auszuschließen.

Wenn wir also den Formalismus als allmächtig betrachten, was bleibt dann zu tun? Kommen wir damit aus? Dies ist tatsächlich möglich, wie erstmals im Jahre 1957 von Hugh Everett [10] unter der Leitung von John Wheeler [11] gezeigt wurde. Dieser Beweis wurde dann von R. Neill Graham [12] ausgearbeitet. Er stellt die dritte Art dar, aus der Krise herauszukommen, die aus der unendlichen Regreßkatastrophe folgt.

Everett, Wheeler und Graham (EWG) postulierten, daß die reale Welt oder ein davon abgetrennter Teil, den man für den Augenblick als gesamte Welt betrachten möchte, durch die folgenden mathematischen Objekte treu dargestellt wird: Einen Vektor im Hilbertraum; einen Satz dynamischer Gleichungen (die aus einem Variationsprinzip hergeleitet werden) für einen Satz von Operatoren, der auf den Hilbertraum wirkt, und einen Satz von Vertauschungsrelationen für die Operatoren (die aus den Poissongleichungen der klassischen Theorie durch die Quantisierungsregeln folgen, insofern klassische Analoga existieren). Nur ein zusätzliches Postulat wird dann gebraucht, um dieser Mathematik physikalische Bedeutung zu geben. Dies ist das Postulat der Komplexität: Die Welt muß hinreichend kompliziert sein, so daß sie in System und Apparat zerlegt werden kann.

Ohne Heranziehen einer externen Metaphysik oder Mathematik, außer den Standardregeln der Logik, können EWG aus diesen Postulaten das folgende Metatheorem beweisen: *Der mathematische Formalismus der Quantentheorie ist in der Lage, seine eigene Interpretation zu geben.* Um dieses Metatheorem zu beweisen, müssen EWG zwei Fragen beantworten:

- Wie kann die konventionelle Wahrscheinlichkeitsdeutung der Quantenmechanik aus dem Formalismus selbst entstehen?
- Wie kann eine Übereinstimmung mit der Realität erzielt werden, wenn der Zustandsvektor niemals kollabiert?

Absoluter Zufall

Bevor wir diese Frage beantworten, stellen wir fest, daß die konventionelle Deutung der Quantenmechanik zwei Begriffe vermischt, die streng getrennt werden müssen, nämlich die Wahrscheinlichkeit, auf die sich die Quantenmechanik bezieht und diejenige der statistischen Mechanik. Die Quantentheorie ist eine Theorie, in der man versucht, eine Welt in einer mathematischen Sprache zu beschreiben, in der der Zufall nicht ein Maß unserer Unkenntnis ist, sondern absolut. Dies sollte unvermeidlich zu Zuständen führen wie den von (5), die vielfache Spaltungen erleiden, welche den vielen möglichen Ergebnissen einer Messung entsprechen. Ein derartiges Verhalten ist in den Formalismus eingebaut. Da aber in der Quantenmechanik die Wahrscheinlichkeit gerade nicht ein Maß unserer Unkenntnis ist, sollten wir den Zustandsvektor nicht einfach verändern, wenn wir neue Informationen als Ergebnis einer Messung erhalten.

Einer derart hehren Haltung steht entgegen, daß wir an die Wirklichkeit all der gleichzeitigen Welten glauben müssen, die durch die Superposition (5) beschrieben werden, für deren jede die Messung ein verschiedenes Ergebnis liefert. Das ist aber gerade, was uns EWG glauben machen wollen. Nach ihrer Meinung wird das wirkliche Universum getreu durch einen Zustandsvektor dargestellt, der (5) entspricht, aber noch weit komplexer ist. Das Universum spaltet sich immer wieder in eine überwältigende Anzahl von Zweigen auf, die sich alle aus messungsartigen Wechselwirkungen zwischen seinen Myriaden von Komponenten ergeben. Ferner spaltet jeder Quantenübergang, der auf einem beliebigen Stern, in einer beliebigen Galaxis, in jedem entfernten Eck des Universums stattfindet, unsere lokale Welt auf der Erde in Myriaden von Kopien auf.

Ein spaltendes Universum

Ich kann mich noch lebhaft an den Schock erinnern, den ich bei meiner ersten Begegnung mit diesem Vielweltenkonzept erlitt. Die Idee von 10^{100} leicht unvollkommenen Kopien meiner Person, die sich ständig in weitere Kopien aufspalten und schließlich unerkennbar werden, ist mit dem Alltagsverstand nicht leicht verträglich. Das ist die Rache der Schizophrenie. Wie primitiv ist im Vergleich dazu der Geisteszustand von Wigners imaginärem Freund [5], der in gespannter Erregung zwischen zwei möglichen Ergebnissen einer Messung verharrt. Hier müssen wir sicherlich protestieren. Niemand von uns fühlt sich wie Wigners Freund. Wir spalten uns nicht in zwei, geschweige denn in 10^{100} Kopien! Darauf antworten EWG: Insofern wir einfach als Automaten betrachtet werden können und damit gewöhnlichen Meßapparaten gleichgestellt werden dürfen, erlauben es uns die Regeln der Quantenmechanik nicht, die Aufspaltung zu fühlen.

Man kann diese Behauptung beweisen, indem man zunächst fragt, was bei einer durch die Gleichungen (4) und (5) beschriebenen Messung geschehen würde, bei der ein zweiter Apparat nicht nur das Gedächtnis des ersten Apparats betrachtet, sondern auch noch eine unabhängige direkte Überprüfung der Werte der Systemobservablen vornimmt. Wenn die Aufspaltung des Universums unbeobachtbar ist, dann müssen diese Ergebnisse unbedingt übereinstimmen.

Die zur Ausführung der Messungen notwendige Kopplung kann leicht hergestellt werden. Das Endergebnis ist folgendes [13]. Am Ende des Kopplungsintervalls nimmt der Zustandsvektor wieder die Form einer linearen Überlagerung von Vektoren an, deren jeder einem bestimmten Wert der Systemobservablen entspricht. Wenn sich auch dieser Wert von einem Element der Überlagerung zum anderen unterscheidet, so beobachten doch beide Apparate innerhalb eines gegebenen Elementes den diesem Element entsprechenden Meßwert, ja sie stimmen sogar überein, daß ihre Meßwerte identisch sind. Die Aufspaltung des Universums in Zweige bleibt deshalb unbeobachtbar.

Wahrscheinlichkeitsdeutungen

Wir müssen noch die Frage der Koeffizienten c_s in (6) und (7) diskutieren. EWG geben keine a priori Deutung dieser Koeffizienten. Um eine Interpretation zu finden, führen sie einen Apparat ein, der wiederholte Messungen an einem Ensemble identischer Systeme in identischen Zuständen ausführt. Der Anfangszustand hat dann die Form:

$$|\Psi_0> = |\psi_1>|\psi_2> \ldots |\Phi>, \tag{12}$$

wobei

$$<s|\psi_i> = c_s \quad \text{für alle } i \tag{13}$$

und die aufeinanderfolgenden Messungen durch Basisvektoren

$$|s_1>|s_2> \ldots |A_1, A_2 \ldots > \tag{14}$$

beschrieben werden. Wenn der Apparat jedes System der Reihe nach genau einmal beobachtet, dann wird die n-te Messung durch einen unitären Übergang der Form

$$U_n(|s_1>|s_2> \ldots |A_1, A_2, \ldots, A_n, \ldots > =$$
$$|s_1>|s_2> \ldots |A_1, A_2, \ldots, A_n + gs_n, \ldots > \tag{15}$$

dargestellt werden. Nach N Messungen verändert sich der Zustandsvektor (12) zu

$$|\Psi_n> = \sum_{s_1, s_2 \ldots} c_{s_1} c_{s_2} \ldots |s_1>|s_2> \ldots |\Phi[s_1, s_2 \ldots s_n]>, \tag{16}$$

wobei

$$|\Phi[s_1, s_2 \ldots]> = \int dA_1 \int dA_2 \ldots |A_1 + gs_1, A_2 + gs_2, \ldots > \Phi(A_1, A_2 \ldots) \tag{17}$$

$$\Phi(A_1, A_2 \ldots) = <A_1, A_2 \ldots |\Phi>. \tag{18}$$

Wenngleich jedes System anfänglich im exakt gleichen Zustand wie jedes andere ist, so zeichnet der Apparat im allgemeinen doch nicht eine Reihe identischer Werte der Systemobservablen auf, auch nicht innerhalb eines einzelnen Elements der Superposition von (16). Jede Reihenfolge von Gedächtniseindrücken $s_1, s_2 \ldots s_N$ gibt eine bestimmte Verteilung möglicher Werte der Systemobservablen und jede Verteilung kann statistisch analysiert werden. Der erste und einfachste Teil einer derartigen Analyse ist die Berechnung der relativen Häufigkeiten in der Verteilung:

$$f(s; s_1 \ldots s_N) = \frac{1}{N} \sum_{n=1}^{N} \delta_{ss_n}. \tag{19}$$

Dazu führen wir die Funktion

$$\delta(s_1 \ldots s_N) = \sum_s [f(s; s_1 \ldots s_N) - w_s]^2 \tag{20}$$

ein, wobei die w beliebige positive Zahlen mit der Summe 1 sind. Dies ist die erste in einer Hierarchie von Funktionen, mit der man feststellen kann, inwiefern sich die Folge $s_1 \ldots s_N$ von einer Zufallsfolge mit den Gewichten w_s unterscheidet. Wählen wir für die w die Zahlen, die durch (11) definiert werden und führen wir eine beliebige, kleine positive Zahl ϵ ein. Wir werden die Folge $s_1 \ldots s_N$ als „Zufallsfolge erster Art" bezeichnen, falls $\delta(s_1 \ldots s_N) < \epsilon$ und anderenfalls als „nicht zufällig erster Art".

Denken wir uns nun aus der Überlagerung (16) alle diejenigen Elemente entfernt, für die die Gedächtnissequenz des Apparates keine Zufallsfolge erster Art ist. Wir bezeichnen das Ergebnis mit $|\Psi_{N\epsilon}\rangle$. Dieser Vektor hat die bemerkenswerte Eigenschaft, daß er sich im Limes $N \to \infty$ vernachlässigbar von $|\Psi_N\rangle$ unterscheidet. Exakter gilt

$$\lim_{N \to \infty} (|\Psi_N\rangle - |\Psi_{N\epsilon}\rangle) = 0 \quad \text{für alle } \epsilon > 0. \tag{21}$$

Ein Beweis findet sich in Zitat [13].

Ein ähnliches Ergebnis folgt, wenn $|\Psi_{N\epsilon}\rangle$ redefiniert wird, indem man zusätzlich alle Beiträge von Überlagerung entfernt, deren Gedächtnisfolgen jeder möglichen endlichen Kombination aus den unendlich vielen Anforderungen an eine Zufallsfolge widersprechen. Die übliche Wahrscheinlichkeitsdeutung der Quantenmechanik folgt damit aus dem Formalismus selbst. Nicht zufällige Gedächtnisfolgen in (16) sind im Hilbertraum vom Maß Null, wenn N gegen Unendlich geht. Jeder Automat in der Überlagerung sieht eine Welt, die den bekannten statistischen Quantengesetzen gehorcht. Es gibt jedoch keine äußere Autorität, die feststellen kann, welcher Zweig der Überlagerung als die wirkliche Welt zu betrachten ist. Alle Zweige sind gleichermaßen wirklich und dennoch weiß keiner von der Existenz der anderen. Diese Schlußfolgerungen lassen sich offensichtlich unmittelbar auf die Kosmologie ausdehnen. Ihr Zustandsvektor ist einem Baum mit einer enormen Anzahl von Zweigen vergleichbar. Jeder Zweig entspricht einem möglichen Universum „wie wir es tatsächlich beobachten".

Kosmische Irrläufer

Der aufmerksame Leser könnte nun einwenden, daß die oben gegebenen Argumente zirkulär sind, da bei der Herleitung der *physikalischen* Wahrscheinlichkeitsdeutung der Quantenmechanik, die auf Beobachtungsreihen aufbaut, ein *unphysikalischer* Wahrscheinlichkeitsbegriff eingeführt wurde, nämlich ein Maß in einem Unterraum des Hilbertraums. Diese Begriffsbildung ist der Experimentalphysik fremd, da darin Beiträge überlagert werden, die zahlreichen gleichzeitigen Welten entsprechen, die keine wechselseitige Kenntnis voneinander haben.

Das hier entstehende Problem wurde in anderen Formen in der langen Geschichte der Wahrscheinlichkeitstheorie oft diskutiert. Tatsächlich schließen EWG kein Element der Überlagerung aus. Alle Welten gibt es, sogar diejenigen, in denen alles falsch läuft und alle statistischen Gesetze zusammenbrechen. Bei geeigneten Anfangsbedingungen könnten in dem von uns beobachteten Universum Wärme manchmal von kalten auf warme Körper übergehen. Wir könnten vielleicht argumentieren, daß in diesen Zweigen, in denen sich das Universum üblicherweise fehlverhält, sich kein Leben entwickeln kann. Daher würden auch keine intelligenten Automaten existieren, die sich über all die Sonderbarkeiten wundern.

Es könnte auch sein, daß derartige „kosmische Irrläufer" aus der riesigen Überlagerung einfach fehlen. Dies könnte der Fall sein, wenn der übliche dreidimensionale Raum kompakt und das Universum abgeschlossen ist. Die Wellenfunktion eines endlichen Universums kann nur eine endliche Anzahl von Zweigen enthalten. Sie könnte einfach nicht genug Feinstruktur aufweisen, um derart sonderbare Welten zu enthalten. Wie extrem klein der Teil des Hilbertraumes ist, in dem solche Welten zu finden sind, wird offensichtlich, wenn man die Länge eines Poincaré-Zyklus für einen auch nur kleinen Teil des Universums mit einer typischen kosmologischen Zeitskala vergleicht.

Fragen der Praxis

Der Begriff einer universellen Wellenfunktion führt auf wichtige Fragen über praktische Anwendung der Quantenmechanik. Wenn ich ein Teil des Universums bin, wie kommt es dann, daß ich beliebig viel oder wenig von der wirklichen Welt in meinen Zustandsvektor aufnehmen kann, ohne dabei auf Inkonsistenzen zu stoßen? Warum sollte ich durch einen glücklichen Zufall in der Lage sein, eine Behandlung des Zustandsvektors des Universums zu vermeiden?

Die Antwort auf diese Fragen findet sich unter den statistischen Folgerungen aus Meßreihen der Art, die uns auf den Zustandsvektor (16) führten.

Betrachten wir eine der Gedächtnisfolgen in diesem Zustandsvektor. Diese Gedächtnisfolge definiert einen Mittelwert der Systemobservablen

$$\langle s \rangle_{s_1 \ldots s_N} = \sum_s s f(s; s_1 \ldots s_N). \qquad (22)$$

Für eine Zufallsfolge, wie sie für große N immer wahrscheinlicher wird, unterscheidet sich dieser Mittelwert nur durch einen Betrag der Ordnung ϵ von dem Mittelwert

$$\langle s \rangle = \sum_s s w_s. \qquad (23)$$

Der letztere Mittelwert kann aber auch in der Form geschrieben werden

$$\langle s \rangle = \langle \psi | s | \psi \rangle, \qquad (24)$$

wobei ψ der anfängliche Zustandsvektor eines der identischen Systeme und s der Operator ist, dessen Eigenwerte die s sind. In dieser Form erscheinen die Basisvektoren s nicht. Hätten wir einen anderen Apparat eingeführt, der eine Observable r messen soll, die nicht gleich s ist, würde eine Folge wiederholter Messungen näherungsweise auf einen Mittelwert

$$\langle r \rangle = \langle \psi | r | \psi \rangle \qquad (25)$$

führen. Ausgedrückt durch die Basisvektoren s beträgt dieser Mittelwert

$$\langle r \rangle = \sum_{s,s'} c_s^* \langle s | r | s' \rangle c_{s'}. \qquad (26)$$

Nehmen wir nun an, daß wir zuerst s messen und dann eine statistische Analyse von r ausführen. Dazu führen wir einen zweiten Apparat ein, der eine Reihe von Beobachtungen an einem System von identischen zweikomponentigen Systemen ausführt, die den Zustandsvektor Ψ_1 aus Gleichung (5) aufweisen. Jedes der letzteren Systeme besteht aus einem der ursprünglichen Systeme und einem Apparat, der gerade die Observable s gemessen hat. Wegen der Orthogonalitätsbeziehungen für die Wellenpakete (10) finden wir für den Mittelwert von r in diesem Fall

$$\langle r \rangle = \langle \Psi_1 | r | \Psi_1 \rangle = \sum_s w_s \langle s | r | s \rangle. \qquad (27)$$

Die Mittelwerte (26) und (27) stimmen im allgemeinen nicht überein. In (27) hat die Messung von s, die der erste Apparat ausführte, die Quanteninterferenzeffekte zerstört, die in (26) noch existieren. Daher können die Elemente der Überlagerung (5) behandelt werden, als wären sie Mitglieder eines statistischen Ensembles.

Dieses Ergebnis erlaubt uns in der Praxis, den Zustandsvektor nach einer Messung kollabieren zu lassen und die Techniken der üblichen statistischen Mechanik zu verwenden, bei denen wir die Randbedingungen nach Erhalt der neuen Information verändern. Es erlaubt uns auch, Systeme einzuführen, die wohldefinierte Anfangszustände aufweisen, ohne zugleich Apparate einzuführen, die diese Zustände der Systeme präparierten. Kurz gesagt ist es diese Eigenschaft, die es uns erlaubt, an einem beliebigen Punkt in einem beliebigen Zweig des Universums zu beginnen, ohne uns dabei über vorhergehende oder gleichzeitige Zweige den Kopf zu zerbrechen. Im Prinzip können wir die Interferenzeffekte (26) wieder einführen, wenn wir die Wellenpakete der Apparate wieder zusammenbringen. In diesem Fall werden aber die Korrelationen zwischen System und Apparat zerstört, das Gedächtnis des Apparats gelöscht und keine Messung ergibt sich. Versucht man die Korrelationen aufrecht zu erhalten, indem man einen zweiten Apparat einschleust, der eine Kontrolle vornimmt, bevor die Wellenpakete wieder zusammengebracht werden, dann muß auch der Zustandsvektor des zweiten Apparates eingeführt werden und die Trennung seiner Wellenpakete wird die Interferenzeffekte zerstören.

Abschließende Bewertung

Die EWG-Deutung der Quantenmechanik führt offensichtlich auf experimentelle Vorhersagen, die mit denjenigen der Kopenhagener Deutung übereinstimmen. Dies ist auch ihre Hauptschwäche. Wie die ursprüngliche Bohmsche Theorie [6] kann sie niemals im Labor experimentell gestützt werden. Kein Experiment kann die Existenz der „anderen Welten" der Superpositionen (5) und (6) aufzeigen. Die EWG Theorie hat jedoch den pädagogischen Vorteil, die grundlegenden Probleme der Meßtheorie klar und deutlich herauszuarbeiten und damit einen nützlichen Rahmen für die Diskussion abzugeben.

Überdies kann eine Entscheidung zwischen den beiden Interpretationen vielleicht doch noch aufgrund von direkten Labormessungen gemacht werden. Beispielsweise kann die Wellenfunktion des Universums in den ersten Augenblicken nach dem Urknall eine Gesamtkohärenz aufgewiesen haben, die noch nicht durch Kondensation in nicht-interferierende Zweige beschränkt war. Eine derartige anfängliche Kohärenz könnte zu überprüfbaren Vorhersagen in der Kosmologie führen.

Schließlich liefert die EWG-Deutung der Quantenmechanik einen wichtigen Beitrag zur Wissenschaftstheorie. Indem sie zeigt, daß der Formalismus allein ausreicht, um seine eigene Interpretation zu liefern, hat sie der alten Idee einer direkten Entsprechung zwischen Formalismus und Realität neues Leben verliehen. Die Realität, die hier impliziert wird, ist zugegebenermaßen bizarr. Für jeden, der von der ungeheuren Größe des heute bekannten Universums beeindruckt wird, ist die Ansicht Everetts, Wheelers und Grahams wahrhaft überwältigend. Sie ist aber eine vollständig kausale Ansicht, die vielleicht sogar Einstein akzeptiert hätte. Jedenfalls darf sie mehr als alle anderen für sich beanspruchen, das natürliche Endergebnis des Heisenbergschen Interpretationsversuches aus dem Jahre 1925 zu sein.

Anmerkungen

[1] J. von Neumann, Mathematical Foundations of Quantum Mechanics, Princeton University Press, Princeton (1955)
[2] H. Margenau, Phil. Sci. **4**, 337 (1937); Physics today **7**, Nr. 10, 6 (1954)
[3] B. S. DeWitt, Dynamical Theory of Groups and Fields, Gordon and Breach, New York 1965, S. 16–29
[4] N. Bohr, L. Rosenfeld, Kgl. Danske Videnskab. Selskab, Mat.-Fys. Medd. **12**, Nr. 8 (1933)
[5] E. P. Wigner, "Remarks on the Mind-Body Question," in: The Scientist Speculates (I. J. Good, Hrsg.), William Heinemann Ltd, London (1961). Abgedruckt in E. P. Wigner, Symmetries and Reflections, Indiana University Press, Bloomington 1967
[6] D. Bohm, Phys. Rev. **85**, 166, 180 (1952); **87**, 389 (1952); **89**, 319, 458 (1953)
[7] D. Bohm, J. Bub, Rev. Mod. Phys. **38**, 453, 470 (1966)
[8] A. Petersen, Quantum Physics and the Philosophical Tradition, MIT Press, Cambridge 1968
[9] W. Heisenberg, "Quantum Theory and Its Interpretation," in: Niels Bohr (S. Rozental, Hrsg.), North Holland, Wiley, New York 1967
[10] H. Everett III, Rev. Mod. Phys. **29**, 454 (1957)
[11] J. A. Wheeler, Rev. Mod. Phys. **29**, 463 (1957)
[12] R. N. Graham, PhD thesis, University of North Carolina (in Vorbereitung)
[13] B. S. DeWitt, "The Everett-Wheeler Interpretation of Quantum Mechanics," in: Battelle Rencontres. 1967 Lectures in Mathematics and Physics (C. DeWitt, J. A. Wheeler, Hrsg.), W. A. Benjamin Inc., New York 1968

12 John S. Bell*
Everetts Theorie des Meßprozesses und und de Broglies Führungswellen** (1972)

Im Jahre 1957 veröffentlichte H. Everett eine Arbeit, die eine scheinbar radikal neue Deutung der Quantenmechanik enthielt [1]. Seine Ideen sind in den letzten Jahren zunehmend auf Interesse gestoßen [2]. Everett bezog sich weder auf de Broglies bereits dreißig Jahre alte Vorschläge [3], noch auf die inzwischen erfolgte Ausarbeitung dieser Ideen durch Bohm [4]. Wir werden hier zeigen, daß Everetts Theorie nach der Elimination von willkürlichen und unwesentlichen Elementen auf die Konzepte de Broglies [5] zurückführt und sie in neues Licht rückt.

Everett war durch das Konzept einer Quantentheorie der Gravitation und der Kosmologie motiviert. In einer ausschließlich quantenmechanischen Kosmologie, einer Quantenmechanik des gesamten Universums, kann die Wellenfunktion der Welt nicht in der üblichen Weise interpretiert werden. Diese übliche Interpretation bezieht sich nämlich auf die Statistik von Meßergebnissen, die ein Beobachter außerhalb des Quantensystems erhält. Wenn dieses System aber die gesamte Welt einschließt, gibt es nichts außerhalb. Diese Situation stellt innerhalb der traditionellen (Kopenhagener) Philosophie der Quantenmechanik keine wesentliche Schwierigkeit dar, da diese eine klassische Auffassung der makroskopischen Welt der Quantenauffassung des Mikrokosmos logisch voranstellt. Die mikroskopische Welt wird durch Wellenfunktionen beschrieben, die durch makroskopische Meßapparate bestimmt werden und auf diese Apparate einwirken. Makroskopische Phänomene werden dagegen in einer völlig klassischen Weise beschrieben (in der Sprache der „Existenzablen" [6] statt der „Observablen", so daß keine Probleme bezüglich einer endlosen Kette von Beobachtern entsteht, die Beobachter beobachten, die Beobachter...). Es gibt natürlich keine scharf definierte Grenze zwischen den Objekten, die als mikroskopisch und denjenigen, die als makroskopisch zu behandeln sind. Dies bedeutet eine grundlegende Unsicherheit

---

* John S. Bell, CERN, Genf
** Originaltitel der Arbeit: The measurement theory of Everett and de Broglie's pilot wave. TH. 1599-CERN, 9 Seiten (Contribution to a volume in honour of L. de Broglie)

einer grundlegenden physikalischen Theorie. Diese Unsicherheit ist aber in jeder bisher betrachteten Situation quantitativ unwesentlich, da zahlreiche Größenordnungen das atomare Niveau, auf dem Quantenkonzepte wesentlich sind, vom makroskopischen Niveau trennen, das klassisch beschrieben werden kann. Diese Unsicherheit erscheint daher vielen Leuten recht akzeptabel. Es ist deshalb nicht überraschend, daß ein so konsequenter Anhänger der Tradition wie Leon Rosenfeld sogar vorgeschlagen hat [7], daß eine Quantentheorie der Gravitation vielleicht unnotwendig ist. Die einzigen gravitativen Phänomene, die wir tatsächlich kennen, spielen sich in makroskopischen Größenordnungen ab und betreffen sehr viele Atome. Daher *benötigen* wir den Begriff der Gravitation nur auf einem klassischen Niveau, dessen eigenständiger logischer Status der traditionellen Ansicht ohnehin als grundlegend gilt. Dennoch glaube ich, daß die meisten zeitgenössischen Physiker eine rein klassische Theorie der Gravitation als provisorisch betrachten würden und meinen, daß jede wirklich adäquate Theorie im Prinzip auch auf dem mikroskopischen Niveau anwendbar sein muß — auch wenn ihre Effekte dort vernachlässigbar klein sind [8]. Viele dieser zeitgenössischen Physiker sind aber völlig zufrieden mit der unbestimmten Einteilung der Welt in den klassischen, makroskopischen Bereich und den Bereich der mikroskopischen Quantenphänomene, der der heutigen (traditionellen) Quantentheorie zugrundeliegt. Diese Betroffenheit einerseits und Zufriedenheit andererseits ist meiner Meinung nach weniger bewundernswert als die klarere und systematische Zufriedenheit Rosenfelds.

Everett war weder bezüglich der Gravitation noch der Quantentheorie zufrieden. Als Vorbereitung einer Synthese der beiden Bereiche versuchte er die Wellenfunktion des Universums zu interpretieren. Unser Universum enthält sicherlich Instrumente, die mikroskopische und andere Phänomene nachweisen und makroskopisch aufzeigen können. Sei A der Aufzeichnungsteil oder das „Gedächtsnis" eines derartigen Gerätes oder einer Ansammlung solcher Geräte und B der Rest der Welt. Die Koordinaten von A seien a und die von B seien b. Ferner sei $\phi_n(a)$ ein vollständiges System von Eigenzuständen von A. Dann kann man die Wellenfunktion des Universums $\psi(a, b, t)$ zu einer gewissen Zeit t nach ϕ_n entwickeln

$$\psi(a, b, t) = \sum_n \phi_n(a) \chi_n(b, t) \qquad (E)$$

Wir werden in der Folge die Norm von χ_n, d. i. $\int db |\chi_n(b, t)|^2$, als das „Gewicht" von ϕ_n in der Entwicklung bezeichnen. Dabei mag A beispielsweise ein Film sein, der den Durchtritt eines ionisierenden Teilchens als Schwärzungsmuster aufzeichnet. Die verschiedenen Schwärzungsmuster entsprechen dabei verschiedenen Zuständen ϕ_n. Mit den vor langer Zeit von Mott und Heisenberg entwickelten Methoden kann man zeigen [9], daß die einzigen Zustände ϕ_n, die wesentliches Gewicht aufweisen, diejenigen sind, bei denen die Schwärzungspunkte im wesentlichen in einer Geraden liegen und bei denen die Schwärzung benachbarter Filme oder verschiedener Teile desselben Films untereinander konsistent sind. Everett zeigt analog, daß wenn unter A ein komplizierteres „Gedächtnis" verstanden wird, wie dasjenige eines Computers (oder sogar eines Menschen), oder auch eine Sammlung derartiger Gedächtnisse, in der Reihenentwicklung (E) nur diejenigen Zustände ϕ_n mit wesentlichem Gewicht vorkommen, deren Gedächtnisse einen mehr oder weniger zusammenhängenden Ablauf der uns bekannten Art beschreiben. Das ist alles weder neu noch kontroversiell. Die Neuheit liegt vielmehr in der Betonung der Gedächtnisinhalte als des wesentlichen Materials der Physik und der Deutung, die Everett der Entwicklung E gibt.

Würde ein Anhänger der traditionellen Deutung eine Wellenfunktion des Universums überhaupt ins Auge fassen, so wäre seine Interpretation wahrscheinlich die folgende. Nachdem eine makroskopische Aufzeichnung gemacht wurde, liegen Tatsachen anstelle von Möglichkeiten vor und die Wellenfunktion muß entsprechend angepaßt werden. Daher wird die Wellenfunktion von Zeit zu Zeit „reduziert"

$$\psi \to N \Sigma' \phi_n(a) \chi_n(b, t) \qquad (E')$$

Dabei ist N ein Normierungsfaktor und die eingeschränkte Summation Σ' geht nur über Zustandsgruppen ϕ_n die „makroskopisch ununterscheidbar" sind. Das vollständige Zustandssystem zerfällt in viele derartige Gruppen und die Reduktion auf eine spezielle Gruppe geschieht mit einer Wahrscheinlichkeit, die ihrem Gesamtgewicht $\Sigma' \int db |\chi_n|^2$ proportional ist. Der Anhänger der traditionellen Deutung kann nicht sagen, wann und wie oft diese Reduktion erfolgen sollte, könnte aber anhand verschiedener Beispiele zeigen, daß die entsprechende Uneindeutigkeit praktisch unwesentlich ist. Everett entledigt sich dieser unbestimmt gehaltenen Aufhebung der linearen Schrödinger-Gleichung durch den folgenden kühnen Vorschlag: Es ist eine reine Illusion, daß die physikalische Welt eine spezielle Wahl zwischen den verschiedenen makroskopischen Möglichkeiten trifft, die in der Entwicklung der Wellenfunktion vorkommen. Diese Möglichkeiten werden vielmehr *alle* realisiert und es gibt keine Reduktion der Wellenfunktion. Er scheint die Welt als Vielheit von Zweigwelten zu betrachten, deren jede einem Term $\phi_n \chi_n$ der Entwicklung entspricht. Jeder Beobachter hat Vertreter in vielen Zweigen dieser Welt, aber jeder Vertreter in einem dieser Zweige kennt nur den entsprechenden speziellen Gedächtniszustand ϕ_n. Daher wird er sich einer mehr oder weniger kontinuierlichen Folge vergangener „Ereignisse" erinnern, genauso als würde er in einer mehr oder weniger gut definierten einzelnen Zweigwelt leben und sich der anderen Welt nicht bewußt sein. Everett geht tatsächlich noch weiter und versucht jede der heutigen Zweigwelten mit irgendeinem speziellen Zweig der Vergangenheit in einer Baum-artigen Struktur zu verknüpfen, so daß jeder Repräsentant eines Beobachters tatsächlich die spezielle Vergangenheit erlebt hat, an die er sich erinnert. Meiner Meinung nach ist dieser Versuch nicht gelungen [9] und jedenfalls gegen den Geist von Everetts Betonung der Bedeutung von Gedächtnisinhalten. Es gibt keinen Zugang zu vergangenen Gedächtnisinhalten, nur zu gegenwärtigen. Die gegenwärtige Erinnerung an die Ausführung eines korrekten Experimentes sollte mit der gegenwärtigen Erinnerung an die korrekten Ergebnisse verknüpft sein, die sich dabei ergeben haben. Wenn eine physikalische Theorie derartige Korrelationen der gegenwärtigen Gedächtnisse erklären kann, so hat sie genug getan – zumindest im Sinne Everetts.

Wenn wir davon absehen, Everetts vielfache Universen als Science Fiction zu betrachten, ergeben sich eine Reihe diesbezüglicher Fragen.

Erstens gibt es unendlich viele verschiedene Entwicklungen der Art E, die unendlich vielen verschiedenen vollständigen Systemen ϕ_n entsprechen. Kommt zu den unendlich vielen Universen, die den einzelnen Termen der Entwicklung entsprechen, daher noch eine zusätzliche Vielfalt hinzu, die den unendlich vielen verschiedenen Entwicklungen entsprechen? Ich glaube (bin aber nicht sicher), daß die Antwort nein lautet, und daß Everett seine Deutung auf eine spezielle Entwicklung einschränkt. Um zu sehen, warum das der Fall ist, wollen wir hier annehmen, daß A ein Instrument ist, das nur zwei Ablesungen 1 und 2 zuläßt, die den Zuständen ϕ_1 und ϕ_2 entsprechen. Anstelle einer Entwicklung nach ϕ_1 und ϕ_2 könnten wir auch nach

$$\phi_\pm = (\phi_1 \pm \phi_2)/\sqrt{2} \quad \text{oder} \quad \phi'_\pm = (\phi_1 \pm i\phi_2)/\sqrt{2}$$

entwickeln. Keinem dieser Zustände entspricht ein bestimmter Wert der Anzeige des Instruments, und ich glaube nicht, daß Everett derartige Zweige in seinen Universen vorzufinden wünscht. Um diese Vorliebe auszudrücken, führen wir einen Instrument-Ablesungs-Operator R ein:

$$R\phi_n = n\phi_n$$

und entsprechende Operatoren Q und P, die sich auf $\phi_\pm$ und $\phi'_\pm$ beziehen. Wir können dann sagen, daß Everetts Ideen auf einer Entwicklung aufbauen, bei der Instrumentenablesungen R diagonalisiert werden und nicht Operatoren wie Q oder P. Diese Bevorzugung eines ausgewählten Systems von Operatoren wird nicht durch die mathematische Struktur der Wellenfunktion ψ festgelegt. Sie wird bloß hinzugefügt (stillschweigend durch Everett, falls ich ihn nicht mißverstanden habe), damit das Denkmodell der menschlichen Erfahrung entspricht. Die Existenz eines solchen bevorzugten Systems von Variablen ist eines der Elemente, bei dem es eine enge Beziehung zwischen Everetts und de Broglies Theorien gibt – wobei bei letzterem den Positionen der Teilchen eine spezielle Rolle zukommt.

Die zweite Frage entsteht aus der ersten: Wenn Instrumentenablesungen eine derart fundamentale Rolle zukommt, sollte dann nicht exakt festgelegt werden, was eine derartige Ablesung ist, oder auch was ein Instrument ist, eine Speichereinheit eines Gedächtnisses usw.? Bei der Einteilung der Welt in die Teile A und B folgt Everett tatsächlich einer alten Konvention der abstrakten Quantentheorie des Meßprozesses, wonach die Welt eine derartige Einteilung problemlos zuläßt, eine Einteilung in Instrumente und Systeme. Meiner Meinung nach ist dies eine unglücklich gewählte Konvention. Die wirkliche Welt besteht aus Elektronen und Protonen usw. Die Grenzen aller Gegenstände sind deshalb unscharf und einige Teilchen an der Grenze können nur willkürlich entweder dem Objekt oder der Umgebung zugeordnet werden. Ich glaube, daß grundlegende physikalische Theorien so formuliert werden sollten, daß eine derartig künstliche Einteilung offensichtlich unwesentlich ist. Meiner Meinung nach hat Everett eine derartige Formulierung nicht gegeben, sehr wohl aber de Broglie.

So kommen wir schließlich zu de Broglie. Vor langer Zeit hat er sich mit der grundlegenden Dualität der Quantentheorie beschäftigt. Für ein einzelnes Teilchen erstreckt sich die mathematische Welle über den gesamten Raum, wogegen uns die Erfahrung — beispielsweise Szintillationen auf einem Bildschirm, auf Teilchen führen. Für ein komplexes System erstreckt sich ψ über den gesamten Konfigurationsraum und über alle n in Entwicklungen wie (E), wogegen die Erfahrung auf besondere Zustände führt, die der reduzierten Entwicklung (E') entsprechen. De Broglie machte einen einfachen und natürlichen Vorschlag: Die Wellenfunktion ψ ist nicht die vollständige Beschreibung der Wirklichkeit. Sie muß vielmehr durch andere Variable ergänzt werden. Für ein einzelnes Teilchen fügt er zur Wellenfunktion $\psi(\vec{r}, t)$ eine Teilchenkoordinate $\vec{x}(t)$ hinzu — die momentane Lage des lokalisierten Teilchens in der ausgedehnten Welle. Sie entwickelt sich im Laufe der Zeit gemäß

$$\dot{\vec{x}} = \frac{\text{Im}(\psi^*\nabla\psi)}{\psi^*\psi} \tag{G}$$

In einem Ensemble gleichartig vorbereiteter Teilchen ist $\vec{x}$ mit dem Gewicht $|\psi(\vec{x}, t)|^2 \, d\vec{x}$ verteilt, was nach (G) für alle Zeiten t gilt, wenn es zu einer Zeit zutrifft. Um ein einfaches Modell der Welt aufzubauen, das aus vielen nichtrelativistischen Teilchen besteht, müssen wir diese Vorschriften nur von 3 auf $3N$ Dimensionen verallgemeinern, wobei N die Gesamtzahl der Teilchen ist. In dieser Welt gehorcht die Vielkörper-Wellenfunktion exakt der Vielkörper-Schrödingergleichung. Es gibt keine Reduktion der Wellenfunktion und alle Terme in Entwicklungen wie E werden stets beibehalten. Dennoch hat die Welt in jedem Moment eine bestimmte Konfiguration $(\vec{x}_1, \vec{x}_2, \vec{x}_3 \ldots)$ die sich nach der $3N$-dimensionalen Version von (G) verändert.

Dieses Modell entspricht Everetts Ideen insofern, als es eine Wellenfunktion der Welt und eine exakte Schrödingergleichung verwendet und der Wellenfunktion eine zusätzliche Struktur hinzufügt, die ein bevorzugtes System von Variablen enthält. Die hauptsächlichen Unterschiede erscheinen mir die folgenden zu sein:

1) Während Everetts spezielle Variablen die in verschwommener Weise anthropozentrischen Instrumentablesungen sind, entsprechen de Broglies Variable der angenommenen mikroskopischen Struktur der Welt. Die für den Menschen wichtigen makroskopischen Eigenschaften, wie Instrumentablesungen, können durch geeignete grobe Mittelwerte berechnet werden, wobei die Vieldeutigkeit dieser Vorgangsweise der grundlegenden Formulierung nicht anhaftet.

2) Während Everett annimmt, daß *alle* Konfigurationen seiner speziellen Variablen zu jeder Zeit realisiert sind — jede in dem geeigneten Zweig-Universum — hat de Broglies Welt eine *spezielle* Konfiguration. Ich kann nicht sehen, daß irgend etwas Nützliches erreicht wird, wenn man andere Zweige des Universums annimmt, deren ich mir nicht bewußt bin. Wer aber diese Annahme ansprechend findet, soll sie ruhig machen, er wird dies zweifellos ebenso gut in den $\vec{x}'$s machen können, wie in den R.

3) Während Everett keinen Versuch macht, oder höchstens einen halbherzigen, die aufeinanderfolgenden Konfigurationen der Welt in kontinuierliche Bahnen zu ordnen, geschieht dies bei de Broglie durch die völlig deterministische Gleichung (G). Die Trajektorien von de Broglie sind aber — trotz des unschuldigen Aussehens von (G) im Konfigurationsraum — tatsächlich sehr speziell, was die Lokalisierung im gewöhnlichen dreidimensionalen Raum betrifft [9]. Wir lernen aber von Everett, daß wir derartige Trajektorien einfach vergessen können, falls sie unerwünscht sind. Wir könnten ebensogut die Konfiguration $(\vec{x}_1, \vec{x}_2 \ldots)$ mit dem Gewicht $|\psi|^2$ von einem Augenblick zum nächsten jeweils neu zufällig verteilen. Wir haben ja keinen Zugang zur Vergangenheit, sondern nur Erinnerungen, und diese Erinnerungen sind bloß ein Teil der gegenwärtigen Konfiguration dieser Welt.

Ergibt die endgültige Synthese, die Auslassung von de Broglies Trajektorien und von Everetts anderen Zweiguniversen, eine zufriedenstellende Formulierung grundlegender physikalischer Theorien? Oder könnte dies durch eine Verallgemeinerung dieser Überlegungen auf eine relativistische Feldtheorie geschehen? Die hier getroffene Synthese ist logisch kohärent und benötigt keine Ergänzung mathematischer Gleichungen durch vage Rezepte. Sie gefällt mir dennoch nicht. Emotionell gesprochen, würde ich die Vergangenheit der Welt (und meine eigene) ernster nehmen, als dies die Theorie gestatten würde. Professioneller gesprochen, bin ich bezüglich der Möglichkeit eines geeigneten Einbaus der Relativitätstheorie unsicher. Zweifellos wäre es möglich, die Erinnerung an ein Nullergebnis für das Michelson-Morley Experiment und ähnliche Experimente einzubauen. Aber könnte die grundlegende Realität etwas anderes als der Zustand des Universums sein, oder zumindest als ein Gedächtnis, das sich im Raum zu einer einzigen Zeit erstreckt — und dadurch ein bevorzugtes Lorentz-System definiert? Der Versuch, dies auszuführen, wäre ein Versuch, meine Verwirrung zu teilen.

Anmerkungen

[1] *H. Everett*, Revs. Modern Phys. **29**, 454 (1957); siehe auch *J. A. Wheeler*, Revs. Modern Phys. **29**, 463 (1957)

[2] Siehe z.B. *B. S. DeWitt* und andere Autoren in Physics Today **23**, No. 9, 30 (1970) und **24**, No. 4, 36 (1971) und die dort zitierten Arbeiten. Ähnliche Ideen wie die von Everett wurden auch formuliert von *L. N. Cooper* in *J. Mehra* (Herausgeber), The Physicists Conception of Nature, Reidel 1973, S. 668

[3] Eine systematische Behandlung findet sich bei *L. de Broglie*, „Tentative d'Interpretation Causale et Non-lineaire de la Mécanique Ondulatoire" (Gauthier-Villars, Paris 1956).

[4] *D. Bohm*, Phys. Rev. **85**, 166, 188 (1952)

[5] Diese Behauptung wurde bereits in meinem Beitrag zum Internationalen Kolloquium über Probleme der gegenwärtigen Physik und Wissenschaftstheorie an der Pennsylvania State University im September 1971 aufgestellt.

Diese Arbeit enthält auch detailliertere Angaben bezüglich einiger Argumente, während hier wiederum andere Punkte ausführlicher behandelt werden.

[6] *J. S. Bell* in *J. Mehra*, loc. cit., S. 687

[7] *L. Rosenfeld*, Nuclear Phys. **40**, 353 (1963)

G. F. Chew hat vorgeschlagen, daß die *elektromagnetische* Wechselwirkung getrennt behandelt werden muß (aber natürlich quantisiert werden muß), da sie eine makroskopische Rolle bei der Beobachtung spielt (High Energy Physics, Les Houches, 1965, *C. DeWitt* und *M. Jacob* Herausgeber, Gordon und Breach, 1965).

[8] Es ist hier unwesentlich, daß die Gravitation im Bereich der Mikrophysik vielleicht doch von quantitativer Bedeutung ist. Siehe diesbezüglich *A. Salam* in *J. Mehra*, loc. cit., S. 430.

[9] Bezüglich Details siehe die in [5] erwähnte Arbeit.

Quellenverzeichnis

M. Born, Zur Quantenmechanik der Stoßvorgänge, Z. Physik **37**, 863 867 (1926)

W. Heisenberg, Über den anschaulichen Inhalt der quantentheoretischen Kinematik und Mechanik, Z. Physik **43**, 172–198 (1927)

A. Einstein, B. Podolsky und *N. Rosen*, Can quantum-mechanical description of physical reality be considered complete? Phys. Rev. **47**, 777–780 (1935) – in deutscher Übersetzung von *G. Becker-Bender* in: Der Physikunterricht 1/1978, 56–62

N. Bohr, Can quantum-mechanical description of physical reality be considered complete? Phys. Rev. **48**, 696–702 (1935) – Die hier vorliegende Fassung beruht auf der Übersetzung von *G. Becker-Bender* in: Der Physikunterricht 1/1978, 63–73. Sie wurde von *A. Bohr* überarbeitet und autorisiert.

E. Schrödinger, Die gegenwärtige Situation in der Quantenmechanik. Die Naturwissenschaften **23**, 807–812, 823–828, 844–849 (1935)

W. Fock, Kritik der Anschauungen Bohrs über die Quantenmechanik, Sowjetwissensch., Naturwiss. Abt. **5**, 123–132 (1952)

W. Heisenberg, Die Entwicklung der Deutung der Quantentheorie, Phys. Bl. **12**, 289–304 (1956)

N. Bohr, Über Erkenntnisfragen der Quantenphysik, in: Max-Planck-Festschrift 1958, hrsg. von *B. Kockel, W. Macke, A. Papapetrou*, S. 169–175, VEB Verlag der Wissenschaften, Berlin 1958

D. Bohm, A suggested interpretation of the quantum theory in terms of „hidden" variables. I, Phys. Rev. **85**, 166–179 (1952) – in deutscher Übersetzung (Roman U. Sexl)

J. S. Bell, On the problem of hidden variables in quantum mechanics., Rev. Mod. Phys. **38**, 447–452 (1966) – in deutscher Übersetzung (Roman U. Sexl)

B. DeWitt, Quantum Mechanics and reality, Phys. Today, Sept. 1970, 30–35 – in deutscher Übersetzung (Roman U. Sexl)

J. S. Bell, The measurement theory of Everett and de Broglie's pilot wave. TH. 1599-CERN (Contributions to a volume in honour of L. de Broglie), 1972 – in deutscher Übersetzung (Roman U. Sexl)

Namen- und Sachwortverzeichnis

Akausalität 22
Alexandrow, A. D. 144, 148
Alpha-Strahlung 107, 143
Anfangsbedingungen 66
Anregungszustand 67
Antinomien der Verschränkung 127
atomare Prozesse 87, 96, 159 ff.
Atomhülle 181
Atomphysik 87, 95, 150
atomtheoretische Deutung des Periodensystems 144
Ausschließungsprinzip 181

Bahnen 8, 13, 29, 54 ff., 227
Ballentine, L. E. 13, 30
Begrenzung der Meßgenauigkeit 165
Bell, John 23, 35, 193 ff., 222 ff.
Bellscher Beweis 36
Bellsche Ungleichungen 27
beobachtbare Größen 9, 10
Beobachter 16, 33, 39
Beugung 49, 88
Beugungserscheinungen 56, 133, 178
Bewußtsein 22
Bezugssystem 55, 57, 89, 95
Blochinzew, Dimitri, 30, 144, 148
Bohm, David 23, 32, 35, 144, 163 ff., 194, 204, 210, 222
Bohmsche Deutung 145, 163 ff.
Bohr, Niels 14, 16, 24, 32, 48, 67, 71, 78, 130 ff., 140, 150
Bohr-Kramer-Slater-Hypothese 141
Bopp, Friedrich Arnold 144
Born, Max 10, 12, 40, 48 ff., 57 ff., 213
Bornsche Deutung 10, 40, 141
Bothe, Walter 78
Breit, Gregor 75
Brownsche Bewegung 182

Caldeira, A. J. 41
Campbell, Edwin 30
Clauser, John 39
Comptoneffekt 7, 34, 55 ff., 67 ff., 79, 96, 181

de Broglie, Louis 7, 10, 34, 35, 144, 165, 221
de Broglie-Beziehung 7, 88, 165
de Broglie-Wellen 11, 56
Determinismus 23, 34, 35, 51, 131, 156 ff.
deterministische Weltbeschreibung 10, 154
Diagonalmatrix 68, 77, 141
Dialectica 130
Dialektischer Materialismus 130
Dichtematrix 153
Dirac, Paul 53, 55, 57, 58, 128, 213
Dirac-Jordansche Theorie 53, 66 ff.
Diracsche Lichttheorie 129
Disjunktion 115, 117
Diskontinuität 54, 78, 151
Doppelspaltversuch 14, 34
Dopplereffekt 67

Ehrenfest, Paul 34, 74 ff.
Eigenfunktion 50, 66, 70, 74, 81, 85
Eigenwerte 65, 85, 195, 205
Einstein, Albert 5, 7, 10, 14, 24, 36, 53 ff., 71, 92, 97, 136
Einstein-Podolsky-Rosen-Paradoxon 25, 80 ff., 95, 203
Element der Realität 86
Ensemble 28, 30
Entropie 5
Erkenntnistheorie 98, 108
Erwartungskatalog 111 ff.
Erwartungswert 195, 202
d'Espagnat, Bernard 37
Everett, Hugh 39, 40, 214
EWG-Metatheorem 213
Existenzable 222

Fenyes, Imre 144
Fock, Wladimir 31, 130 ff.
Forman, Paul 10
Franck-Hertz-Versuch 59, 81
Führungswellen 11, 34, 146, 222
fundamentale Länge 168

Gamma-Strahl-Mikroskop 55, 79
Gamov, George 3, 106
Garg, A. 42
Gedächtnis 217, 219, 225
Geiger, Hans 78
Geiger-Bothe-Experiment 78
Geigersches Zählrohr 107
Gespensterfeld 11
Gibbssches Ensemble 105, 141, 151
Gleason, Andrew Mattel 194, 199 ff.
Gleichzeitigkeit 60, 86
Graham, Neill 40
Gravitationstheorie 22, 97, 172

Hamilton-Jacobische Gleichung 134, 170, 176
Hamiltonoperator 55, 169, 175, 177, 190
Harmonischer Oszillator 9, 67
Heisenberg, Werner 7, 8 ff., 12, 16, 25, 29, 32, 130, 140 ff., 213
Heisenberg-Mikroskop 12
Heisenbergsche Ungenauigkeitsbeziehung 12, 89, 101, 132, 138, 200
Hilbertraum 138, 143, 153, 190, 199, 214, 217
Holt, Richard 39
Horne, Michael 39

ideale Gesamtheiten 98 ff.
Idealismus 130, 136, 154
Impuls 56, 82, 85, 89, 91, 96, 165, 174, 176
Impulsverteilung 151, 158
Indeterminismus 10, 25, 51, 206
Interferenz 14 ff., 63, 178, 219
Irreversibilität 151, 158

Janossy, Lajos 144, 150
Jauch, Josef Maria 193, 197 ff.
Jordan, Pascal 10, 12, 53, 57 ff., 77, 143, 147, 150, 213
Josephson-Effekt 41

Kanonische Variable 88, 96, 120
Kausalität 11, 78, 88, 102, 130, 131, 139, 156 f., 202
Kinetische Gastheorie 98
Klassische Begriffe 18, 60
Klein, Oskar 143, 147, 150
Kohärenzeigenschaft 73
Kollaps des Zustandsvektors 212
kommutierende Operatoren 82, 197, 199

Kollektiv 106
Komplementarität 17 ff., 87 ff., 130, 143, 156 ff., 166
Komplexer Vektorraum 194
Konfigurationsraum 141, 150, 203, 226
konjugierte Größen 92
Kopenhagener Deutung 16, 33, 34, 39, 41, 130, 143, 211
Korrelationsstatistik 147
Kramers, Henrik Anton 140
Kriterium der physikalischen Realität 87

v. Laue, Max 144, 150
Leggett, Anthony J. 41, 42
Lenin, Wladimir Iljitsch 29, 148
Lichtelektrischer Effekt 55
Lichtquant 52, 55, 57 ff.
Lokalisierung 135
Lokalität 202
Lorentz-Invarianz 148, 155
Lorentz-Transformation 143
Ludwig, Günther 30, 40, 149

Mach, Ernst 30
Magnetisches Moment 59, 203
Marxistische Philosophie 130
Materialismus 144, 148
Matrix 6, 9, 98 ff., 166, 226
Mesonenfeld 172
Meßprozeß 20, 26, 33, 35, 39, 41, 110, 159, 179
Metallelektronen 152
Mikrozustand 154
Mittelwert 57, 65, 168, 193, 201
Modell 6, 19, 98 ff., 166, 226
Mott, Nevill 223

Nahewirkung 36
Naturphilosophie 96
v. Neumann, John 19, 20, 28, 35, 193, 196 ff., 207
v. Neumannsche Katastrophe 211
v. Neumannscher Beweis 22, 36, 193, 196 ff.
nichtlineare Felder 169
nichtlokale Theorie 37, 169
Nullpunktsenergie 76

Objektivität 33, 154, 156
Observable 194, 201, 219
Omeljanowski, Michail Erasmovic 30
Operator 81, 82, 138, 194, 225

231

Paarerzeugung 128
Pauli, Wolfgang 55, 130, 136, 165
Paulisches Ausschließungsprinzip 65
Phasen 58, 64, 72, 73
Phasenraum 56, 65
Philosophischer Materialismus 29
Philosophy in the Mid-Century (Zeitschrift) 156
Photoeffekt 56 ff, 143, 181
physikalische Realität 26, 93
Piron, Constantin 193, 197 ff.
Planck, Max 4, 105, 136, 165
Planckscher Oszillator 103
Plancksches Strahlungsgesetz 6, 105
Podolsky, Boris 25, 92
Poincaré-Zyklus 218
Positives Elektron 128
Potentia 140
Projektionsoperator 197, 202

Quantenelektrodynamik 192
Quanteninterferenzeffekte 219
Quantenlogik 41, 205
Quantenphänomene 84, 95, 159
Quantenpotential 145, 171, 175 ff.
Quantensprung 40, 48, 141, 142, 150
Quantenübergang 215
Quantenzustand 165, 186
Quantentheorie der Gravitation 223

Radioaktivität 106
Ramsauer-Effekt 56
Realität 80 ff., 206
Reduktion des Wellenpaketes 19, 29, 83, 150
Regreßkatastrophe 210
relativistische Feldtheorie 227
Relativitätstheorie 60, 92, 95, 127, 128, 147, 156, 227
Renninger, Mauritius 144
Resonanzfluoreszenz 72, 79
Rosen, Nathan 25, 92
Rosenfeld, Leon 209, 223
Rutherfordsches Modell 100

Schrödinger, Erwin 7, 9, 10, 24, 27 ff., 49, 98 ff., 130, 144, 150, 213
Schrödingersche Wellengleichung 50, 65, 83, 134, 160, 170
Schrödingers Katze 27, 107 ff.
schwache Quantisierung 74
Schwankungserscheinungen 74

Separabilität 36, 39, 207
Shimony, Abner 39
Slater, John 30, 140
S-Matrix 169
Solvay-Konferenz 14, 30, 143
Sonderstellung der Zeit 98 ff.
Soziologie 138
Spin 134, 195
Spinor 195
Stabilität 136, 158
Stapp, Hans Peter 16
stationärer Zustand 57, 67 ff., 73, 176 ff.
Statistik 58, 98, 111
statistische Deutung 13, 30, 31
statistische Mechanik 91, 193
statistisches Ensemble 164, 168, 173, 177, 219
statistisches Gemenge 153
Stern-Gerlach-Versuch 57, 59, 63, 70, 72, 190
Störung durch die Beobachtung 13, 26
Stoßvorgänge 10, 11, 48 ff., 56
Streuprobleme 177, 186
Symmetrieeigenschaften 136, 146, 155
Szintillationsschirm 151, 226

Teilchentrajektorien 170, 188, 227
Thermodynamische Begründung 41, 149, 151
Tolman, Richard Chase 74
Transformationstheorie 57, 95, 96
Tunneleffekt 41

Überlichtgeschwindigkeit 150
unbeobachtbare Größen 8
unendlicher Regreß 20, 209
unendliche Reihe 84
unitärer Operator 207
Universum 39, 41, 206, 215
unkontrollierbares Element 17
unkontrollierbare Wechselwirkung 137
unrelative Theorie 129
Unschärfe 89, 101
Unschärferelation 90, 165, 174, 190
Unteilbarkeit 130
Unter dem Banner des Marxismus (Zeitschrift) 138
Urknall 220

Variable 82, 84, 106, 126
Variationsprinzip 214

Vektor im Hilbertraum 143, 153, 214
verborgene Parameter 22, 23, 32, 126, 146, 163 ff., 168, 174, 193 ff., 202
Verschränkung 20, 98 ff.
Vertauschungsrelation 56, 62, 89
Vielweltkonzept 215
Vollständigkeit 26, 34, 81, 87, 156
Vorhersage 95

Wärmelehre 149, 218
Wasserstoffatom 103, 184
Wechselwirkung 17, 54, 83, 99, 132, 149, 159, 180
Wechselwirkungspotential 203
Weizel, Walter 144

v. Weizsäcker, Carl Friedrich 149
Wellenfunktion 10, 40, 81 ff., 106, 163, 210, 218
Wellenpaket 66, 84, 185, 219
Weltzweige 40
Wheeler, John A. 39, 214
Wigner, Eugen 22, 143, 147, 150, 210
Wirkungsvariable 72
DeWitt, Bryce 40

Zeh, H. Dieter 40
Zellen 56
Zeronenfeld 147
Zustandsfunktion 160, 190, 194, 206, 211 ff.

Facetten der Physik

herausgegeben von Prof. Dr. Roman Sexl

Band 1   Weber/Mendoza, Kabinett physikalischer Raritäten
Band 2   Boltzmann, Populäre Schriften
Band 3   Marder, Reisen durch die Raum-Zeit
Band 4   Gamov, Mr. Tompkins' seltsame Reisen durch Kosmos und Mikrokosmos
Band 5   Kuhn, Die Kopernikanische Revolution
Band 6   Voigt, Physicalischer Zeit-Vertreiber
Band 7   Ziman, Wie zuverlässig ist wissenschaftliche Erkenntnis?
Band 8   Schilpp, Einstein als Philosoph und Naturforscher – Eine Auswahl
Band 9   Born, Physik im Wandel meiner Zeit
Band 10 Selleri, Die Debatte um die Quantentheorie
Band 11 Baumann/Sexl, Die Deutungen der Quantentheorie
Band 12 Forman/von Meyenn, Quantenmechanik und Weimarer Republik (in Vorbereitung)
Band 13 Lichtenberg, Aphoristisches zwischen Physik und Dichtung
Band 14 Fraunberger/Teichmann, Das Experiment in der Physik
Band 15 Pauli, Physik und Erkenntnistheorie
Band 16 Schroeer, Physik verändert die Welt?
Band 17 Franks, Polywasser. Betrug oder Irrtum in der Wissenschaft?
Band 18 Trigg, Experimente der modernen Physik. Schritte zur Quantenphysik
Band 19 Holton, Themata. Zur Ideengeschichte der Physik
Band 20 Weber, Kammerphysikalische Kostbarkeiten
Band 21 Bohr, Atomphysik und menschliche Erkenntnis. Aufsätze und Vorträge aus den Jahren 1930 bis 1961
Band 22 Saunders, Katastrophentheorie. Eine Einführung für Naturwissenschaftler
Band 23 Aichelburg, Zeit im Wandel der Zeit (Arbeitstitel; in Vorbereitung)
Band 24 Brush, Die Temperatur der Geschichte. Wissenschaftliche und kulturelle Phasen im 19. Jahrhundert (in Vorbereitung)